数据视觉艺术

从Excel数据可视化
到Python数据可视化

曹鉴华　赵　奇◎编著

中国水利水电出版社
www.waterpub.com.cn
·北京·

内 容 提 要

《数据视觉艺术——从Excel数据可视化到Python数据可视化》是一本讲解数据分析及其过程与结果呈现形式的可视化的编程类图书，通过可视化来展示数据之美。

《数据视觉艺术——从Excel数据可视化到Python数据可视化》主要通过Excel和Python在数据可视化方面的对比，介绍使用Excel和Python实现数据可视化的相关内容和方法。书中按照学习递进层次将内容组织为数据可视化理论基础、Excel数据可视化基础、Python数据可视化基础、Python编程基础和数据可视化实战案例等几部分内容。在Excel和Python数据可视化基础部分介绍了多个案例的可视化实现，在实战部分选择了电商、房产和疫情等多个场景任务进行练习。最后介绍了更多的Python可视化第三方库及其应用。

数据之美需要通过可视化应用表现出来。本书主题明确、内容翔实、通俗易懂、结构紧凑、案例丰富，适合对数据应用感兴趣的读者阅读。同时对于从事数据科学、大数据相关工作的技术人员来说，本书也具有一定的参考价值。

本书可作为计算机科学与技术相关专业研究生及高年级本科生的教材，也可作为科研人员的参考用书，同时可作为研究生、博士生及教师论文写作的参考用书。

图书在版编目（CIP）数据

数据视觉艺术：从 Excel 数据可视化到 Python 数据
可视化 / 曹鉴华,赵奇编著 .—北京:中国水利水电出版社，
2022.9

ISBN 978-7-5226-0824-2

I.①数… II.①曹… ②赵… III.①可视化软件—
数据处理 IV.① TP31

中国版本图书馆 CIP 数据核字（2022）第 114662 号

书　　名	数据视觉艺术——从Excel数据可视化到Python数据可视化 SHUJU SHIJUE YISHU — CONG Excel SHUJU KESHIHUA DAO Python SHUJU KESHIHUA	
作　　者	曹鉴华　赵奇　编著	
出版发行	中国水利水电出版社 （北京市海淀区玉渊潭南路1号D座 100038） 网址：www.waterpub.com.cn E-mail: zhiboshangshu@163.com 电话：（010）62572966-2205/2266/2201（营销中心）	
经　　售	北京科水图书销售有限公司 电话：（010）68545874、63202643 全国各地新华书店和相关出版物销售网点	
排　　版	北京智博尚书文化传媒有限公司	
印　　刷	河北鲁汇荣彩印刷有限公司	
规　　格	190mm×235mm　16开本　20.25印张　436千字	
版　　次	2022年9月第1版　2022年9月第1次印刷	
印　　数	0001—3000册	
定　　价	88.00元	

前 言
Preface

为什么写这本书?

"山雨欲来风满楼"这句诗很妙,直接把大雨来临前狂风大作的场景给写活了,使得读者头脑中立即呈现出雨前的场景。七个字就能带来一幅绝美震撼的画面,这就是中文的魅力,也是语言的精髓。我们通过理解描述性的语言就能自动勾勒出一种立体的场景,甚至可以是栩栩如生、令人神往的场景。

数据与语言有所区别,数据往往都显得孤立、稀疏、静止。在如今的大数据时代,不管是结构化数据还是非结构化数据,它们本身都是稀疏的、持续增加的、静止的。当通过数字化表现手段,将这些数据用某些图像方式呈现出来时,它们立即变得活跃、有联系、有意义,甚至有温度了。这里的数字化表现手段就是本书即将展开讲解的可视化编程技术。

计算机的出现完全改变了世界,如今现实生活中的绝大部分场景都可以通过计算机编程实现虚拟化仿真,近期热门的"元宇宙"中某种概念的定义就被认为是对现实生活的虚拟可视化呈现。

《数据视觉艺术 —— 从 Excel 数据可视化到 Python 数据可视化》的主题为对比 Excel 数据可视化学习 Python 数据可视化,属于笔者所著"对比 Excel 轻松入门 Python 大数据实战系列"的第三部。前两部主题分别为"对比 Excel 学习 Python 爬虫"和"对比 Excel 学习 Python 数据分析",目前已经由中国水利水电出版社正式出版发行,有兴趣的读者可以购买阅读。

Excel 和 Python 都是广受大众喜爱的工具,前者在商业办公、数据分析和报表方面都有独到的优势,Python 则是最佳的编程入门语言,可以实现更多的标准化、定制化分析和处理,尤其在处于大数据时代的今天，学习 Python 显得更加重要。为了完善系列主题，也为了更好地介绍 Python 编程，我们将对比系列延续到了可视化部分，通过对比学习以便更好地展现数据、更美地呈现数据，从而让数据实现更有效的表达。

《数据视觉艺术 —— 从 Excel 数据可视化到 Python 数据可视化》以编程让数据更美为目标。书中更多偏向 Python 的编程可视化方式，介绍了许多 Python 可视化编程使用的第三方库，带领读者一步步实现基础的编程技术，不断领略数据之美、成果之美。

《数据视觉艺术 —— 从 Excel 数据可视化到 Python 数据可视化》主要聚焦于可视化技术及其应用，但书中许多案例都涉及 Python 网络爬虫和数据分析，如果读者有相关技术的基础，那么阅读起来将会非常顺畅；如果是初次接触这方面的内容，还请查阅相关书籍（如笔者所著的《网络爬虫进化论 —— 从 Excel 爬虫到 Python 爬虫》《数据荒岛求生 —— 从 Excel 数据分析到 Python 数据分析》）。同时，本书在 Python 数据可视化基础篇章中也介绍了 Python 编程基础和数据分析基础，以便带领读者顺利渡过 Python 编程基础阶段。

阅读指南

全书共 7 章，同时依据学习递进顺序将内容组织如下。

第 1 章　从数据到数据可视化

本章从回答数据是什么开始，对数据特征、数据视觉表达、数据可视化要素以及数据可视化工具等内容展开阐述，带领读者了解数据可视化发展历史和数据可视化依赖的一些关键技术元素。

第 2 章　Excel 数据可视化基础

本章内容包括 Excel 图表基础元素、Excel 常用图表类型、Excel 快速制作可视化图表、Excel 可视化典型案例以及使用 Excel 制作好看的数据看板。

第 3 章　Python 数据可视化基础

本章内容包括 Python 编程基础、基于 Python 的数据分析基础、基于 Python 的基础可视化第三方库、交互信息可视化 pyecharts 库、基于 pyecharts 制作好看的数据看板。

第 4 章　案例实战：电商数据可视化

本章以电商数据为例，分别基于 Excel 和 Python 实现电商用户行为数据的数据分析及可视化表达。

第 5 章　案例实战：房产数据可视化

本章选择房产数据可视化场景任务，以链家天津地区二手房数据为例，基于 Python 实现本地区二手房数据的分析及可视化应用。

第 6 章　案例实战：疫情数据可视化

本章以近两年新冠肺炎疫情大数据为例，基于 Python 进行疫情大数据的多维度分析及结果的可视化表达。

第 7 章　更多的 Python 可视化

本章介绍了更多应用领域的可视化库及其使用方法，包括 Bokeh 交互可视化、PyVista 三维可视化、Streamlit 机器学习可视化、Dash 和 Dash.Bio 生物信息可视化。

阅读准备

本书提供多个示例代码供读者参考，所依赖的环境包括：

● 操作系统：Windows 10。
● Excel 版本：Excel 2016、Excel 2019。
● Python 环境：Anaconda 3.0。
● Python 代码开发环境：Jupyter Notebook。

源代码

本书提供书中示例素材及源代码，读者可以微信关注下面的公众号，然后输入"可视化"，并发送到公众号后台，即可获取本书资源的下载链接。

与作者联系

本书由曹鉴华和赵奇两位作者共同完成，其中曹鉴华负责本书统筹规划设计，同时编写第 1 ~ 3 章和第 7 章，赵奇负责编写第 4 ~ 6 章内容。两位作者拥有丰富的数据科学研究经验，为完成本书的编写提供了坚实的技术基础和保障。

本书介绍了一些非常基础的数据可视化编程技术，同时限于主题、时间与篇幅，对更多的可视化色彩选用、三维可视化表达、其他行业场景可视化应用等未作探讨。笔者才疏学浅，对于数据可视化的认识和见解定有不足和疏漏之处，若读者朋友们在阅读本书的过程中发现问题，希望能及时与我们联系，我们将及时修正错误并感激不尽。

为了更好地服务读者，与大家一起探讨交流，我们创建了 QQ 群及知识星球号，读者可以直接扫描下方的二维码加入。

致谢

在本书编写过程中，中国水利水电出版社宋扬老师在选题策划方面做了大量的工作，感谢宋老师及其同事提供的帮助与支持。同时成书时阅读了大量的网络资料，在此对诸多网络作者表示感谢。

作　者

2022 年 5 月

Contents

目 录

第3章　Python数据可视化基础 / 96

第4章 案例实战：电商数据可视化 / 205

第5章　案例实战：房产数据可视化 / 230

第6章　案例实战：疫情数据可视化 / 250

第7章　更多的Python可视化 / 273

第1章

从数据到数据可视化

近些年随着互联网信息技术的迅猛发展，大数据已经走进了人们生活的各个方面，整个社会都受到了大数据及相关技术带来的影响。数据意识和数据素养在某些领域和场合被频繁提及，数据和大数据的概念及定义也在不断被更新。这也说明现代社会的人们有能力接纳和拥抱新鲜事物，同时也在不断地认识和思考着这一切。数据到底是什么？数据又有哪些特征？如何将数据更具表达性地展示出来？本章将就这些问题进行讨论，同时为读者制定了如下的思维导图。

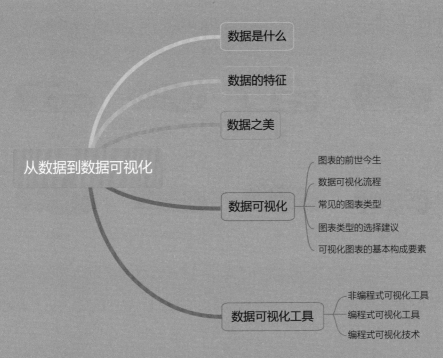

1.1 数据是什么

数据是什么？大部分人会第一时间回答："就是那些数字啊，比如今天买礼物花了 100 元，或者和朋友聚餐花了 300 元，其中的 100 和 300 就是数据了。还有身份证号、银行卡号、微信号、QQ 号等带有数字的都是数据。"这种说法并不算错，不过对数据的认识相对有点局限了。

图 1-1 所示为截至 2022 年 5 月 26 日国内新冠肺炎疫情数据，数据不仅指的是各种颜色的数字，还包括了数字上方的文本说明，共同组成了疫情数据。图 1-2 所示为汽车之家网站首页展示的各类车的报价区间，图中的数据不仅包括价格，还包括各类车的图片和名称。

图1-1　国内新冠肺炎疫情数据（截至2022年5月26日，参考百度疫情大数据报告）

图1-2　各类车的报价区间（参考汽车之家网站首页）

根据维基百科，数据（data）是通过观测得到的数字性特征或信息。更专业地说，数据是一组关于一个或多个人及对象的定性或定量变量。

根据百度百科，数据是指对客观事件进行记录并可以鉴别的符号，是对客观事物的性质、状态以及相互关系等进行记载的物理符号或这些物理符号的组合。数据不仅指狭义上的数字，还可以是具有一定意义的文字、字母、数字符号的组合、图形、视频、音频等，也是客观事物的属性、数量、位置及其相互关系的抽象表示。

上述两种解释非常科学且严谨，理解起来也非常抽象。不过我们在具体认识数据的概念时，必须加入计算机科学的要素。

在如今的大数据时代，数据被认为是一切可以输入计算机并被计算机程序处理的符号介质的总称。由于计算机存储和处理数据采用二进制的形式，所有可以数字化的符号介质都会被转换为二进制信息，并存储到二进制文件中，然后通过计算机程序将这些二进制信息可视化为人眼可以识别的数据（图1-3），并在此基础上对数据进行分类、归纳和整理。所有这些过程和结果都会以可视化的方式展现出来，以便对其进行监测和分析。

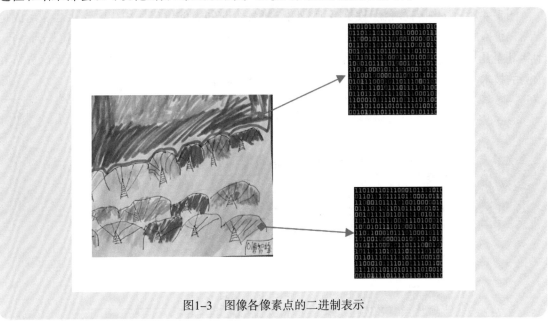

图1-3　图像各像素点的二进制表示

因此，本书中讨论的所有数据都是计算机可以识别和处理的数据，这些数据不仅包括数字，还包括语言文本、特殊符号、图像、音视频等。

1.2 数据的特征

特征是一个事物区别于其他事物的特点。对于数据而言，数据的特征是对数据特点的一种抽象。例如，在描述一张图时，可以说该图具有尺寸大、色彩艳丽、价格昂贵等特征，其中尺寸、色彩、价格为特征名称，大、艳丽、昂贵为特征的修饰词；描述一个苹果时，可以说苹果具有味道甜美、色泽鲜艳等特征，其中味道、色泽为特征名称，甜美、鲜艳为特征的修饰词；描述一件商品时，会使用商品具体重量、具体价格等数值性特征，其中重量、价格为设定好的特征标签，数值则是这些特征的量化实现。概括地说，数据特征具有抽象性和概括性，特征修饰词则是对这类抽象特征的差异描述，可以是定性的，也可以是定量的。

邱南森（Nathan Yau）在《数据之美：一本书学会可视化设计》一书中提出，数据具有可变性和不确定性。在描述数据的可变性时，作者使用了萤火虫在夜晚的飞行轨迹图案例。萤火虫每次的飞行轨迹都不一样，观察它的飞行轨迹并拍摄照片来观察会发现非常有趣。由此认为虽然数据具有一些固定模式，如总数、趋势和周期，但数据中的波动才是最有趣、最重要的部分。正如一直以来的股票、债券、期货等投资标的价格，由于众多人的参与和其本身的特性，涨涨跌跌才牵动人心，才让许多人着迷。

图 1-4 所示为国内黄金现货价格走势图，将各个时间点的价格使用线段连接起来形成折线图，价格的上下起伏也充分说明了数据的可变性和不确定性。如果将时间尺度拉长到一年、十年甚至几十年，会发现历史价格一直在上下波动，虽然偶尔有重复性特征，但无论分析和预测的技术有多高明，未来的价格走势总是充满着不确定性。

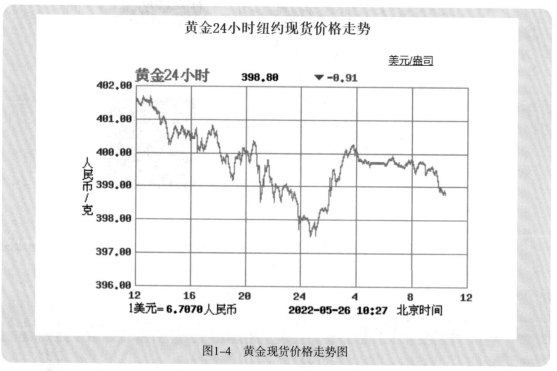

图1-4　黄金现货价格走势图

从数据分析的角度来看，数据又具有时效性、分散性、概率性等特征。时效性就是数据的产生具有特定的时间规律，有时候说历史数据，也是特指数据产生于过去的某一段时间。

通过对具有时效性特征的数据的分析，"以史为鉴"，指导对未来数据的预测。分散性是指数据的来源具有多样性，当选择某类数据进行分析时，需要考虑数据有没有固定的发生地，是否具有多渠道来源，同时又是零散的。概率性是指数据具有一定的规律性，某些过程和结果多次重复。历史总是重复的，"分久必合，合久必分""年年岁岁花相似"等名言诗句表达的就是这类意思。

而如今的大数据特征定义，主流的表述都认为大数据具有 5 个特征：容量（Volume）大、种类（Variety）多、产生速度（Velocity）快、价值（Value）密度低、真实（Veracity）性高。其中，容量大是对数据数量或大小的描述，通常是达到 PB 级别以上的数据才称为大数据。种类多是对数据来源多样性的表述，数据种类可以简单划分为结构化和非结构化两大类；数据来源则明显多元化了，不仅包括传统数据，还包括网页、社交媒体、感知、音频、图片、视频、模拟信号等多类数据。产生速度快是指数据在随时随地产生，如果要记录下来，则需要把时间尺度放到毫秒甚至微秒来定义。价值密度低是对数据存在意义的表述，那么多的数据只有聚焦到某个维度后进行挖掘分析，才能将数据的价值体现出来。真实性高是对数据的可靠性表述，大数据中的内容与真实世界中发生的事件息息相关，研究大数据就是从庞大的网络数据中提取出能够解释和预测现实事件的信息的过程。

由此看来，对数据特征的定义也就是对数据理解和应用的过程。既有定性的，也有定量的。有些类型的数据可以去测量、去计算，而有些类型的数据则需要去描述、去刻画。但回到计算机的世界，数据都可以以二进制的形式进行存储和计算，在定义了数据特征后即可以不同的刻度方法计算和分析数据，这样才能真正挖掘出有价值的数据，发现数据的美。

1.3　数据之美

美是什么？美是旺盛的生命力。在自然界尤其如此，漫山遍野的鲜花、金黄的稻子、红红的苹果、活泼可爱的动物等无一不在展示着美，展示着其旺盛的生命力。

数据是人类记录下来的活动记录，这些记录包括了所看、所闻、所说、所经历的一切事情。这些数据在某些状态下是历史的、静止的，比如 2008 年北京举办了夏季奥运会、2018 年俄罗斯举办了世界杯等新闻事件；又如贵州茅台股票价格在 2021 年最高价到每股 2500 元、昨天在京东商城上购买了书籍等各类活动记录。这些数据虽然是历史的，但因为其具有某些意义，所以被记录了下来。如果将这些数据配以时间刻度，就会发现数据又是动态的，正如所谓的在历史长河中发生过的一切事情细数过来感觉就像一部电影，有开始时间，而且一直延续到现在。如何更好地欣赏、理解这些数据？如何让数据也如有生命力一样展示其美的一面？这就需要人类对数据进行加工、打磨、分解，以人类理解美的角度去展现数据之美。数据相对抽象，人的大脑很难直接对数据进行分析并获得感知和印象，但如果有好的展现美的技术和方法，让数据图形化展示，数据就会变得非常美丽。

例如，我们生活的地球，仅凭脚步和阅历无法想象地球的样子。地球是一颗美丽的蓝色球体，在浩瀚的银河系中，它的外观尤为特别，五颜六色的"外表"将地球装扮得十分美丽。2012年1月23日，美国阿波罗号宇宙飞船在距离地球2.8万英里的位置对地球进行了写真拍摄，照片中的地球十分"耀眼"（图1-5），在一望无垠的黑色宇宙背景的衬托下，就像一颗璀璨发光的蓝色大理石球体一样吸引人。

图1-5　美丽的地球照片

计算机病毒的传播速度是惊人的，从一台计算机可以迅速传播到很广的范围。那这些病毒到底是如何传播的呢？其扩散形态是什么样的呢？这些数据实际上都被记录了下来，并可以绘制成美丽的图件。图件虽然非常美丽，但病毒的危害是惊人的。CodeRed蠕虫病毒在2001年7月19日早晨爆发，14小时内就感染了超过36万台计算机，而且还设计了程序去攻击政府的官网。图1-6所示就是Walrus绘制的2001年蠕虫病毒的扩散形态。

全球气候变化直接影响着全世界人类生活的环境和发展。如今的全球气候变暖导致南极和北极冰雪不断融化、海平面逐年上升，人类开始重视环境、倡导绿色发展和绿色生活。如何得知这些气候变化结论的呢？都是通过连年的观测数据获得的分析成果。Ventusky是一个气象数据可视化工具，它展现了全球各地的天气状况，即时显示世界各地天气的总趋势。打开界面，在其左侧是一些关于气候的不同维度，选择不同的维度，地图会根据不同位置的情况进行展示，呈现出色彩丰富的可视化作品。

图1-6　CodeRed蠕虫病毒传播关系形态图

艺术家、作家和音乐家一天的日程是什么样的？是否与普通人有所不同？为了回答这个问题，有研究人员对一些著名的具有创造力的名人每天的日程安排进行了记录，并将这些记录形成图表展示了出来，如图1-7所示。一张图就能很清晰地传达出数据的意义，图中用不同的颜色区分了各类活动。

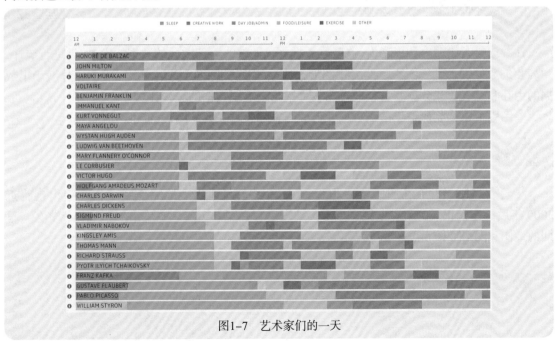

图1-7　艺术家们的一天

百度指数（Baidu Index）是以百度海量网民行为数据为基础的数据分析平台，是当前互联网乃至整个数据时代最重要的统计分析平台之一。使用百度指数可以研究关键词搜索趋势、洞察网民兴趣和需求、监测舆情动向、定位受众特征。例如，要查看可视化相关指数，百度指数提供了近一年时间内以"可视化"为关键词的需求图谱，图1-8所示为2021年6月初的可视化需求图谱，通过图形展现了数据内在的意义。

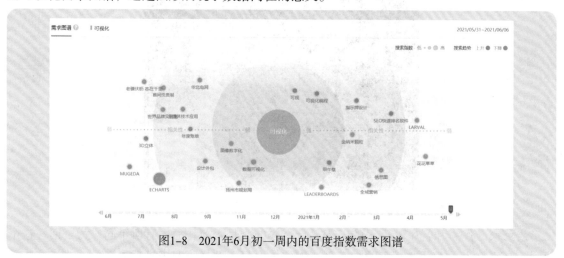

图1-8　2021年6月初一周内的百度指数需求图谱

1.4　数据可视化

让数据具有生命力和展现力，这就是数据之美的核心。把散乱的数据按组、按类进行统计，为静止的数据加入动态元素，然后用图形来描述实现数据的可视化，在图表中充分展示出数据的内在和意义，让数据变美。通过图表可视化来展现数据的美，让数据更美。

一图胜千言，如何组织这些数据并形成图表呢？首先要从图表的发展历史讲起。

1.4.1　图表的前世今生

尽管人类已经存在了百万年，但仅在8000年前，才出现原始文字。在文字出现将近3000年后，首个正式的书写系统才成形。地图已存在了几千年，图表出现了数百年之久，早期的地图和图形如图1-9所示。

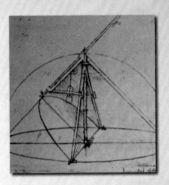

图1-9　早期的地图和图形

　　一些资料认为，通过图形来表示数量的方式最早是 1786 年威廉·普莱费尔（William Playfair）发明的条形图。他在其著作《商业与政治图解》中创造性地使用条形图来呈现离散数量的比较，描述了英格兰在 1780—1781 年的进出口数据。该条形图的原稿如图 1-10 所示，从中可以看到，横坐标表示进出口的具体数值，纵坐标表示不同的国家。

　　同时在他的这本著作中还发明了首个折线图，用于绘制英格兰在 1700—1780 年间的进出口数据，其横轴为年份时间，纵轴为数值，如图 1-11 所示。

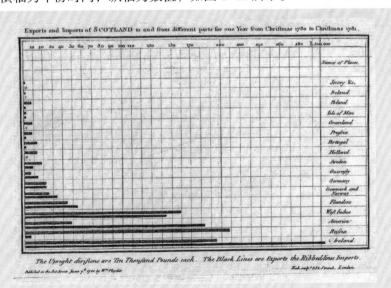

图1-10　威廉·普莱费尔发明的首个条形图

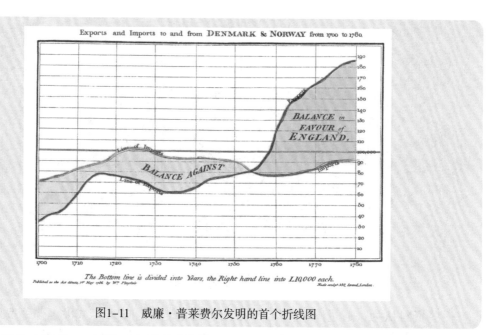

图1-11　威廉·普莱费尔发明的首个折线图

在这本著作出版的 15 年后，也就是大概在 1801 年，他在其另一部著作《统计学摘要》中又发明了饼图和面积图。他用饼图描述了当时的土耳其帝国在亚洲、欧洲和非洲所占领土面积的比例，从他的原稿中可以看出，在欧洲占比 25%（右上直角）、在亚洲占比 60%、在非洲占比 15%。这是饼图的首次亮相（图 1-12）。

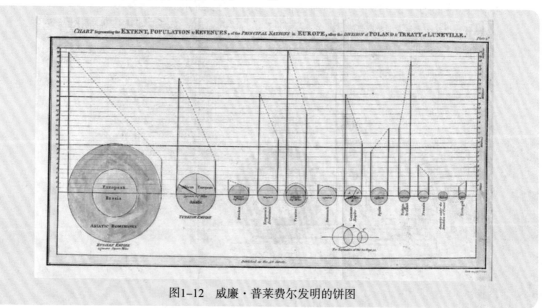

图1-12　威廉·普莱费尔发明的饼图

而在威廉·普莱费尔发明折线图之前，英国人约瑟夫·普里斯特利（Joseph Priestley）在1765年画出了人类历史上第一张时间轴图表（图1-13），用于介绍公元前1200年到公元1800年之间的2000多个科学家的生平，每人用一条线段表示，线段长度表示该人的寿命，两端表示该名人员的生卒年，生卒年不详的，两端就用"…"表示。更有趣的是，普里斯特利本人是一个化学家，但让他闻名于世的却是他的两幅图，一幅为时间轴传记图表，另外一幅为世界历史图表（图1-14）。第二张图表与第一张图表类似，重点描绘了历史中同时存在的主要帝国和文明及其影响。普里斯特利对其技术进行了创新，不仅引入了颜色和大小，还创造性地使用了Y轴。最终造就了一幅引人入胜的历史可视化故事，其中蕴含着丰富的信息。

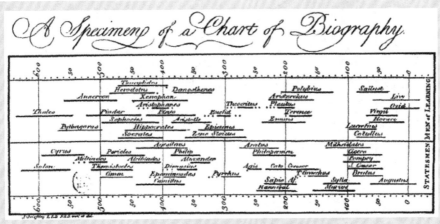

图1-13　约瑟夫·普里斯特利绘制的科学家传记图表

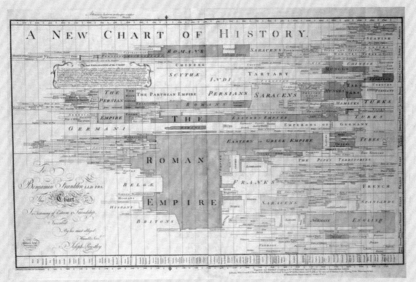

图1-14　约瑟夫·普里斯特利绘制的世界历史图表

1833年，约翰·赫歇尔（John Herscherl）发表了一篇观察双星轨道的文章，其中使用了散点图展现观测时间和位置角之间的关系，这是第一个具有现代意义的散点图（图1-15）。

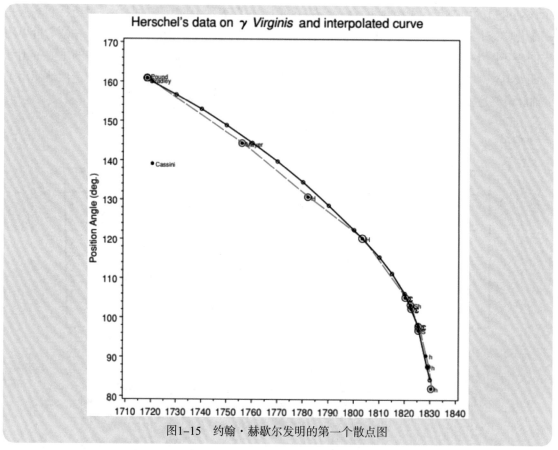

图1-15　约翰·赫歇尔发明的第一个散点图

1857年，弗洛伦斯·南丁格尔（Florence Nightingale）发明了鸡冠花图（又名南丁格尔玫瑰图），用于向维多利亚女王介绍军队的死亡率。出于对资料统计的结果会不受人重视的忧虑，她发明出一种色彩缤纷的图表形式，让数据能够更加使人印象深刻。图1-16所示就是南丁格尔当时报告这件事时所用的图表，以表达军医院季节性的死亡率。从整体上来看，这张图是用来说明、比较战地医院伤患因各种原因死亡的人数，每块扇形代表着各个月份中的死亡人数，面积越大代表死亡人数越多。其中浅蓝色部分代表非战斗死亡人数，人们能够一目了然地看出问题的背后另有原因，而且影响非常严重。

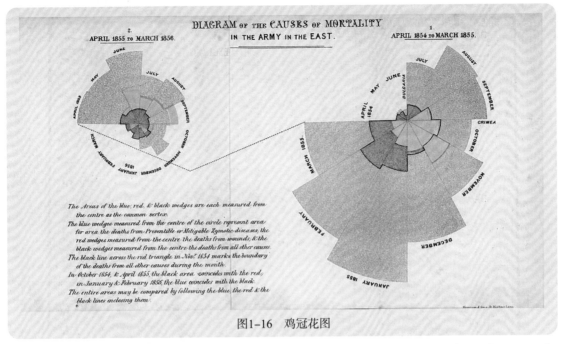

图1-16 鸡冠花图

图 1-16 里有一大一小两个玫瑰图,右侧较大的玫瑰图展现的是 1854 年 4 月— 1855 年 3 月的数据;而左侧的玫瑰图展现的则是 1855 年 4 月— 1856 年 3 月的数据。之所以将 1855 年 4 月作为分界,将 24 个月的资料切分为左右两张图,再用黑色线条连接,是因为该时间大约是卫生委员会改善环境时的时间,也因此可以比较两个年度的死亡人数与其原因的概略比例。鸡冠花图本质上是柱状图在极坐标上的展示,用半径而非高度表示数值大小;它优雅地用圆心表现了周期性,图表的形状类似一朵绽放的玫瑰花,因此也被命名为南丁格尔玫瑰图,以此纪念这位蕙质兰心、美丽又优雅的白衣天使。

在南丁格尔发明鸡冠花图同期,英国人约翰·斯诺(John Snow)绘制了 1854 年伦敦宽街地区的霍乱地图(图 1-17)。图中在城市街区内用小条形图标记出了伦敦每个家庭中死于霍乱的人数。这些条形图的集中程度和长度反映出城市街区的特定集合,旨在试图查明这些地区的死亡率高于其他地区的原因。调查结果显示:霍乱感染者人数最多的家庭所使用的饮用水均来自同一口水井。这在当时是一则发人深省的启示。这口水井已经被污水所污染,但霍乱疫情集中暴发的区域都在使用这口问题水井。这张图揭示了问题的根本原因并启发人们找到了解决方案,正因如此,它成了一个非常成功的可视化案例。

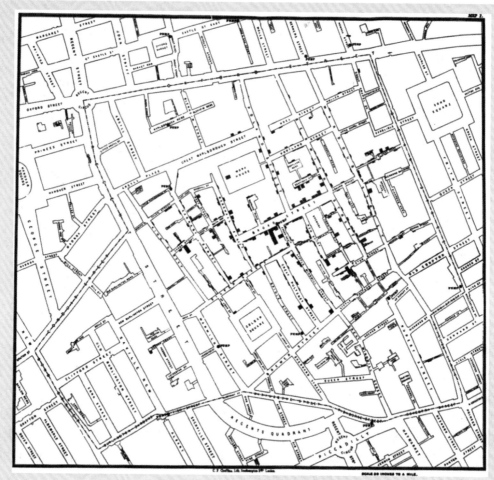

图1-17　1854年伦敦宽街地区的霍乱地图

　　1861 年前后，法国土木工程师查尔斯·约瑟夫·米纳德（Charles Joseph Minard）发表了一幅统计图形，将桑基图与制图以及温度曲线图结合在一起，对 1812 年开始的法俄战争的进程进行了非常直观的展示。描述了 42.2 万人的军队是如何在战斗、地理和冰冻的影响下付出惨痛代价，最终减少到只有 1 万人的，这就是著名的拿破仑东征图，也是最早的桑基图。这幅地图详细地描述了拿破仑大军的出征与败退。线条的宽度代表士兵总数、线条的颜色代表移动方向（黄色表示进军莫斯科的方向、黑色表示回程的方向）。在中心的可视化下方还绘制了一张简单的温度曲线图，用来展示寒冬气温骤降的情况。这张图表有力而详尽地描绘出一幅震撼人心的大溃败场景，如图 1-18 所示。

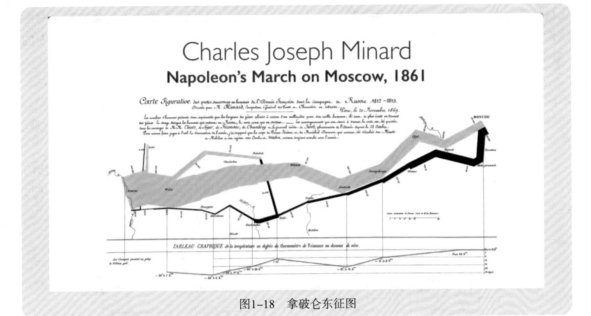

图1-18 拿破仑东征图

随着统计学的发展，图表的使用越来越多，人们也开始重视对图形化、可视化的研究。直到 1967 年，法国人雅克·贝尔坦（Jacques Bertin）创作了可视图表设计与制图的奠基之作 *The Semiology of Graphic*，其中将可视化图表的核心元素分为 Shape、Size、Value、Orientation、Texture、Color。这本书奠定了数据图表可视化的基础理论和方法，也大大促进了后来可视化技术的发展。随着可视化应用越来越广泛以及计算机软硬件技术的进步，逐渐形成了众多的计算机制图可视化软件，促进了数据可视化的发展。

1.4.2 数据可视化流程

如今数据可视化已经发展成了一个专门的研究方向，研究如何科学而有效地通过可视化图表技术将数据的意义更好地诠释和展示出来。通过可视化的形式来展现数据的分析结果以及揭示数据的模式和趋势，从而使用户能够直观地检查数据、理解数据含义、解释其突出显示的模式，并帮助他们从复杂的数据集中找到含义并获得有用的数据见解。

数据可视化包括数据和可视化两部分，其中数据为可视化的基础，可视化则为数据的显示方式。因此从流程上分析，数据可视化整体包括可视化目标确定、可视化数据准备和图形可视化呈现三个步骤。

（1）可视化目标确定：分析对什么目标进行可视化、需要展现什么信息以及预计得出什么结论。数据内涵非常丰富，不同的分析方式、不同的维度会使侧重点有天壤之别。所以首先必须明确可视化任务的目标，以便选择最优的算法和方法去处理和组织数据。

（2）可视化数据准备：根据制定的可视化目标来选择数据。这部分实际上是根据可视化目标进行数据分析，与常规的数据分析思路完全一致。包括选择什么样的源数据、对源数据进行清洗整理、选择统计方法或其他的数学算法对数据进行处理分析得到数据中的"数据"。

（3）图形可视化呈现：有了目标和数据后，选择采用什么样的可视化图表来展示数据。不同的图表，其呈现角度、视觉表达都有明显的差异，应根据需要来选择最优的图表类型。同时，可视化不仅仅是选择图表那样简单，还包括视觉编码的设计，包括对位置、尺寸、纹理、色彩、方向、形状等各个细节方面的编码设计。

1990年Robert等人提出了数据可视化的基本流程图（图1-19）。整体划分为5个阶段的数据和4个处理流程，每个流程的输入就是上一个阶段的输出。该图非常直观地对可视化过程进行了说明，这本身也是一幅图，用图的方式表达出来更好理解。

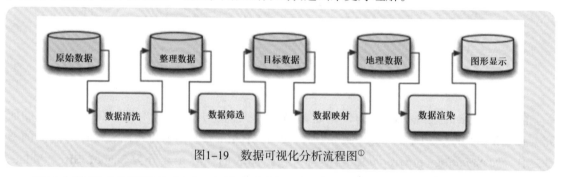

图1-19 数据可视化分析流程图[①]

不过在数据变化频繁的今天，上述流程图还需要加入用户体验、迭代修改的步骤，由此形成了如今非常流行的模型图（图1-20），也就是数据可视化的全过程生命周期。

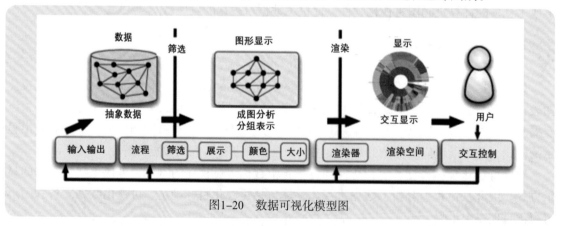

图1-20 数据可视化模型图

---

① 参考文章：Haber, R. B. and McNabb, D. A. Visualization idioms: A conceptual model for scientific visualization systems, 1990。

1.4.3 常见的图表类型

图表是可视化展示的最佳媒介，所谓"一图胜千言"表达的就是这个意思。如今的各个行业每天都有大量的活动记录和数据产生，人们根本无暇去阅读每条记录或每个数据来获取相关进展和知识，更愿意通过组织数据后形成的图表来了解周围发生的一切。

有哪些类型的图表可供选择呢？前面介绍了图表的历史发展过程，在几百年前就开始有地图、折线图、饼图、散点图等图表类型，如今随着数据种类的不断丰富和需求的不断提高，图表类型也在不断更新。

下面介绍一些常见的经典图表类型。

1. 散点图

散点图用于分析两个变量（或两类数据）之间的数值分布关系或相关性。一般包括一个水平坐标轴和一个垂直坐标轴，其优点是可以直观地表示数据之间的关系，揭示变量与变量之间的关联。图 1-15 所示的约翰·赫歇尔发明的第一个散点图就清晰地展示了双星轨道位置角度随时间变化的关系。与散点图类似的还有气泡图，通过对散点的大小进行设计突出显示某些因素所带来的影响。

2. 柱状图

柱状图又称柱形图，用于分析对比分类数据，揭示多个分类数据的变化或同类别各变量之间的比较情况。一般水平坐标轴为分类数据刻度，垂直坐标轴为分类数据数值变化，将数值以填充柱形的形状来显示，从而将类别不同的数据之间的差异表达出来。

3. 条形图

条形图实际上就是柱状图旋转 90° 后的呈现形式。不过因为旋转了 90°，在有些场景下其表现能力要强于柱状图。

4. 折线图

折线图用于展示数据随时间或有序类别的波动趋势变化。在某些情况下与散点图类似，折线图实际上就是将散点图的样点通过线段连接了起来，线段表示趋势的能力远胜于点。例如，1786 年出现的第一个折线图就绘制了英格兰在 1700—1780 年的进出口数据变化情况，出口数据呈逐年增长趋势、而进口数据则在缓慢增长后慢慢下降，很清晰地表达了英格兰经济的发展情况。

5. 饼图

饼图用于分析同一场景下不同类别的数据的占比情况。饼图出现的历史也较早，最著名的就是南丁格尔绘制的鸡冠花图，通过分析导致士兵死亡的各种病例的占比情况传达出严重的问题。与饼图类似的还有环形图、旭日图等。

6. 直方图

直方图用于统计某一类数据数值分布区间情况，直方图只有一个坐标轴，用于显示该类数据的数值刻度，然后将刻度区间内的数据样点用柱形颜色填充形成直方图。

7. 雷达图

雷达图又称蜘蛛网图、极坐标图，是以从同一点开始的轴上表示的三个或更多个定量变量的二维图表的形式显示多变量数据的图形方法。

8. 流程图

流程图是将决策过程或者数据移动通过图形方式显示出来，一般用多边形表示决策过程，用箭头表示过程之间的关系。

9. 地理图

地理图用于表现属于现实世界中位置的值的地图，常用于比较国家或地区之间的值。同时常将地图作为底层，然后将地图表示的各个国家或地区的数据以其他图表类型（如气泡图、柱状图、热力图等）显示在地图上，突出地区之间的差异。

10. 网络图

网络图又称关系图，由连接在一起的节点和线构成，以显示一个群体中各元素之间的关系。通常用于表示实物之间的相互联系，如计算机或人。

11. 树形图

树形图将大的矩形分割成更小矩形并呈现出来，每个更小矩形表示某个变量与整个值的比例，用于突出等级比例。

12. 热力图

热力图对数值分布区域以色彩平面填充方式表示，颜色越深表示数据差异越大，用于突出某区域的数值差异。通常，热力图需要与地理图或平面地图结合起来绘制。

以上对常见的图表类型进行了列举，其典型呈现方式如图1-21所示。实际应用中这些图表还会随着业务场景的需求而组合起来，或者叠加显示、组合显示等。

另外，近些年兴起的数据看板或大屏则是多类图表的组合布局，在一个屏幕区域（或页面区域）内合理布局显示相关图表，可以对某类业务进行全方位的展示。

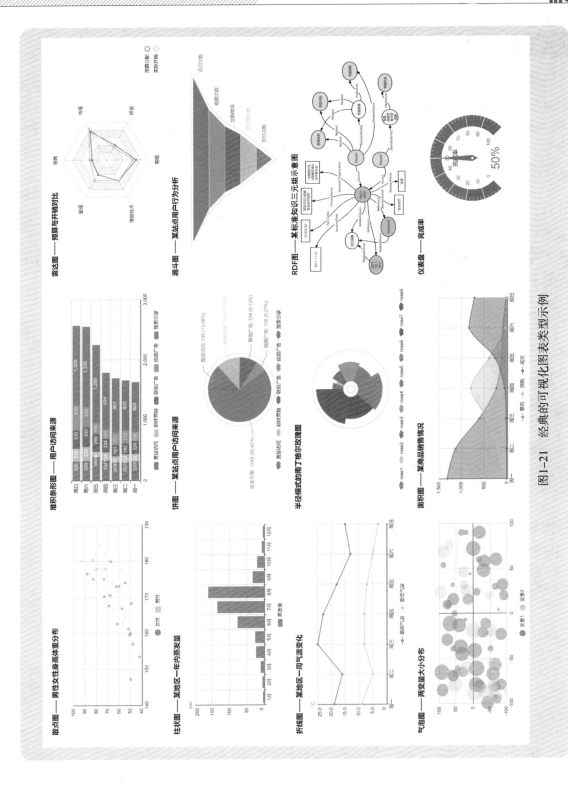

图1-21　经典的可视化图表类型示例

1.4.4　图表类型的选择建议

　　到底选择什么样的图表更合适？ 2013 年安德鲁·阿伯拉（Andrew Abela）博士在其所著的 *Advanced Presentations By Design*（*Second Edition*）中提出了一个图表选择导图，对可以定量分析的数据可视化图表进行了总结和建议。阿伯拉博士将图表展示的关系分为 4 类：比较、分布、构成、关联，然后根据这个分类和数据的状况给出了对应的图表类型建议。本书参考了原图表导图，同时进行了布局修改，主要分为以下几个方面。

　　（1）基于比较类的数据可视化，考虑分为类别与时间两种对比可视化方式。基于类别对比时，建议使用柱状图、条形图，如果类别较多，则使用堆积类柱状图或条形图来突出差异。基于时间对比时，则可以使用雷达图、折线图、柱状图等突出随时间变化的数据的变化趋势。由于漏斗图、词云图的存在，在比较类别中还可以加入基于流程类别，因此在原有图表分类基础上稍加修改后的呈现方式如图 1-22 所示。

图1-22　基于比较类图表建议（有所修改）

　　（2）基于分布类的数据可视化，考虑变量的个数方式来选择图表。单变量时建议采用直方图和正态分布图，多变量时则采用散点图和三维曲面图。实际上，如果考虑空间分布，还应该加入地理图、热力图等（图 1-23）。

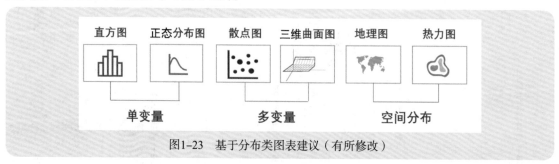

图1-23　基于分布类图表建议（有所修改）

　　（3）基于构成类的数据可视化，同样从静态和随时间变化动态的角度去考虑选择图表类型。静态比例类图表采用饼图、瀑布图和复合堆积百分比柱状图，而随时间周期变化的则以柱状图和面积图为主，横轴均采用时间序列刻度（图1-24）。

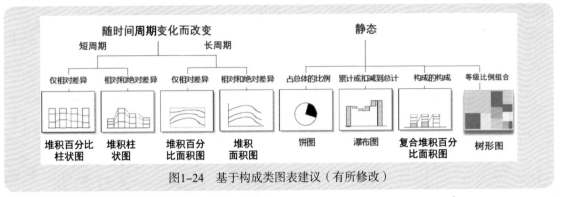

图1-24　基于构成类图表建议（有所修改）

（4）基于关联类的数据可视化，则主要采用散点图、气泡图，突出变量与变量之间的关联程度，如果考虑加入基于流程的分析，还可以采用桑基图、弦图和网络图，如图1-25所示。

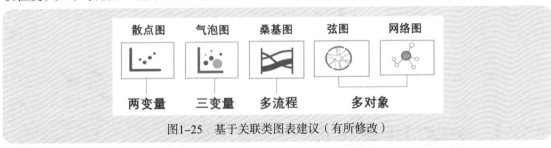

图1-25　基于关联类图表建议（有所修改）

上述图表导图中包括了常用的图表类型，同时对图表功能也进行了表述。不过随着数据量的增大、数据类型的增多，需要表述的含义也越来越复杂，可视化开发者们除了使用原有的经典图形外，还在不断地开发并扩充新的图表类型。

1.4.5　可视化图表的基本构成要素

图表可视化就如同绘画一样，首先要精妙构思，然后设计图形、配置各项参数、不断迭代调整最终打磨成一幅艺术品供人欣赏，传达数据内涵和数据之美。

具体到一个图表，它的基本构成要素主要包括以下3个方面（图1-26）。

（1）画布：类似于绘图图纸，图表就显示在画布上。

（2）图表主体：图表所在区域，由坐标轴、图像构成。

（3）图表配置：主要包括图表标题、图例、比例尺、备注文本、色阶、工具条等元素。

图表主体是可视化的核心，根据数据系列特征选择合适的图表来形成图像。其中的坐标轴、图像显示等都可以进行配置，包括坐标轴刻度、文本、网格线、颜色以及图像显示的色彩主题、数据标签等。

图表配置也非常重要，是对图像的一些辅助说明。包括图表标题、图例、色阶、工具条等选项，涉及大小、样式、图标、颜色等多类细致的调整。

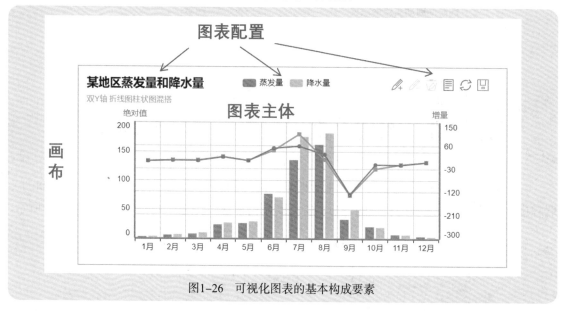

图1-26　可视化图表的基本构成要素

1.5 数据可视化工具

当数据可视化目标确定、所需基础数据和图表类型明确后，就可以开始考虑如何绘制美观有效的图表了。目前可视化工具主要包括两大类：非编程式和编程式。

1.5.1 非编程式可视化工具

非编程式可视化工具是指一类点击 / 拖动型工具，通过提供许多的图表绘制和配置选项菜单，协助用户完成图表展示任务。这类工具目前在市面上有许多软件可供选择，用户只需要熟悉软件操作步骤和方案配置，便可获得满足需求的可视化图件。知名的莫如微软的 Excel 图表可视化工具（图 1-27）、Power BI 可视化工具、Tableau 可视化工具，还有许多数据挖掘、数据分析软件中的可视化模块。

微软同时还针对商务智能大数据推出了 Power BI 软件，Power BI 与微软系列的产品已经实现整合，可以利用 Power BI 来读取在微软的 SQL Server、Azure 云数据库、Office 365 等中存储的数据进行数据可视化的大屏制作，满足商务需求，如图 1-28 所示。

图1-27　Excel表格数据分析及可视化

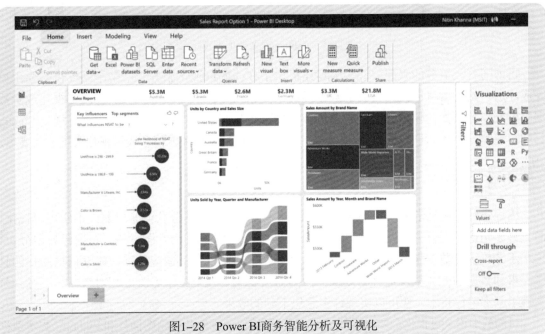

图1-28　Power BI商务智能分析及可视化

　　Tableau 是另外一款非常流行的商业可视化软件，据其官网介绍，Tableau 是能够帮助大家查看并理解数据的商业智能软件。具有快速分析，简单易用，适应表格、数据库和云服务数据，自动更新，制作智能仪表板以及瞬时共享等特性，如图 1-29 所示。

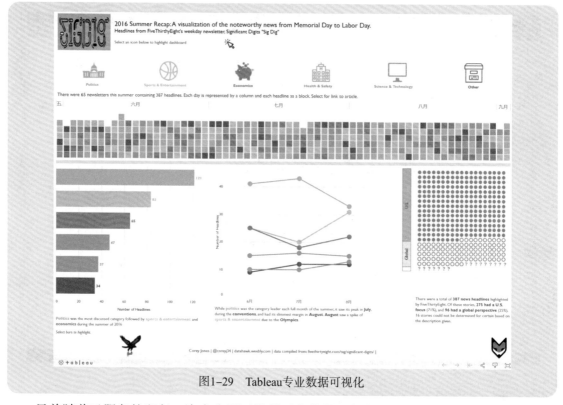

图1-29　Tableau专业数据可视化

目前随着云服务的兴起，许多公司还提供了在线的可视化服务。这类产品仅仅需要用户完成注册，然后就可以使用自己的数据或网络数据在其提供的环境中快速实现可视化或者数据大屏制作。例如，阿里云提供的 DataV 数据可视化服务，百度云提供的数据可视化 Sugar、百度图说等，非常方便快捷，不需要编程，通过简单地拖动配置就能生成可视化大屏或仪表盘。

1.5.2　编程式可视化工具

编程式可视化是指用户基于数据分析的结果，通过编写程序代码来绘制图形实现可视化，而且许多情况下是将数据分析与可视化作为两个步骤放在同一个程序中，先进行数据分析，再基于分析统计数据来实现编程可视化。这类方案自由度高、适应性强，能够依据用户的具体需求和数据的变化呈现适宜的效果，但因为需要编写代码，学习难度相对较高，不过一旦掌握了基本编程技术，便可以实现许多意想不到的效果。

目前的编程式可视化主要包括基于 JavaScript 编程形成的各类绘图插件和 Python、R 等数据分析语言编程实现。基于 JavaScript 技术开发的绘图库包括百度 ECharts.js、D3.js、Highcharts.js、Plotly.js、FusionCharts.js、Gephi 等，绘图功能都非常强大，在使用时需要结合网页开发技术导入这些 JavaScript 文件，然后传入数据并进行相应图形参数配置编程，就可以渲染显示在网页上。其中，百度开源的 ECharts.js 及其提供的 Python 接口会在后续章节中详细介绍。

Highcharts.js 由国内简数科技公司研发，它是一个用纯 JavaScript 编写的图表库，能够简单便捷地在 Web 网站或是 Web 应用程序中添加有交互性的图表，并且免费提供给个人学习、个人网站和非商业用途使用，支持的图表类型有直线图、曲线图、区域图、柱状图、饼状图、散点图、仪表图、气泡图、瀑布流图等，其中很多图表可以集成在同一个图形中形成混合图。图 1–30 所示为该库可视化的演示案例。

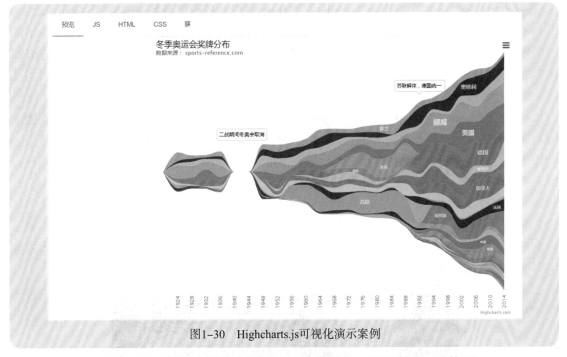

图1–30 Highcharts.js可视化演示案例

D3.js 是一个可以基于数据来操作文档的 JavaScript 库。可以帮助用户使用 HTML、CSS、SVG 以及 Canvas 来展示数据。D3.js 遵循现有的 Web 标准，可以不需要其他任何框架独立运行在现代浏览器中，它结合强大的可视化组件来驱动 DOM 操作。

1.5.3 编程式可视化技术

基于编程语言的可视化库则相对较多，由于大数据人工智能的研究需求火热，Python 已经成为一门应用非常广泛的编程语言，而且给各行各业的发展都带来了影响。许多软件都开放了 Python 语言接口 API，同时也有许多基于 Python 开发的软件推向应用。在可视化方面，完全基于 Python 编程语言实现的可视化库包括 matplotlib、seaborn、Altair、PyQtGraph、NetworkX 等，基于 Python 接口实现的可视化库就非常多了，如 pyecharts、Bokeh、Dash、Plotly、HoloViews、leather、ggplot、geoplotlib 等。

下面将各种库的优势特色和应用结合起来进行分类介绍。

1. 基础可视化库 matplotlib

matplotlib 库是完全采用 Python 开发的一个可视化库，已经成为公认的数据可视化工具。通过 matplotlib 编写几行代码即可生成线图、直方图、功率谱、条形图、错误图、散点图等，简单易学。更详细的介绍请阅读本书第 3.3 小节相关内容。

2. 功能全面可视化库 pyecharts

pyecharts 库是百度开源的 ECharts 库的 Python 实现，目前已经是 Apache 顶级项目之一，得到了社区和研究人员的广泛认可。其功能强大，通过编程几乎能够完成所有业务场景下的可视化任务，静态的、动态的、二维的、三维的等图表都可以轻松实现。本书也将重点介绍该库的使用步骤和方法，更详细的内容请阅读本书第 3.4 节相关内容。

3. 统计可视化库 Altair

Altair 是 Python 的一个公认的统计可视化库。它的 API 简单、友好、一致，并建立在强大的 vega – lite（交互式图形语法）之上。Altair API 不包含实际的可视化呈现代码，而是按照 vega – lite 规范生成 JSON 数据结构。由此产生的数据可以在用户界面中呈现，这种优雅的简单性产生了漂亮且有效的可视化效果，且只需很少的代码。

4. 多学科领域可视化库 PyQtGraph

PyQtGraph 是在 PyQt4 / PySide 和 NumPy 上构建的纯 Python 的 GUI 图形库（图 1–31）。它主要用于数学、科学和工程领域。尽管 PyQtGraph 完全是在 Python 中编写的，但它本身就是一个非常强大的图形系统，可以进行大量的数据处理，运行速度也非常快。

图1-31　PyQtGraph可视化库示例

5. 交互式可视化库 Bokeh

Bokeh 是一个 Python 交互式可视化库，支持现代化 Web 浏览器展示。它提供风格优雅、简洁的 D3.js 的图形化样式，并将此功能扩展到高性能交互的数据集上。使用 Bokeh 可以快速便捷地创建交互式绘图、仪表盘和数据应用程序等。本书也将在第 7 章对相关内容进行简要介绍。

6. 网络可视化库 NetworkX

NetworkX 是一个 Python 包，用于创建和研究复杂网络的结构，学习复杂网络的结构及其功能。NetworkX 提供了适合各种数据结构的图表，大量标准的图算法、网络结构和分析措施，可以产生随机网络、合成网络或经典网络，且节点可以是文本、图像、XML 记录等，如图 1-32 所示。

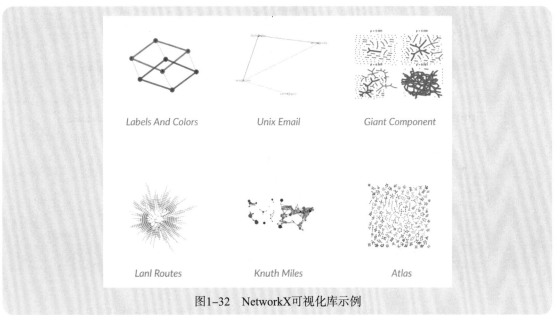

图1-32　NetworkX可视化库示例

7. 功能全面在线可视化库 Plotly

Plotly 是一个数据可视化的在线平台，其优势在于制作交互式图表，图表类型也非常多，在许多方面都有广泛的应用，如图 1-33 所示。

8. 地理信息可视化库 geoplotlib

geoplotlib 是 Python 的一个用于地理数据可视化和绘制地图的工具箱，并提供了一个原始数据和所有可视化工具之间的基本接口，支持在纯 Python 中开发硬件加速的交互式可视化，并提供点映射、内核密度估计、空间图、多边形图、形状文件和许多更常见的空间可视化的实现功能。除了为常用的地理数据可视化提供内置的可视化功能外，geoplotlib 还允许通过定义定制层来定义复杂的数据可视化，如图 1-34 所示。

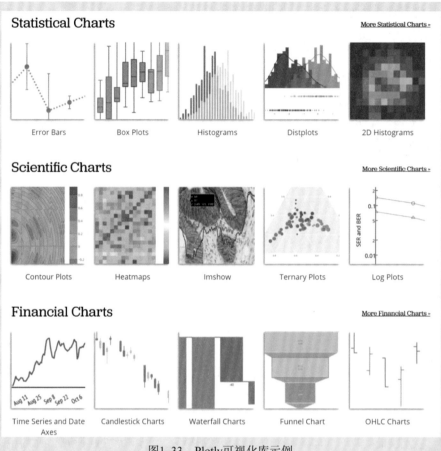

图1-33　Plotly可视化库示例

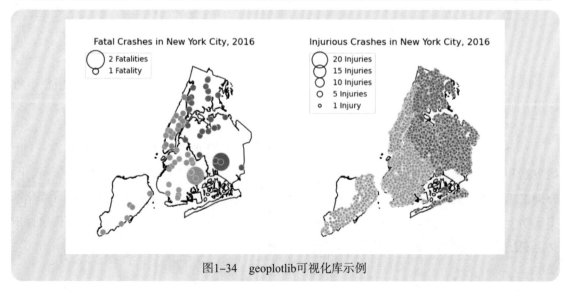

图1-34　geoplotlib可视化库示例

还有许多其他的第三方库，而且随着数据类型、数据复杂度的增加，以后还会出现更多基于 Python 实现的可视化工具。虽然可视化库类型众多，但其基本实现过程都是相似的，也就是说，只需要掌握一个可视化库的使用方法，其他的主要就是熟悉语法和配置项选择的问题。也正是鉴于此，本书在介绍 Python 可视化时重点选择了基础可视化库 matplotlib 和 pyecharts 库，在熟悉了这两个库的用法后，其他库自然很容易掌握。更多的思考还是应该留在基于业务需要如何做好绘图之前的数据分析环节，然后选择合适的图表进行展示。

1.6 小结

本章首先对数据、数据特征和数据之美进行了探讨；然后对展示数据之美的可视化发展历史、常见图表、选择建议、基本构成要素进行了介绍；最后对可视化工具的使用和常见的 Python 可视化库进行了阐述。数据可视化是一门技术，也是一个研究方向，如何在更好地展现数据之美的同时体现研究者自身的能力是非常值得研究的。在本书接下来的章节中，将对可视化工具的使用进行详细介绍，带领读者一起进入可视化实现的领域。

第 2 章

Excel 数据可视化基础

      Excel是微软公司推出的专用于表格数据处理的办公系列软件产品。由于其便利快捷的操作、简单易懂的界面、全面强大的功能，Excel几乎成了每台计算机的必备软件，在表格数据处理方面绝对是首选。近些年国内金山软件也推出了WPS Office系列，其中的WPS表格与微软的Excel功能几乎相同，也主要用于表格数据处理。

      Excel更受称赞之处在于其强大的可视化功能，包括各类可视化图表、数据透视图表。在Excel中选择数据后即可一键开启可视化，快速地制作美观的图表、清晰地展示数据分析结论、全面地对数据进行透视，便于使用者掌握数据的规律和特征，并基于此给出可靠而直观的数据分析结论。

      本章将聚焦Excel的可视化功能及其案例实现，包括Excel图表基本元素、Excel常用图表类型、Excel快速制作可视化图表、Excel可视化典型案例和使用Excel制作好看的数据看版。具体的思维导图如下。

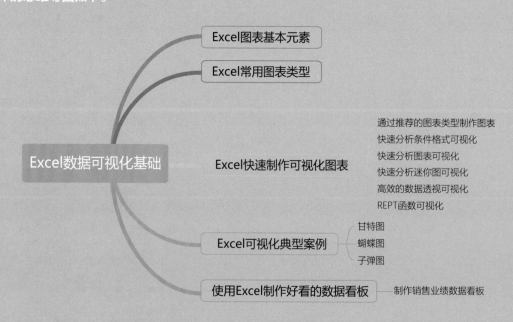

2.1　Excel图表基本元素

"万丈高楼平地起"，为了制作赏心悦目的图表，有必要先认识图表的基本构成元素。Excel 图表由图表区、绘图区、标题、坐标轴、图例、网格线和数据系列等基本元素构成。

下面以"学生英语成绩折线图"为例，说明这些基本元素的位置和用途，如图 2-1 所示。

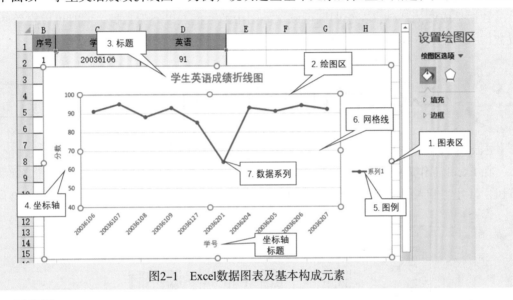

图2-1　Excel数据图表及基本构成元素

1. 图表区

图表区是指图表的全部范围。单击图表的空白区，即可选中整个图表。右侧显示"设置图表区格式"窗格，在此可以对图表选项、文本选项进行设置。

2. 绘图区

绘图区是指图表区内的图形表示区域。其范围比图表区要小，选择后右侧显示"设置绘图区格式"窗格，在此可以对绘图区选项进行设置。

3. 标题

标题文本用于标明图形的名称。可以直接修改文本内容，也可以对文本的设置选项如文本颜色、字体类型和大小、字体形态等进行设置。

4. 坐标轴

坐标轴包括坐标轴刻度、坐标轴标注和坐标轴标题。坐标轴是图表的重要组成部分，通过设置坐标轴刻度和标注可以明确成图数据的显示范围，设置坐标轴标题便于用户了解数据列摘要信息。

5. 图例

在绘图时存在多列数据成图时，需要使用图例来标识每列数据，通常使用不同的颜色和文本标注来设置图例。

6. 网格线

在绘图区内，网格线与坐标轴刻度是紧密相关的，通过设置网格线的疏密可以优化图形的显示效果，包括水平网格线和垂直网格线。

7. 数据系列

数据是成图的基础，在绘图区可以选择图中的数据点以查看数据，同时可以在绘图区设置数据系列显示方式、调整数据系列等。

 ## 2.2 Excel常用图表类型

Excel中提供了多种图表类型，并可以基于选择的数据表格类型智能推荐相关图表可视化方案。

在 Excel 工作表中输入数据并选中数据表，单击"插入"菜单中"图表"组中的"推荐的图表"按钮，打开"插入图表"对话框，该对话框中列出了所有的 Excel 图表类型，如图 2-2 所示。

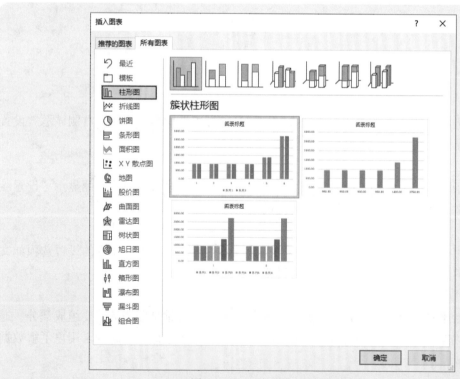

图2-2　Excel中所有的图表类型

下面列出了一些常见的图表类型，主要包括柱形图、折线图、散点图、饼图、条形图、面积图以及各类图形的组合图。

1. 柱形图

柱形图常用于显示一段时间内数据的变化情况或对各项数据进行对比。在柱形图中，通常沿水平轴组织类别，而沿垂直轴组织数值。在 Excel 工作表中，列或行的数据都可以绘制到柱形图中。

图 2-3 所示的柱形图显示的是全球各国人口数统计排名前 5 名的国家及其人口数（截至 2021 年）。国家名在横坐标中标识，人口数则在纵坐标中标识，各个国家的人口数量通过柱形来体现，柱形越短表示人口数量越少。柱形图很直观地显示了各国人口数量排名及差异。

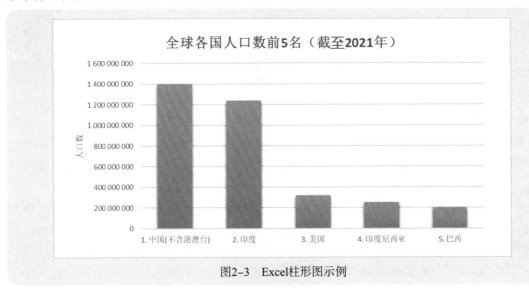

图2-3 Excel柱形图示例

柱形图系列还包括反映累加效果的堆积柱形图、反映比例的百分比堆积柱形图、反映多数据系列的三维柱形图等，图 2-2 中的柱形图右侧窗口上部共包括 7 种柱形图显示样式。

2. 折线图

折线图常用于显示随时间而变化的连续数据或者按一定方式均匀变化的数据，通过折线的起伏变化反映数据增减情况和变化趋势。在折线图中，水平轴通常是时间或类别，垂直轴则是数值。

图 2-4 所示的折线图显示了某股票近一周交易日收盘价的变化情况。水平轴为时间刻度，垂直轴为价格刻度。将单日价格用折线连接起来形成折线图，很直观地显示了股价的波动变化情况。

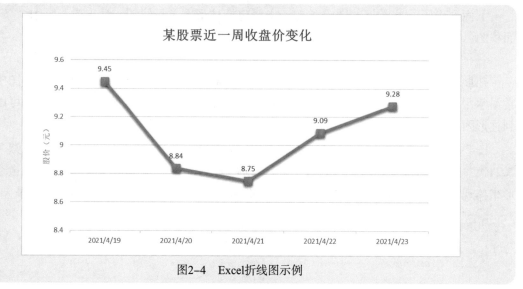

图2-4　Excel折线图示例

3. 散点图

散点图通常用于显示和比较数值之间的聚集性特征，如科学、统计和工程数据，数据点越多越好。使用散点图可以突出两个变量之间的相关性，此时水平轴为一个变量的刻度，垂直轴为另外一个变量的刻度。散点图系列还包括带趋势线散点图、气泡图、三维气泡图等。

图2-5所示为鸢尾花萼片长度和花瓣宽度两个属性的散点分布图。水平轴为萼片长度刻度，垂直轴为花瓣宽度刻度。交汇点用深红色标识，从散点图中可以看到样点的聚集特征和分布趋势。

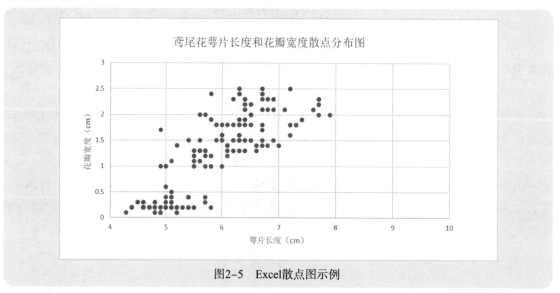

图2-5　Excel散点图示例

4. 饼图

饼图用于显示一个数据系列中各项大小与各项总和的比例。饼图中的数据点显示为整个饼图的百分比，可以很直观地看到各项组成的占比。饼图只适用于一组数据系列，饼图系列里包括二维饼图和三维饼图、圆环图等。

图 2-6 所示为某公司对各个部门当月业绩贡献进行统计汇总绘制成的饼图，由此来观察各个部门的重要程度。饼图中每块区域可以标识出该区域代表的部门和所占的百分比。

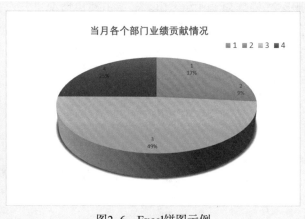

图2-6 Excel饼图示例

5. 条形图

条形图实际上就是柱形图旋转 90° 后的一种显示形式，有时候也把条形图归为柱形图的一类。不过因为条形图对特征的描述有时会比柱形图更直观有效，因此单独将其归为一类。

图 2-7 所示为对国内 10 个城市 2018 年人均 GDP 数据进行对比绘制的条形图，条形的长度标识 GDP 数值的大小，条形图可以很清晰地传达各个城市之间 GDP 的差异性特征。

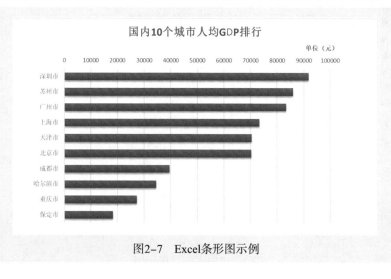

图2-7 Excel条形图示例

与柱形图一样，条形图系列也包括反映累加效果的堆积条形图、反映比例的百分比堆积条形图、反映多数据系列的三维条形图等。

6. 面积图

面积图实际上是折线图的另一种表现形式，是将折线图折线下方部分填充颜色而制成的图表，有的情况下能够比折线图更有效地突出特征。尤其对于少量数据系列的面积图、堆积和百分比堆积面积图，使用面积图比折线图更能反映数据信息。

图2-8所示为某服装连锁店对2017—2019年三年销售情况进行盘点汇总的面积图，通过折线图和面积图组合对比各年份各门类销售数据。

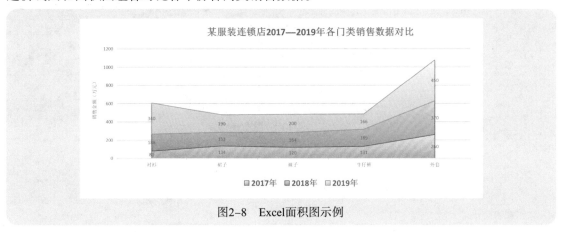

图2-8 Excel面积图示例

7. 雷达图

雷达图是专门用于进行多指标体系比较分析的专业图表。从雷达图中可以看出指标的实际值与参照值的偏离程度，从而为分析者提供有益的信息。雷达图一般用于成绩展示、效果对比量化、多维数据对比等。

图2-9所示为对训练营某学员能力进行评估的雷达图，通过各个方面的能力对比很快能看出该学员的优缺点。

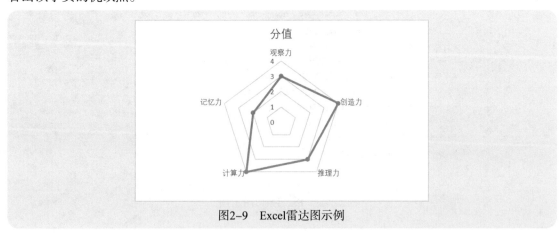

图2-9 Excel雷达图示例

8. 漏斗图

漏斗图外形似漏斗状，上大下小，通常用于显示逐渐递减的比例。漏斗图适用于业务流程比较规范、周期长、环节多的流程分析，通过各环节业务数据的对比，能够直观地发现和说明问题所在。

漏斗图在电商数据分析时可用于转化率的比较，它不仅能展示用户从进入网站到实现购买的最终转化率，还可以展示每个步骤的转化率。图2-10所示为电商经营各流程人数漏斗图。

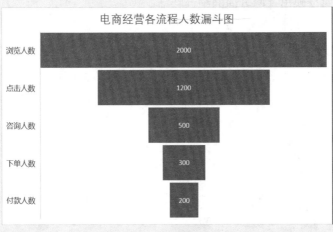

图2-10 Excel漏斗图示例

9. 瀑布图

瀑布图 (Waterfall Plot) 是由麦肯锡顾问公司所独创的图表类型，因为形似瀑布流水而被称为瀑布图。此种图表采用绝对值与相对值结合的方式，适用于表达数个特定数值之间的数量变化关系，在企业的经营分析、财务分析方面使用较多，用于表示企业成本的构成、变化等情况。图 2-11 所示为对某个月的消费支出绘制的瀑布图，可以直观地看出各项支出情况。

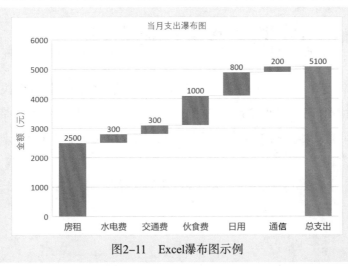

图2-11 Excel瀑布图示例

10. 组合图

上述的几种图表各自都有其适应的场景和自身的特征，对于有些复杂的数据系列，组合图会比单一图表表述效果更好，因此在使用 Excel 绘图时还可以使用各种图形的组合图。组合类型包括柱形、折线组合，折线、面积组合等。

图 2-12 所示为网店 2020 年年终销售汇总表，同时具有"数量"和"收入"数据列，使用柱形、折线组合图可以同时反映出这两方面的统计特征。

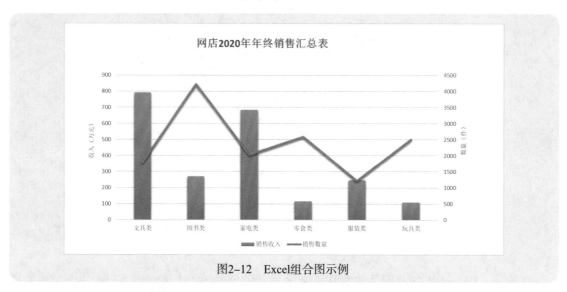

图2-12　Excel组合图示例

除了上述这些常见的 Excel 图表类型外，Excel 还提供了直方图、箱形图、股价图、旭日图、树形图等类型，限于篇幅，这里不再详述，后续案例应用中再进一步介绍。

2.3　Excel快速制作可视化图表

Excel 操作非常简单，只需要在 Excel 工作表中准备好数据，就可以快速完成可视化图表的制作。在实际操作时有多种快捷成图方式，下面以一个实际数据案例带领读者快速入门 Excel 可视化。同时鉴于本书的主题为图表可视化，有关数据的准备工作（如导入或分析处理过程），这里不作赘述。

将某连锁店各分店 2018—2020 年近三年的销售数据加载到 Excel 工作表中，如图 2-13 所示。

分店名 ▼	2018年 ▼	2019年 ▼	2020年 ▼
城南店	18092671	18828791	16709831
城北店	12076539	13960741	11630991
大悦城店	20976541	21304678	16098231
泰达店	14098725	12763013	10729830

图2-13 某连锁店近3年的销售数据

2.3.1 通过推荐的图表类型制作图表

【案例2-1】连锁店年收入数据快速可视化

扫一扫,看视频

对图2-13中的销售数据制作一张柱形图,基本步骤如下:

(1)选中工作表中的目标数据表,如图2-14所示。

图2-14 选中工作表中的目标数据表

(2)单击主菜单栏中的"插入"菜单,在"图表"组中单击"推荐的图表",如图2-15所示。

图2-15 Excel"插入"菜单选项

单击"推荐的图表"后,就会弹出如图2-16所示的对话框。Excel基于目标表格数据自动推荐合适的图表样例以供选择,如对本案例中的销售数据样本推荐了簇状柱形图、堆积柱形图、堆积面积图、簇状条形图、堆积条形图、散点图、折线图、气泡图、百分比堆积柱形图、漏斗图等。当选择其中一种推荐的图表标签时,在对话框右侧直接显示成图效果,并给出了该类图表的说明和使用场景。如果没有看到自己喜欢的图表,可以切换到"所有图表"选项卡中查看可用的图表类型。

选择簇状柱形图,在对话框右侧会显示对应的成图效果,可以直接单击"确定"按钮快速获取可视化效果。

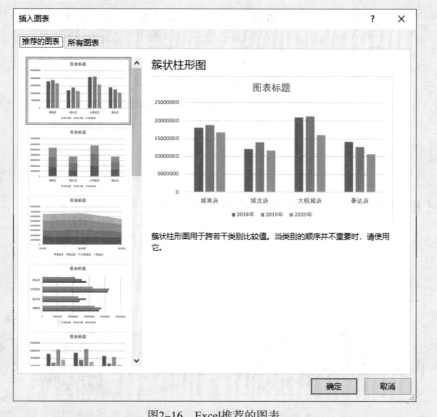

图2-16　Excel推荐的图表

（3）在 Excel 工作表窗体内查看绘制的可视化图形，如图 2-17 所示。通过柱形图可以很直观地展现出销售数据的分布特征，包括分店之间的横向对比和各分店各年份之间的对比。

图2-17　基于案例数据绘制的簇状柱形图

（4）对图表进行显示细节设置，包括图表显示元素、样式修改、数据选择等。

在图表区单击"图表标题"，输入新的标题文字"2018—2020年各店销售数据柱形图"，效果如图2-18所示。如果想对标题文字样式进行设置，可以选中标题文字后右击，在弹出的快捷菜单中选择"字体"命令。

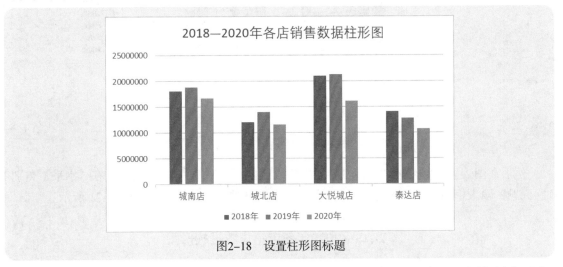

图2-18　设置柱形图标题

单击激活图表区后，在图表右上角会自动显示三个图标，第一个图标用于添加图表元素，第二个图标用于设置图表样式，第三个图标用于选择数据系列，如图2-19所示。

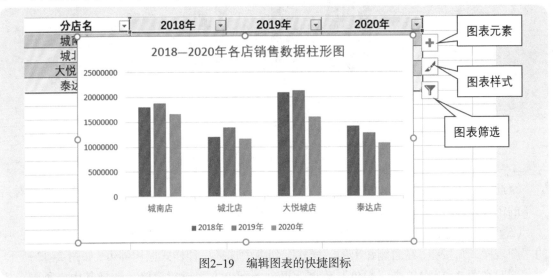

图2-19　编辑图表的快捷图标

"图表元素"列表中包括坐标轴、坐标轴标题、图表标题、数据标签、数据表、误差线、网格线、图例和趋势线，可以通过勾选来决定是否显示在图表区。例如，想设置坐标轴标题，可以单击"图表元素"按钮，在弹出的列表中勾选"坐标轴标题"，如图2-20所示。

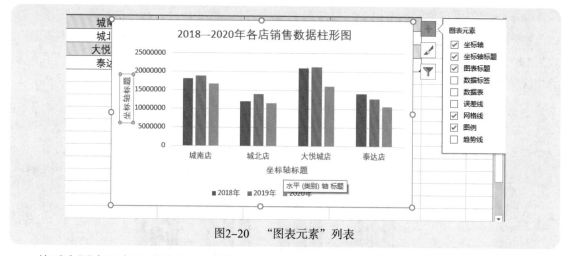

图2-20　"图表元素"列表

然后在图表区内竖列的"坐标轴标题"输入框内输入"销售金额（元）"，在"水平（类别）轴 标题"输入框内输入"各分店名"，完成图表坐标轴标题的设置，如图2-21所示。

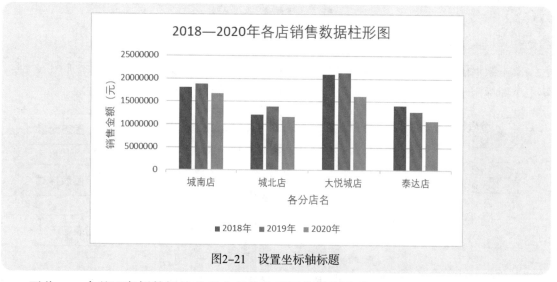

图2-21　设置坐标轴标题

至此，一个基于案例数据的美观大方的柱形图即绘制完毕。通过该图可以很直观地对近三年的销售数据进行分析和对比，以便了解各分店的销售情况，进而作出下一步决策。

（5）如果还想对图表的样式和颜色进行修改，以便获得更美观的图表，可单击图2-19中的"图表样式"按钮，在右侧弹出的"样式"列表中选择一种样式应用即可，如图2-22所示。

同时在图2-22中单击"颜色"菜单后可进入配色方案设置窗格。选择其中一种配色方案应用到柱形图上，如图2-23所示。

将本案例现有柱形图的样式选择为"样式14"，配色方案选择为"彩色调色板3"，应用后的效果如图2-24所示。

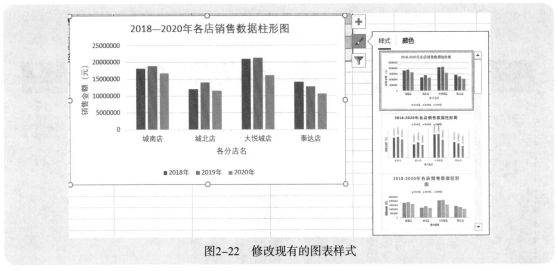

图2-22　修改现有的图表样式

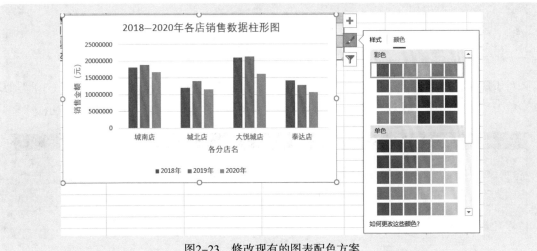

图2-23　修改现有的图表配色方案

图2-24　柱形图样式和颜色优化选择后的效果

（6）若要获取更多的样式和布局方案，可在选中图表区后单击菜单栏中出现的"图表工具"，然后选择"设计"选项卡，如图2-25所示。

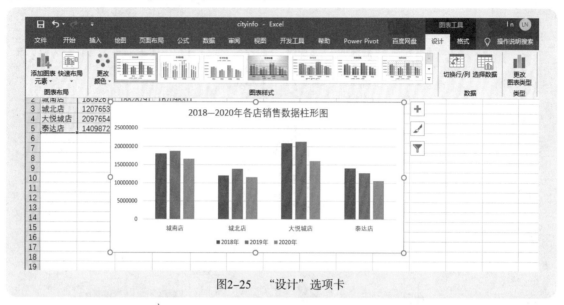

图2-25　"设计"选项卡

对于现有柱形图,可以在"图表样式"组中选择任意一种样式,操作方式与步骤（5）类似。

单击"快速布局"按钮,对于该柱形图共提供了11种布局方案,如图2-26所示。

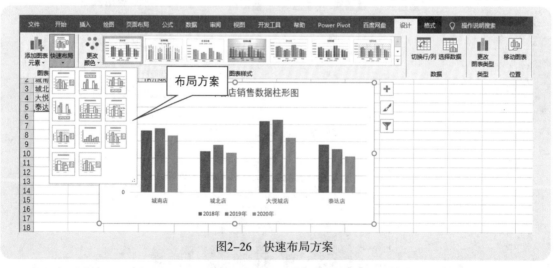

图2-26　快速布局方案

当鼠标光标悬浮到某一种布局方案上时，图表即时呈现布局效果，用户可以根据自己的需求选择合适的布局。同时图表上的标题、图例、坐标轴标题等都可以单独设置文本样式以及位置，以便图表布局更为美观。

（7）更改图表类型，使得数据展示得更完美。

在图 2-16 所示的推荐图表类型中选择三维堆积柱形图，分别设置坐标轴标题、颜色和样式等，效果如图 2-27 所示。该图以年份数据堆积，通过柱形高度可以直观立体地分析某分店近三年的销售数据变动情况。如果将其行列切换，则效果如图 2-28 所示，此时使用分店数据堆积，其柱形高度标识着某一年各个分店数据的变动情况，能够展示出各个分店在该年的销售数据的差异。

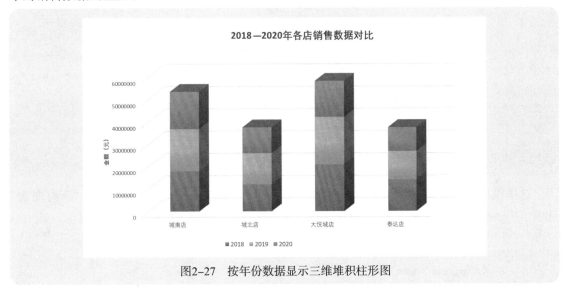

图2-27　按年份数据显示三维堆积柱形图

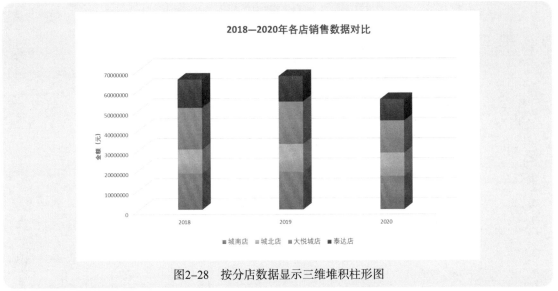

图2-28　按分店数据显示三维堆积柱形图

在图 2-16 所示的推荐图表类型中选择堆积条形图，在设置坐标轴、颜色和样式方案后显示效果如图 2-29 所示。虽然仅仅是将柱形图旋转了 90°，但展示出来的效果又与柱形图有所不同，可以从另外一个角度来对比数据的变动情况和差异性。

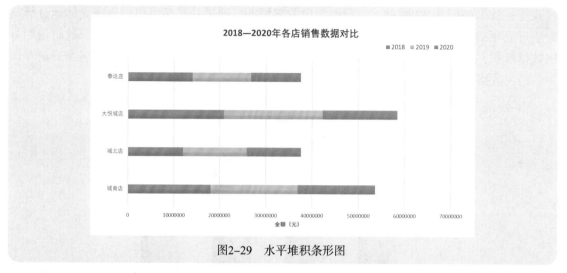

图2-29　水平堆积条形图

这里也可以尝试使用饼图系列里的圆环图，即在"插入图表"对话框中的"所有图表"选项卡中选择"饼图"，然后选择圆环图并进行预览，如图 2-30 所示。

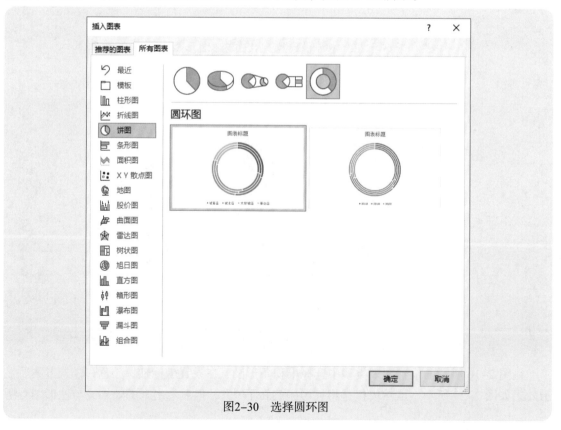

图2-30　选择圆环图

单击"确定"按钮后即可获得圆环图,然后设置颜色、圆环大小、间距等,最终效果如图2-31所示。图中颜色表示各店数据,三个圆环最外层是2020年的数据,依次往里是2019年和2018年的数据。图中标识了各分店在该年所占的百分比,可以很容易地对比各分店每年销售数据所占百分比和对集团的贡献比例,同时也很容易地对比各分店销售额的增长情况。

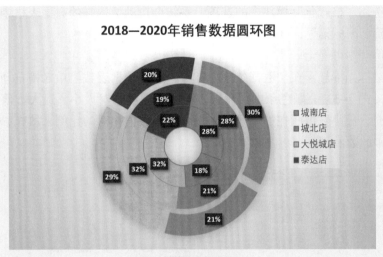

图2-31　圆环图效果

2.3.2　快速分析条件格式可视化

快速分析工具用于对目标数据进行快速分析,并在数据表中以各种对比鲜明的颜色标识出差异或特征,便于用户直观地了解数据规律。

选中数据表后,数据表右下角会显示一个快捷图标,当鼠标光标靠近时就会显示"快速分析工具"信息。单击该图标后会弹出一个子窗口,在窗口中提供了"格式化""图表""汇总""表格""迷你图"五个模块,如图2-32所示。这里重点介绍"格式化""图表"和"迷你图"三个与可视化相关的模块,读者可以参考Excel帮助文档了解其余的模块。

图2-32　快速分析工具

首先进入"格式化"模块。在"格式化"模块中提供了"数据条""色阶""图标集""大于""前10%""清除格式"选项。使用的时候只需要将鼠标光标放在某个选项图标上，效果会即时呈现在数据表中。"清除格式"则是对现有设置格式的全部清除。

在进行条件格式可视化时，需要先制定一定的数据规则，如设置最值规则、前10%规则等。如果直接选用"格式化"模块中的选项，系统会自动按选择的数据表格中的最值规则应用数据条、色阶、图标集等，可以先来体验一下。

1. 自动最值规则可视化

例如，将鼠标光标悬浮在"数据条"图标上，此时数据表数值单元格自动加入了一些蓝色系列颜色条（图2-33），颜色条的长短代表该列数据的相对大小，最大数值所在的单元格以满格颜色填充，最小数值所在的单元格则以和最大数值相对的比例来填充，由此可以清晰地了解数据表中的数值相对大小。

图2-33　数据条设置效果

当选择"色阶"时，数据表每个单元格都呈现了色差的变化效果，如图2-34所示。很明显，这些颜色色差与数值大小有关。图2-34中选用了默认色阶显示，即从草绿色到红色色阶系列。草绿色标识的数值大、红色标识的数值小。虽然与常规习惯有所差异，但这种配色也能很好地突出数值较小的单元格。

图2-34　色阶设置效果

当选择"图标集"时,数据表每个单元格中都默认添加了一些小的方向箭头图标,如图 2-35 所示。图标集可以和色阶、数据条放在一起呈现,更能突出数据之间的差异。

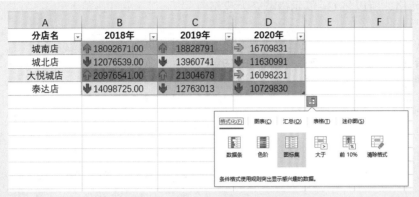

图2-35 色阶与图标集设置效果

当选择"大于"时,可以按一定的数值限制条件给数据单元格填充颜色,如图 2-36 所示。系统默认选择数据表中的平均值作为限制条件,将数值大于该值的单元格填充为浅红色。

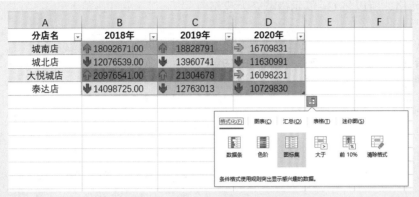

图2-36 条件限制填充颜色设置效果

单击"大于"图标,弹出"大于"对话框,如图 2-37 所示。用户可以自行设定大于条件和颜色填充模式。

图2-37 设置大于条件和颜色填充模式

当选择"前10%"时,系统会默认对整个数据表的单元格数值进行排序,选择前10%填充颜色,凸显数值大的单元格。如图2-38所示,数据表中为销售数据,数据满足前10%的仅有C4单元格,所以将C4单元格填充为浅红色。

图2-38 为前10%的数据填充颜色的设置效果

2. 自行设定规则格式可视化

很显然,上述各种自动格式规则使得有些颜色填充不能满足要求,需要手动调整后才能够可视化。

选中目标数据表格,单击"开始"选项卡中"格式"组中的"条件格式"下拉按钮,如图2-39所示。

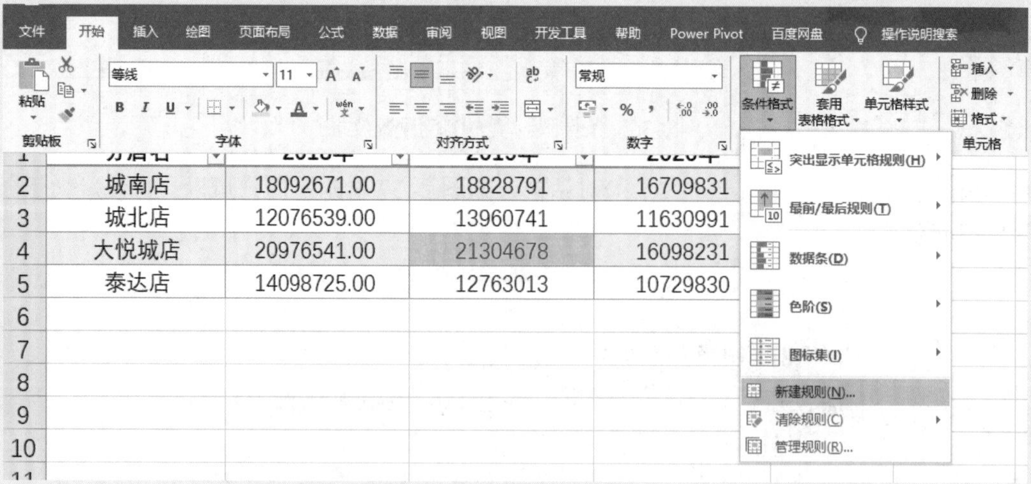

图2-39 "条件格式"菜单

选择第一个"突出显示单元格规则"，其子菜单中提供了设置大于、小于、介于、等于、文本包含、发生日期、重复值等多种规则。可以对数据表中的数据设置数值条件或文本条件、重复值等来凸显数据差异，用颜色填充模式突出感兴趣的数据，如图2-40所示。这个条件菜单实际上就是对快速分析工具"格式化"模块中的"大于"选项的扩展，提供了更全面的选择。

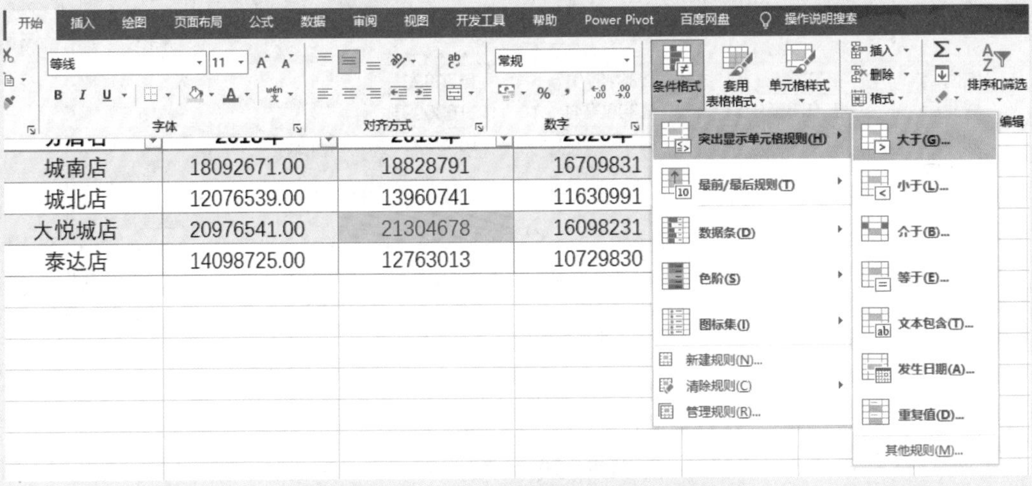

图2-40　"突出显示单元格规则"子菜单

"最前/最后规则"是快速分析工具"格式化"模块中的"前10%"选项的扩展，在这里可以选择前10项、前10%、最后10项、最后10%、高于平均值、低于平均值等，对数据统计值进行截至值限制，突出感兴趣的那部分数据，如图2-41所示。

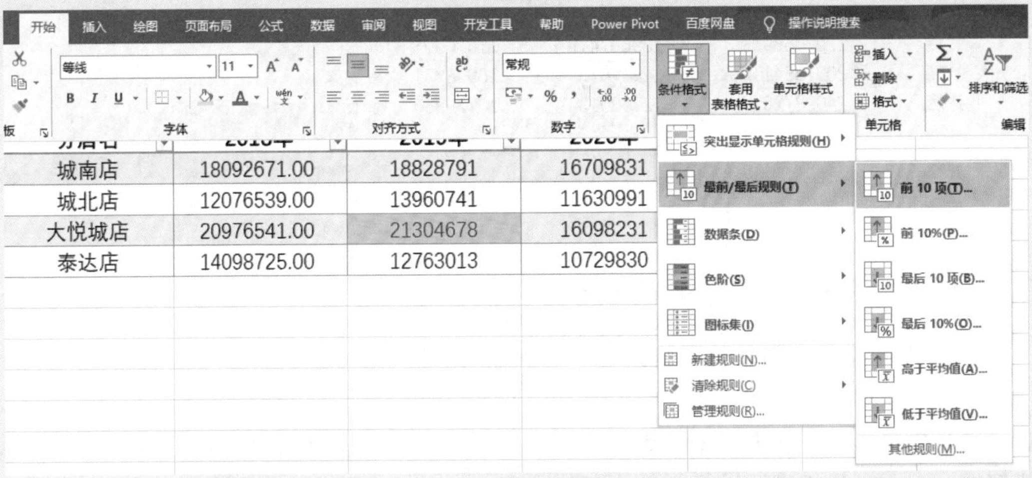

图2-41　"最前/最后规则"子菜单

　　"数据条"子菜单中提供了更多的颜色配置方案，包括渐变填充和实心填充，共12种方案。只需要将鼠标光标悬浮在某种方案上，菜单便会提示所选的配色方案，同时数据表格即时呈现效果，如此来确定哪种颜色方案更合理、更匹配，便于突出数据的变化趋势，如图2-42所示。

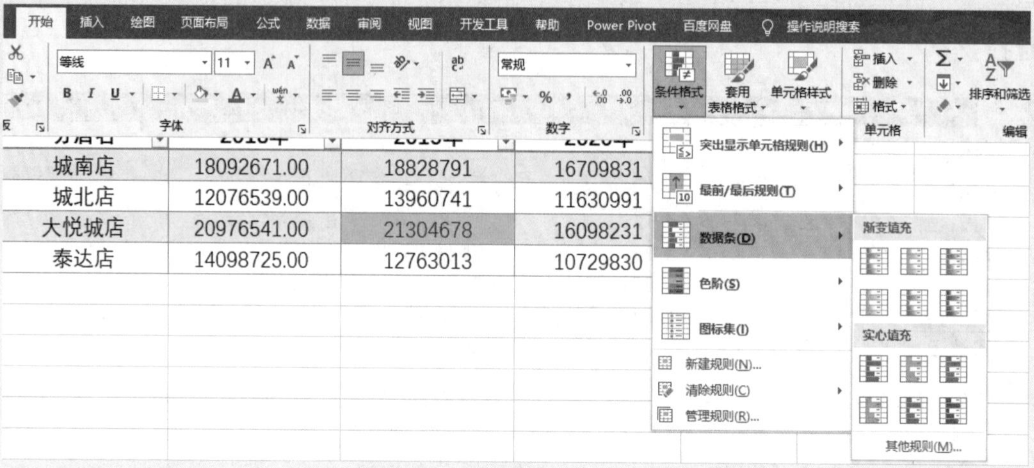

图2-42　"数据条"子菜单

　　"色阶"子菜单中也提供了12种色阶配置方案，包括绿—黄—红、绿—白—红、蓝—白—红、白—红、白—绿、绿—黄以及反向渐变方案，如图2-43所示。

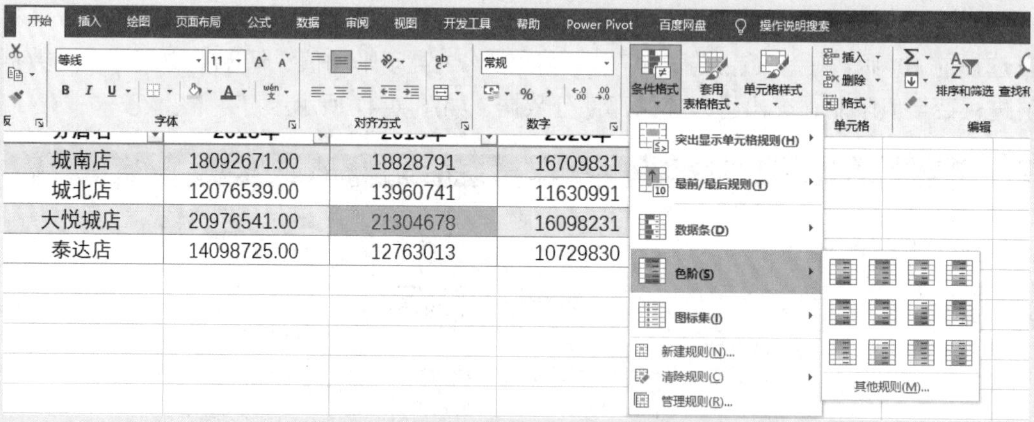

图2-43　"色阶"子菜单

　　"图标集"子菜单中不仅包括快速分析工具提供的箭头图标，还包括更多的如方向、形状、标记、等级等多类图标，由此可以对数据进行更多的标注，如图2-44所示。

　　如果系统提供的这些方案不足以满足要求，还可以设定其他规则。在上述几个子菜单的底部都有一个"其他规则"选项，单击后弹出"新建格式规则"对话框，在其中可以进行更多的设置，如图2-45所示。

图2-44 "图标集"子菜单

图2-45 "新建格式规则"对话框

2.3.3 快速分析图表可视化

快速分析工具中提供了便捷的图表可视化选项，其操作方式与在主菜单中进行图表可视化的操作方式完全一致。单击"图表"按钮进入快速可视化窗口，系统基于数据样本智能推荐了几种图表供用户选择。这几种类型与上述的 Excel 推荐图表基本类似。当鼠标光标悬浮在图表图标上时，会即时显示该种图表的预览效果，如图 2-46 所示。

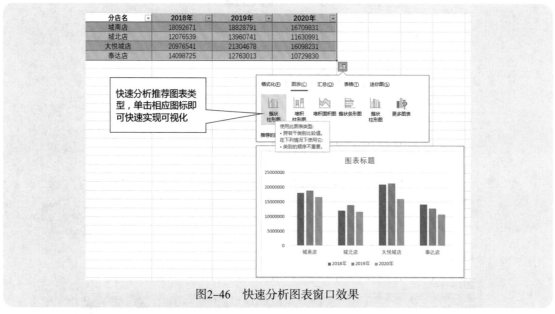

图2-46　快速分析图表窗口效果

单击选择推荐的图表，即可快速完成可视化图表的制作。例如，单击"堆积柱形图"，即可获得案例数据的可视化效果，如图 2-47 所示。

分店名	2018年	2019年	2020年
城南店	18092671	18828791	16709831
城北店	12076539	13960741	11630991
大悦城店	20976541	21304678	16098231
泰达店	14098725	12763013	10729830

图2-47　基于案例数据绘制的堆积柱形图

接下来就可以按照前面介绍的图表标题、坐标轴标题以及样式等的调整方式，完成对图表的优化显示，如图2-48所示。

图2-48　堆积柱形图可视化效果

2.3.4　快速分析迷你图可视化

快速分析工具中提供了便捷的"迷你图"选项，迷你图是放置在单个单元格中的微型图表。系统推荐了三类迷你图：折线图、柱形图和盈亏，如图2-49所示。

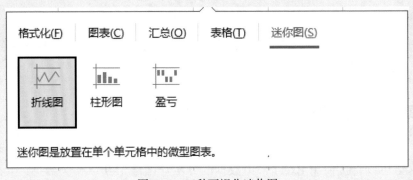

图2-49　三种可视化迷你图

将案例数据表格选中后选择"迷你图"中的折线图，此时会在原有数据表右侧新增一列，在该列的单元格内显示出迷你折线图（图2-50）。该折线图体现了各分店销售数据按年份对比的变化特征，很明显，受2020年新冠肺炎疫情因素的影响，2020年整体销售数据在下滑。将数据表和迷你折线图放在一起，能够清晰直观地观察到数据变化的特征。图2-51所示为对案例数据应用迷你柱形图的显示效果。

分店名	2018年	2019年	2020年	
城南店	18092671.00	18828791	16709831	
城北店	12076539.00	13960741	11630991	
大悦城店	20976541.00	21304678	16098231	
泰达店	14098725.00	12763013	10729830	

图2-50　迷你折线图显示

分店名	2018年	2019年	2020年	
城南店	18092671.00	18828791	16709831	
城北店	12076539.00	13960741	11630991	
大悦城店	20976541.00	21304678	16098231	
泰达店	14098725.00	12763013	10729830	

图2-51　迷你柱形图显示

当选中图 2-51 中的迷你图后，在主菜单区域的"迷你图"菜单中单击"设计"按钮，可以看见系统提供了更多的迷你图样式，如图 2-52 所示。

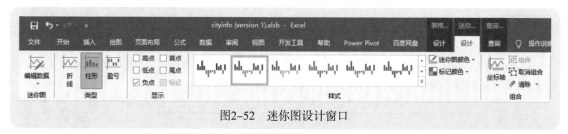

图2-52　迷你图设计窗口

可以切换样式、迷你图颜色、标记颜色等对迷你图外观进行修改，这些操作都非常简便且即时生效，让数据表中的迷你图能更鲜明地显示数据变化特征。

【案例2-2】贵州茅台股票数据快速可视化

扫一扫,看视频

开始对数据进行可视化之前，首先需要使用 Excel 获取贵州茅台股票行情数据，这里可以直接使用 Excel 采集数据的方法从网络上获取相关数据，具体操作步骤如下。

（1）单击"数据"选项卡中"获取和转换数据"组中的"自网站"按钮，如图 2-53 所示。在弹出的"从 Web"对话框中输入相应的 URL（目标网页地址），如图 2-54 所示。

（2）单击"确定"按钮后，Excel 后台开始解析目标网页，识别网页中的表格数据，并给出相应解析结果，如图 2-55 所示。结果均以"Table + 序号"的方式显示，其中 Table 0 即为贵州茅台近 30 天的行情交易数据。

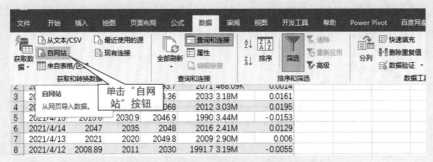

图2-53　进入Excel采集数据菜单页面

图2-54　输入URL

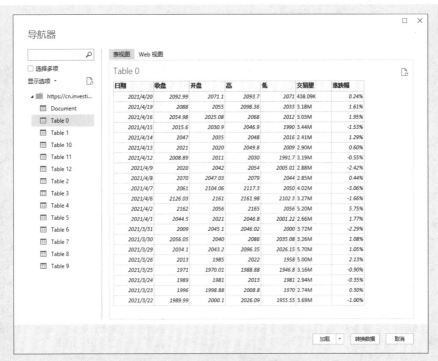

图2-55　解析数据表视图窗口

（3）为了验证数据的真实可靠性，可以切换到“导航器”对话框右侧的“Web 视图”选项卡中，显示网页上的具体内容，如图 2-56 所示。

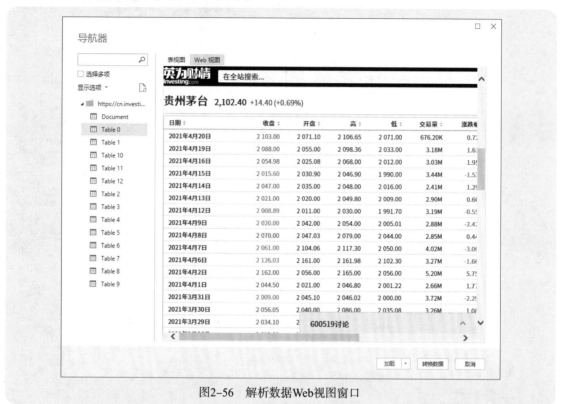

图2-56　解析数据Web视图窗口

（4）确定无误后即可单击“导航器”对话框中的“加载”按钮，将解析数据上载到 Excel 工作表中，如此数据就采集完了，如图 2-57 所示。

	A	B	C	D	E	F	G
1	日期	收盘	开盘	高	低	交易量	涨跌幅
2	2021/4/20	2091.02	2071.1	2093.7	2071	468.09K	0.0014
3	2021/4/19	2088	2055	2098.36	2033	3.18M	0.0161
4	2021/4/16	2054.98	2025.08	2068	2012	3.03M	0.0195
5	2021/4/15	2015.6	2030.9	2046.9	1990	3.44M	-0.0153
6	2021/4/14	2047	2035	2048	2016	2.41M	0.0129
7	2021/4/13	2021	2020	2049.8	2009	2.90M	0.006
8	2021/4/12	2008.89	2011	2030	1991.7	3.19M	-0.0055
9	2021/4/9	2020	2042	2054	2005.01	2.88M	-0.0242
10	2021/4/8	2070	2047.03	2079	2044	2.85M	0.0044
11	2021/4/7	2061	2104.06	2117.3	2050	4.02M	-0.0306
12	2021/4/6	2126.03	2161	2161.98	2102.3	3.27M	-0.0166
13	2021/4/2	2162	2056	2165	2056	5.20M	0.0575
14	2021/4/1	2044.5	2021	2046.8	2001.22	2.66M	0.0177
15	2021/3/31	2009	2045.1	2046.02	2000	3.72M	-0.0229
16	2021/3/30	2056.05	2040	2086	2035.08	3.26M	0.0108
17	2021/3/29	2034.1	2043.2	2096.35	2026.15	5.70M	0.0105
18	2021/3/26	2013	1985	2022	1958	5.00M	0.0213
19	2021/3/25	1971	1970.01	1988.88	1946.8	3.16M	-0.009
20	2021/3/24	1989	1981	2013	1981	2.94M	-0.0035
21	2021/3/23	1996	1998.88	2008.8	1970	2.74M	0.003
22	2021/3/22	1989.99	2000.1	2026.09	1955.55	3.69M	-0.01

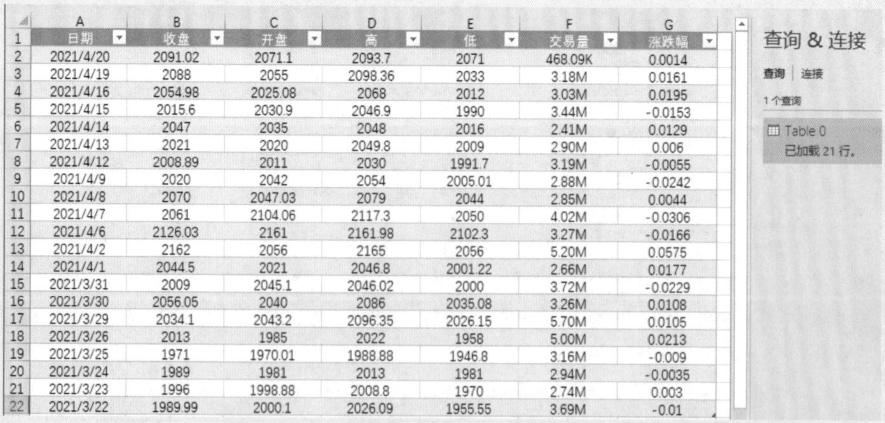

图2-57　贵州茅台21个交易日的历史行情数据

接下来即可选择数据列开展可视化，具体操作步骤如下。

（1）收盘价格可视化。选择"日期"列和"收盘"列数据，单击"插入"选项卡中"图表"组中的"推荐的图表"按钮，打开"插入图表"对话框，单击"推荐的图表"，可以看到Excel基于数据智能推荐了图表类型，如图2-58所示。

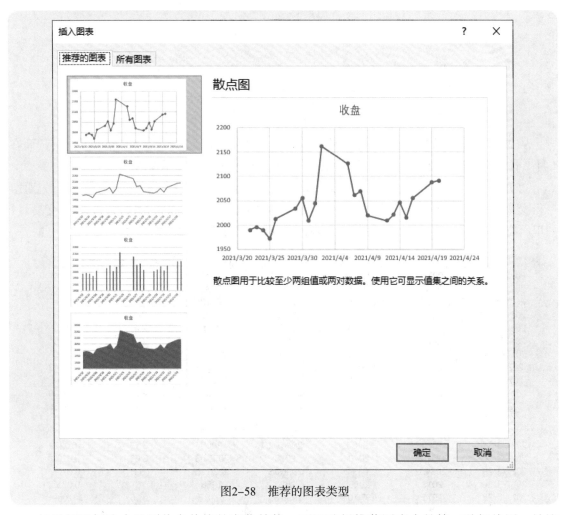

图2-58　推荐的图表类型

如果想了解这个股票收盘价格的变化趋势，可以选择推荐图表中的第二种折线图，并按照之前介绍的样式设置方式对图表区标题文本、坐标轴等细节进行设置。

其中，对于水平轴日期的显示的调整步骤为：右击水平坐标轴，在坐标轴格式中将日期设置为文本坐标轴，并将坐标轴位置设置在刻度上，在水平坐标轴上仅标注交易日日期。最终效果如图2-59所示。

图2-59　贵州茅台21个交易日收盘价格变动图

从 21 个交易日价格变动折线图趋势来看，3 月 25 日收盘价最低，在 2000 元以下，而在 4 月 2 日收盘价达到最高，超过 2150 元，总体波动价差额在 200 元以内。

（2）交易量变动可视化。由于交易量数据格式为文本，需要先将其处理一下。首先对第一行交易日里的"交易量"数据进行量级转换：468.09KB = 0.46809MB，然后将"交易量"列里所有的 M 都删除，可以采用替换策略，整理后的数据如图 2-60 所示。

日期	收盘	开盘	高	低	交易量	涨跌幅
2021/4/20	2091.02	2071.1	2093.7	2071	0.46809	0.0014
2021/4/19	2088	2055	2098.36	2033	3.18	0.0161
2021/4/16	2054.98	2025.08	2068	2012	3.03	0.0195
2021/4/15	2015.6	2030.9	2046.9	1990	3.44	-0.0153
2021/4/14	2047	2035	2048	2016	2.41	0.0129
2021/4/13	2021	2020	2049.8	2009	2.9	0.006
2021/4/12	2008.89	2011	2030	1991.7	3.19	-0.0055
2021/4/9	2020	2042	2054	2005.01	2.88	-0.0242
2021/4/8	2070	2047.03	2079	2044	2.85	0.0044
2021/4/7	2061	2104.06	2117.3	2050	4.02	-0.0306
2021/4/6	2126.03	2161	2161.98	2102.3	3.27	-0.0166
2021/4/2	2162	2056	2165	2056	5.2	0.0575
2021/4/1	2044.5	2021	2046.8	2001.22	2.66	0.0177
2021/3/31	2009	2045.1	2046.02	2000	3.72	-0.0229
2021/3/30	2056.05	2040	2086	2035.08	3.26	0.0108
2021/3/29	2034.1	2043.2	2096.35	2026.15	5.7	0.0105
2021/3/26	2013	1985	2022	1958	5	0.0213
2021/3/25	1971	1970.01	1988.88	1946.8	3.16	-0.009
2021/3/24	1989	1981	2013	1981	2.94	-0.0035
2021/3/23	1996	1998.88	2008.8	1970	2.74	0.003
2021/3/22	1989.99	2000.1	2026.09	1955.55	3.69	-0.01

图2-60　"交易量"列整理后的数据表格

然后选择"日期"列和"交易量"两列数据，单击"插入"选项卡中"图表"组中的"推荐的图表"按钮，打开"插入图表"对话框，单击"推荐的图表"，即可看到 Excel 基于数据智能推荐了图表类型（与图 2-58 一致），这次选择簇状柱形图（图 2-61）。

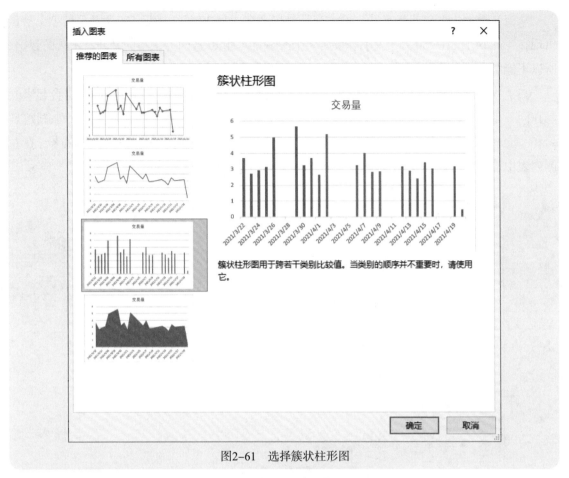

图2-61　选择簇状柱形图

对选中的柱形图的细节进行设置，最终呈现效果如图 2-62 所示。

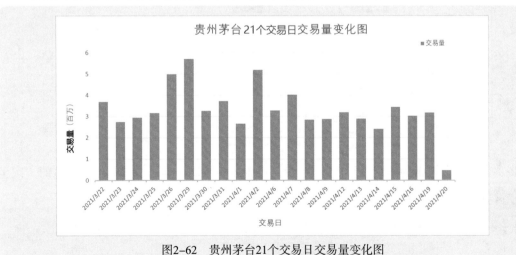

图2-62　贵州茅台21个交易日交易量变化图

从交易量大小变化趋势来看,最大交易量出现在3月29日,接近600万手;最小交易量出现在4月14日,在250万手左右。最后一个交易日4月20日因为采集的是开盘不久的数据,所以不能纳入分析范围。

(3)收盘价与交易量组合可视化。既有交易价格,也有交易量,可以将两者组合起来绘制在同一张图上,这样在分析股票变动时就有两种属性可以考虑。同时选择"日期"列、"收盘"列和"交易量"列数据,然后打开"插入图表"对话框,切换到"所有图表"选项卡,在左侧列表中选择"组合图",并选择第一个"簇状柱形图 – 折线图",如图2-63所示。

图2-63　选择组合图

将"交易量"设置为簇状柱形图、"收盘"设置为折线图,勾选"交易量"右侧的"次坐标轴"复选框,然后单击"确定"按钮,初步效果如图2-64所示。

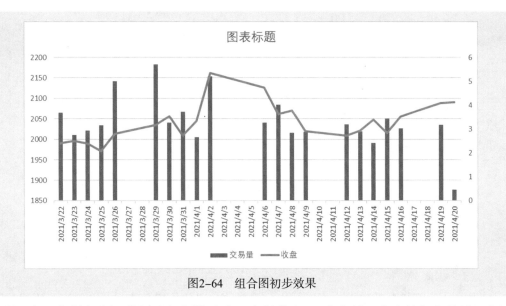

图2-64　组合图初步效果

　　设置好坐标轴标题，将图表标题修改为"贵州茅台 21 个交易日收盘价与交易量组合图"，右边垂直坐标轴标题为"收盘价（元）"，左边垂直坐标轴的标题为"交易量（百万）"，水平坐标轴标题为"交易日"。然后将水平坐标轴交易日设置为文本坐标轴，并勾选"逆序类别"复选框。由于纵轴有两个坐标轴，这里设定收盘价垂直坐标轴在图的右侧，交易量垂直坐标轴在图的左侧，在实际操作时需要设置次坐标轴的标签选项为"低"，主坐标轴的标签选项为"轴盘"。调整后的效果如图 2-65 所示。

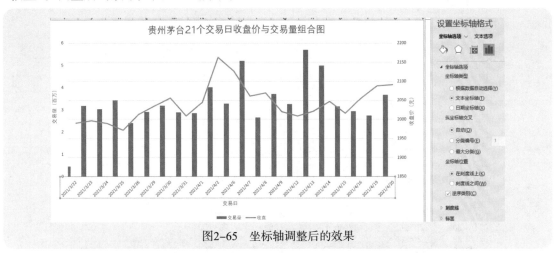

图2-65　坐标轴调整后的效果

　　为了突出价格变动与交易量变化的差异，将交易量坐标轴刻度大小调整为 1 ～ 10，收盘价坐标轴刻度大小调整为 1750 ～ 2250，两侧水平网格线正好能平齐刻度，并将图例拖放到右上角，调整好图表位置。最终获得的效果如图 2-66 所示。

图2-66　贵州茅台21个交易日收盘价与交易量组合图

从图中21个交易日的数据中可以看出，贵州茅台股票价格与交易量并没有呈现量价齐飞的趋势，不过也许是受限于样本数据的有限性。

（4）快速分析可视化。选中数据列，单击右下方出现的快速分析工具图标，进入"格式化"模块，选择其中的"色阶"，此时在数据表中各个单元格中将自动绘制条形图，不过在选择数据列时需要考虑数据值的分布范围，因此这里将数据列分为几组单独绘制色阶，其中"收盘""开盘""高""低"四类价格列数据为一组，"交易量"单独一组，"涨跌幅"单独一组。同时，选择一致的色阶模板，都选择为"红—黄—绿"色阶，其中红色标识高值、绿色标识低值、黄色标识中间值。通过颜色差异来体现变动趋势，如图2-67所示。

日期	收盘	开盘	高	低	交易量	涨跌幅
2021/4/20	2091.02	2071.1	2093.7	2071	0.468	0.0014
2021/4/19	2088	2055	2098.36	2033	3.18	0.0161
2021/4/16	2054.98	2025.08	2068	2012	3.03	0.0195
2021/4/15	2015.6	2030.9	2046.9	1990	3.44	-0.0153
2021/4/14	2047	2035	2048	2016	2.41	0.0129
2021/4/13	2021	2020	2049.8	2009	2.9	0.006
2021/4/12	2008.89	2011	2030	1991.7	3.19	-0.0055
2021/4/9	2020	2042	2054	2005.01	2.88	-0.0242
2021/4/8	2070	2047.03	2079	2044	2.85	0.0044
2021/4/7	2061	2104.06	2117.3	2050	4.02	-0.0306
2021/4/6	2126.03	2161	2161.98	2102.3	3.27	-0.0166
2021/4/2	2162	2056	2165	2056	5.2	0.0575
2021/4/1	2044.5	2021	2046.8	2001.22	2.66	0.0177
2021/3/31	2009	2045.1	2046.02	2000	3.72	-0.0229
2021/3/30	2056.05	2040	2086	2035.08	3.26	0.0108
2021/3/29	2034.1	2043.2	2096.35	2026.15	5.7	0.0105
2021/3/26	2013	1985	2022	1958	5	0.0213
2021/3/25	1971	1970.01	1988.88	1946.8	3.16	-0.009
2021/3/24	1989	1981	2013	1981	2.94	-0.0035
2021/3/23	1996	1998.88	2008.8	1970	2.74	0.003
2021/3/22	1989.99	2000.1	2026.09	1955.55	3.69	-0.01

图2-67　贵州茅台21个交易日价格变化色阶图

加上色阶后可以看出，收盘、交易量、涨跌幅均在 4 月 2 日这一天颜色最红，标识出交易数据的峰值（价格最高为 2162 元、交易量最大为 520 万手、涨幅最高为 5.75%）。

选择最后一列涨跌幅数据，绘制迷你图中的盈亏图，结合图 2-67 中的色阶图，总体效果呈现如图 2-68 所示。

日期	收盘	开盘	高	低	交易量	涨跌幅	盈亏迷你图
2021/4/20	2091.02	2071.1	2093.7	2071	0.468	0.0014	
2021/4/19	2088	2055	2098.36	2033	3.18	0.0161	
2021/4/16	2054.98	2025.08	2068	2012	3.03	0.0195	
2021/4/15	2015.6	2030.9	2046.9	1990	3.44	-0.0153	
2021/4/14	2047	2035	2048	2016	2.41	0.0129	
2021/4/13	2021	2020	2049.8	2009	2.9	0.006	
2021/4/12	2008.89	2011	2030	1991.7	3.19	-0.0055	
2021/4/9	2020	2042	2054	2005.01	2.88	-0.0242	
2021/4/8	2070	2047.03	2079	2044	2.85	0.0044	
2021/4/7	2061	2104.06	2117.3	2050	4.02	-0.0306	
2021/4/6	2126.03	2161	2161.98	2102.3	3.27	-0.0166	
2021/4/2	2162	2056	2165	2056	5.2	0.0575	
2021/4/1	2044.5	2021	2046.8	2001.22	2.66	0.0177	
2021/3/31	2009	2045.1	2046.02	2000	3.72	-0.0229	
2021/3/30	2056.05	2040	2086	2035.08	3.26	0.0108	
2021/3/29	2034.1	2043.2	2096.35	2026.15	5.7	0.0105	
2021/3/26	2013	1985	2022	1958	5	0.0213	
2021/3/25	1971	1970.01	1988.88	1946.8	3.16	-0.009	
2021/3/24	1989	1981	2013	1981	2.94	-0.0035	
2021/3/23	1996	1998.88	2008.8	1970	2.74	0.003	
2021/3/22	1989.99	2000.1	2026.09	1955.55	3.69	-0.01	

图2-68　贵州茅台21个交易日价格变化色阶+盈亏迷你图

（5）绘制股价 K 线图。调整一下前四列数据的顺序，将"收盘"列调整到"低"列后面，选择"日期""开盘""高""低""收盘"五列数据，然后打开"插入图表"对话框，在"插入图表"对话框中选择"所有图表"，如图 2-69 所示。

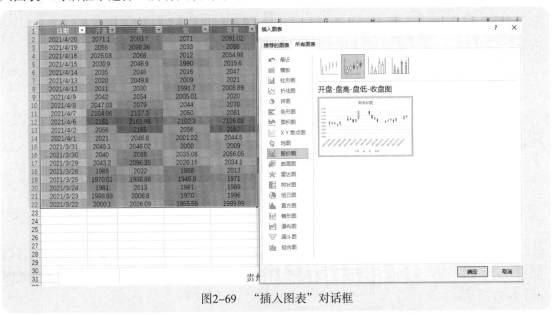

图2-69　"插入图表"对话框

在左侧列表中选择"股价图",选择"开盘-盘高-盘低-收盘图"类型,单击"确定"按钮,获得初步图表,如图 2-70 所示。

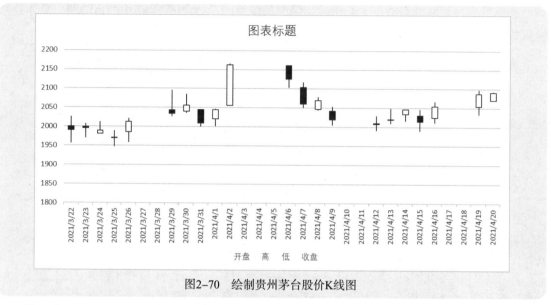

图2-70　绘制贵州茅台股价K线图

接下来为了与常见股票软件中看到的 K 线图保持一致,首先对获得的图表进行一些标题文字、坐标轴等细节的设置,如图 2-71 所示。

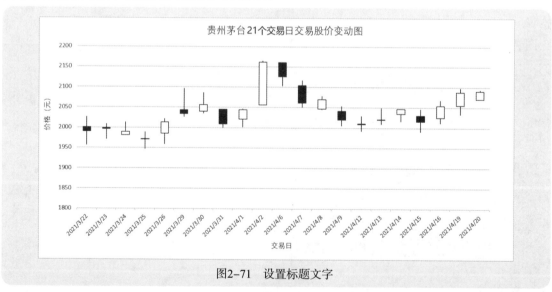

图2-71　设置标题文字

然后对蜡烛图配色方案以及显示样式进行修改,右击涨跌柱数据点,在填充方案里根据"涨—红色、跌—绿色"的配色习惯,设置涨跌柱的颜色(图 2-72),最终绘制的股价 K 线图如图 2-73 所示。

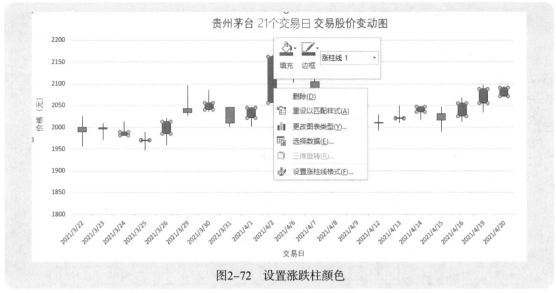

图2-72　设置涨跌柱颜色

图2-73　贵州茅台21个交易日交易股价K线图

2.3.5　高效的数据透视可视化

　　数据透视是 Excel 数据分析中非常强大的技术和工具，通过数据透视可以高效地获取数据的统计分布特征。例如，要对每日的销售数据进行分析，通过数据透视就可以分门别类地对相关数据进行汇总统计，形成非常直观的报表，同时还可以对数据透视的结果进行可视化。因此，在 Excel 里除了可以对原始数据进行可视化展示外，还可以完成数据分析结果的可视化。

下面以某手机店某日营收数据分析为例介绍数据透视图的制作过程。

 【案例2-3】手机店营收数据快速透视可视化

扫一扫,看视频

本案例数据源于某手机店在 2021 年 3 月 20 日的营收数据,记录了当日各个品牌的手机的销售情况,部分数据见表 2-1。

表 2-1 某手机店各品牌手机部分销售记录

手机串码	手机品牌	手机型号	手机颜色	售出数量	出售价格	收入金额
868600050438173	Vivo	Y3（4+128）	粉	1	950.00	950.00
868600050428976	Vivo	Y3（4+128）	粉	1	950.00	950.00
868600050428950	Vivo	Y3（4+128）	粉	1	950.00	950.00
868600050428935	Vivo	Y3（4+128）	粉	1	950.00	950.00
868216059592330	Vivo	Y51S（6+128）	蓝	1	1400.00	1400.00
860614055726993	Vivo	X50（8+128）	浅熏	1	2750.00	2750.00
866874036761618	邓宏伟	金太阳 V9 洪福	黑	1	80.00	80.00
866874035038729	邓宏伟	金太阳 V9 洪福	金	1	80.00	80.00
866874034427832	邓宏伟	金太阳 V9 好声音	红	1	75.00	75.00
866874031308274	邓宏伟	金太阳 V9 好声音	黑	1	75.00	75.00
860201022869047	邓宏伟	金太阳 F818 威龙	金	1	120.00	120.00
860201022010972	邓宏伟	金太阳 F818 威龙	黑银	1	120.00	120.00
862782058302530	OPPO	REN04SE（8+128）	白	1	2150.00	2150.00
862782052805553	OPPO	REN04SE（8+128）	蓝	1	2150.00	2150.00
861012059849995	OPPO	A72（8+128）	霓虹	1	1550.00	1550.00

对这个销售记录表的原始数据进行可视化是没有意义的,需要对原始数据进行统计分析获取汇总报表,如分手机品牌进行收入金额统计、分手机颜色进行统计、对出售价格进行统计等。利用数据透视显然是最佳方案,具体操作步骤如下。

（1）选中表格数据,单击"插入"选项卡中"表格"组中的"数据透视表"按钮,如图 2-74 所示。

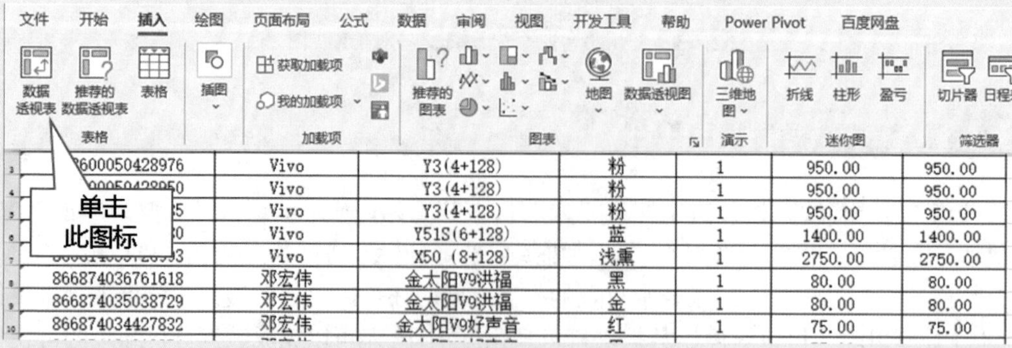

图2-74 选择数据透视表

（2）打开"创建数据透视表"对话框，用于创建一个新的数据透视表。可以直接使用默认选项，然后单击"确定"按钮，如图2-75所示。

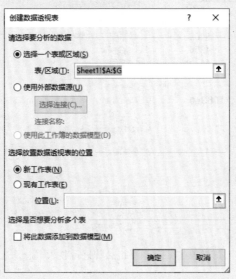

图2-75 "创建数据透视表"对话框

（3）在新工作表中单击数据透视表分布图，右侧会出现"数据透视表字段"窗格，如图2-76所示，可以根据不同的字段进行汇总。

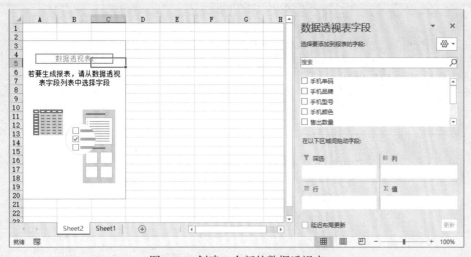

图2-76 创建一个新的数据透视表

（4）开始进行数据透视，形成数据报表。选择"手机品牌"作为行（将"手机品牌"选项直接拖动到行区域），"收入金额"作为汇总值（将"收入金额"拖动到值区域），透视结果如图2-77所示。

图2-77　基于手机品牌进行收入汇总

（5）数据透视可视化。基于手机品牌进行的收入汇总报表已经生成，可以看到各品牌的收入差异，不过用图表来表示会更为直观。因此接下来选择主菜单中的"数据透视表分析"选项卡，单击其中的"数据透视图"按钮，如图 2-78 所示。

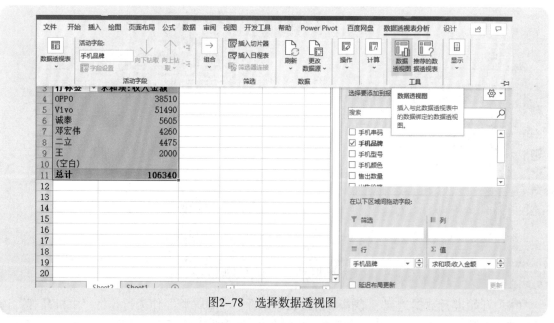

图2-78　选择数据透视图

（6）打开"插入图表"对话框。默认的图表为簇状柱形图，如图 2-79 所示。单击"确定"

按钮后获得透视图的初步效果，如图 2-80 所示。

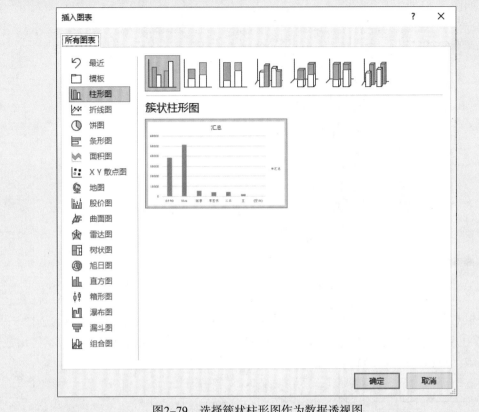

图2-79 选择簇状柱形图作为数据透视图

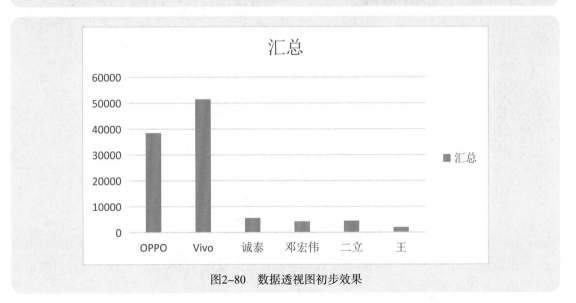

图2-80 数据透视图初步效果

（7）使用之前介绍过的图形细节调整、颜色、样式等优化方法对数据透视图进行调整。最终效果如图2-81所示。

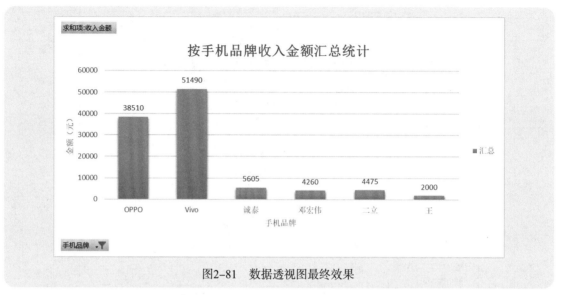

图2-81　数据透视图最终效果

如果想对手机各品牌和颜色的售出数量进行分类统计，可以在数据透视表中选择"手机品牌""手机颜色"和"售出数量"，将"手机品牌""手机颜色"拖至行区域，将"售出数量"拖至值区域，数据透视效果如图2-82所示。

图2-82　基于手机品牌和颜色进行透视

数据透视报表区已经基于手机品牌和颜色的售出数量进行分类统计，接下来进行数据透视可视化，如图2-83所示。

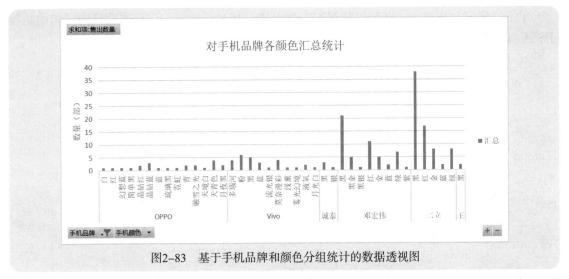

图2-83　基于手机品牌和颜色分组统计的数据透视图

可以在图 2-83 的图表中加入切片器，对分组统计透视图进行筛选并显示。如图 2-84 所示，在"插入"选项卡的"筛选"组中单击"插入切片器"按钮，打开"插入切片器"对话框，并在"插入切片器"对话框中勾选"手机品牌"，如图 2-85 所示。

图2-84　单击"插入切片器"按钮

图2-85　"插入切片器"对话框

单击"确定"按钮后，在数据透视图右侧会弹出切片器窗格，切片器窗格内显示的是各手机品牌。默认是将所有品牌都选中，如图2-86所示。

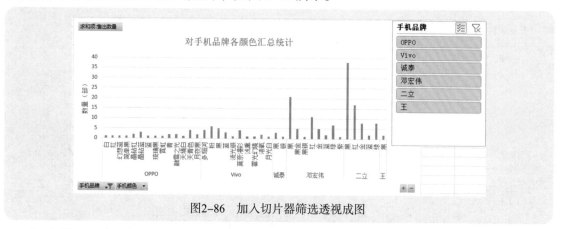

图2-86　加入切片器筛选透视成图

切片器用于实现筛选功能，由此可以选择某个品牌或多个品牌以显示汇总统计结果。此时可以在图2-86中的切片器窗格中单选某一个品牌,对某一个品牌的统计情况进行成图显示，如图2-87所示。选择OPPO，形成OPPO品牌的售出颜色汇总统计透视图，如图2-88所示。

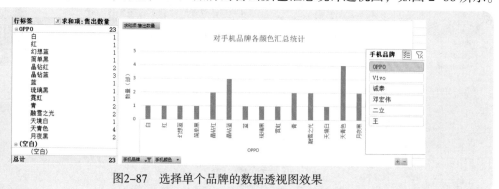

图2-87　选择单个品牌的数据透视图效果

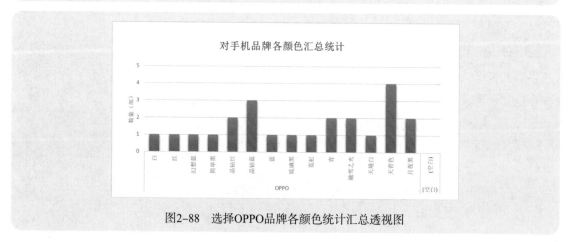

图2-88　选择OPPO品牌各颜色统计汇总透视图

2.3.6 REPT 函数可视化

在 Excel 中，函数的使用也很常见，虽然不用去编写代码，但是需要掌握基本的语法格式和参数。这里介绍一个可以用于可视化的函数——REPT，它的作用是将目标文本重复一定的次数，其基本语法为：REPT(目标文本 , 重复次数)。

与快速分析工具中的格式可视化和迷你图一样，REPT 函数可视化必须显示于数据表中。例如，在电商网站上经常看到五星级评分，如图 2-89 所示。

图2-89　电商网站上的五星级评分

在 Excel 中，就可以使用 REPT 函数来实现这类五星级评分的显示，具体操作步骤如下。
（1）准备数据表，如图 2-90 所示。

厨师	绩效奖励	客户评分（10分制）
大刘	1800	8
小李	1400	7
老唐	1000	5
辛师傅	1200	6
陈师傅	1600	8
邱哥	2000	9

图2-90　厨师绩效及评分表

（2）对客户评分进行 REPT 可视化。REPT 函数的参数有两个，第一个是将要重复的文本，第二个是重复的次数。在这个案例中，可以将客户评分作为重复的次数，而重复的文本使用一个符号代替，如短竖线"|"。这样 REPT 函数的完整公式就为 REPT("|",8)（表示重复 8 次）或者 REPT("|",7)（表示重复 7 次）。将其应用到"客户评分（10 分制）"列，表示方式如图 2-91 所示。按 Enter 键后，应用效果如图 2-92 所示。

选中 REPT 函数结果那一列，将字体格式设置为其他字体即时查看显示效果，此时会发现有些字体的呈现效果非常好看，如分别选择 Wind Latin 和 Wingdings 字体，设置对应的字体颜色时呈现的效果如图 2-93 所示。

如果将 REPT 函数替换为 REPT("*",C2/2)，这里的 C2/2 表示用评分数除以 2，用于缩小重复次数，然后将字体设置为红色，其效果就可以达到五星评分的样式，如图 2-94 所示。

	A	B	C	D
1	厨师	绩效奖励	客户评分（10分制）	
2	大刘	1800	8	=REPT("|",C2)
3	小李	1400	7	
4	老唐	1000	5	
5	辛师傅	1200	6	
6	陈师傅	1600	8	
7	邱哥	2000	9	

图2-91　REPT函数设置

厨师	绩效奖励	客户评分（10分制）	客户评分（10分制）
大刘	1800	8	|||||||||
小李	1400	7	|||||||
老唐	1000	5	|||||
辛师傅	1200	6	||||||
陈师傅	1600	8	|||||||||
邱哥	2000	9	|||||||||

图2-92　REPT函数应用效果

厨师	客户评分（10分制）	客户评分（10分制）	客户评分（10分制）3
大刘	8	|||||||||	❀❀❀❀❀❀❀❀
小李	7	|||||||	❀❀❀❀❀❀❀
老唐	5	|||||	❀❀❀❀❀
辛师傅	6	||||||	❀❀❀❀❀❀
陈师傅	8	|||||||||	❀❀❀❀❀❀❀❀
邱哥	9	|||||||||	❀❀❀❀❀❀❀❀❀

图2-93　设置不同格式字体时REPT函数可视化效果

厨师	绩效奖励	客户评分（10分制）	客户评分（10分制）3
大刘	1800	8	★★★★
小李	1400	7	★★★
老唐	1000	5	★★
辛师傅	1200	6	★★★
陈师傅	1600	8	★★★★
邱哥	2000	9	★★★★

图2-94　客户评分五星评价可视化效果

在这个案例中，如果想突出绩效奖励的差异，可以加入柱形图样式。这里同样可以使用 REPT 函数实现。

在表格数据中的"绩效奖励"列后插入一列，然后在"大刘"那一行所在的单元格中输入 REPT("|",B2/10)，按 Enter 键即可得到结果，如图 2-95 所示。

在图 2-95 中还看不出区别，需要选择列 1 单元格，然后设置字体格式为 Playbill，并把颜色设置为红色，显示效果如图 2-96 所示。

厨师 ▾	绩效奖励 ▾	列1 ▾
大刘	1800	‖‖‖‖‖‖‖‖‖‖‖‖‖‖‖‖‖‖
小李	1400	‖‖‖‖‖‖‖‖‖‖‖‖‖‖‖‖
老唐	1000	‖‖‖‖‖‖‖‖‖‖‖‖
辛师傅	1200	‖‖‖‖‖‖‖‖‖‖‖‖‖‖
陈师傅	1600	‖‖‖‖‖‖‖‖‖‖‖‖‖‖‖‖‖
邱哥	2000	‖‖‖‖‖‖‖‖‖‖‖‖‖‖‖‖‖‖‖‖

图2-95 对"绩效奖励"列进行REPT处理

厨师 ▾	绩效奖励 ▾	柱形图 ▾	客户评分（10分制） ▾	客户评分（10分制）3 ▾
大刘	1800	▬▬▬▬▬▬	8	★★★★
小李	1400	▬▬▬▬	7	★★★
老唐	1000	▬▬	5	★★
辛师傅	1200	▬▬▬	6	★★★
陈师傅	1600	▬▬▬▬▬	8	★★★★
邱哥	2000	▬▬▬▬▬▬▬	9	★★★★

图2-96 应用水平柱形图显示数据

将上述各厨师的绩效奖励值按从高到低排序，并将列 1 字体颜色设置为蓝色，则形成了漏斗图，显示效果如图 2-97 所示。

厨师 ▾	绩效奖励 ↧	漏斗图 ▾	客户评分（10分制） ▾	客户评分（10分制）3 ▾
邱哥	2000	▬▬▬▬▬▬▬	9	★★★★
大刘	1800	▬▬▬▬▬▬	8	★★★★
陈师傅	1600	▬▬▬▬▬	8	★★★★
小李	1400	▬▬▬▬	7	★★★
辛师傅	1200	▬▬▬	6	★★★
老唐	1000	▬▬	5	★★

图2-97 REPT函数制作漏斗图可视化

2.4 Excel可视化典型案例

很显然，Excel 在数据可视化方面使用起来非常便捷，同时还加入了智能推荐方法，使得用户在面对数据时很快就能找到合适的图表展示类型和方法。当然，对于图形的可视化展示，颜色、字体、布局、样式等选择和配置也至关重要，很多时候需要制作者具备一些审美素养。总体来说，Excel对数据的呈现高效且人性化，只要有数据，就可以快速地进行可视化展示，具体选择什么类型的图表来展示，一方面取决于分析数据的角度，另一方面取决于用户的使用习惯和项目经验。

2.4.1 甘特图

在许多工程或项目运行时，都会制定一份分任务分阶段的时间计划表，一方面是在项目初期对项目进度制定相应的时间计划，另一方面也便于在项目执行过程中有计划地监督执行进度。为了更直观地展示任务计划，甘特图是可视化图表类型中的最佳选择。接下来介绍如何制作好看美观的甘特图。

【案例2-4】制作软件项目开发进度甘特图

首先，准备好软件项目开发进度计划表并加载到 Excel 工作表中，如图 2-98 所示。

扫一扫，看视频

任务步骤	开始时间	计划周期	完成时间	完成度	完成状态
需求分析	2021/4/1	24	2021/4/24	100%	已完成
架构设计	2021/4/24	11	2021/5/5	100%	已完成
代码编写	2021/5/5	90	2021/8/5	66%	进行中
软件测试	2021/8/5	20	2021/8/20	0%	未开始
上线部署	2021/8/25	6	2021/9/1	0%	未开始

图2-98　软件项目开发进度计划表

然后，开始按如下步骤实现甘特图的绘制。

（1）在"计划周期"列后添加一个辅助列，然后选择"任务步骤""开始时间""计划周期"和"辅助"四列数据绘制堆积条形图，如图 2-99 所示。

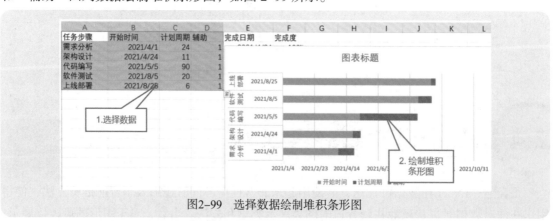

图2-99　选择数据绘制堆积条形图

（2）对条形图重新设置数据列的选择。在绘图区右击，在弹出的快捷菜单中选择"选择数据"，弹出"选择数据源"对话框，如图2-100所示。

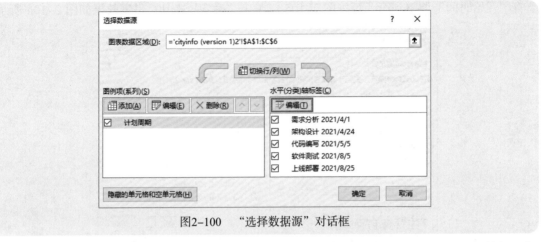

图2-100 "选择数据源"对话框

（3）单击"添加"按钮，打开"编辑数据系列"对话框。选择"开始时间"列数据，标签名为"开始时间"，数据列为对应的数据，如图2-101所示。单击"确定"按钮后，便将该列数据添加到了数据源中，此时图形呈现效果如图2-102所示。

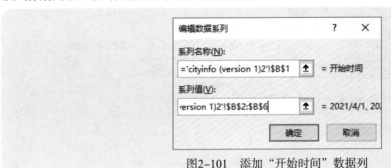

图2-101 添加"开始时间"数据列

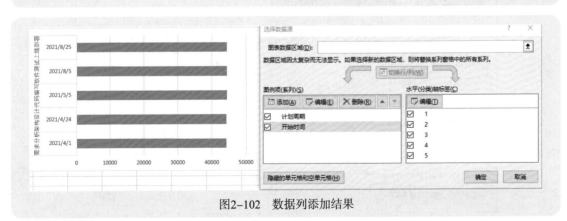

图2-102 数据列添加结果

（4）修改原"计划周期"数据列的水平轴标签，如图2-103所示，轴标签区域选择"任务步骤",系列值选择任务步骤几个阶段的值,如图2-104所示。然后在"图例项(系列)"下将"开始时间"调整到第一行(图2-105),单击"确定"按钮,呈现效果如图2-106所示。

图2-103　编辑"计划周期"数据列

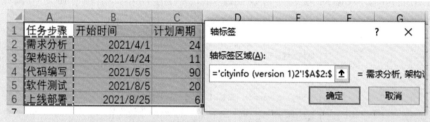

图2-104　在"轴标签区域"中选择"任务步骤"

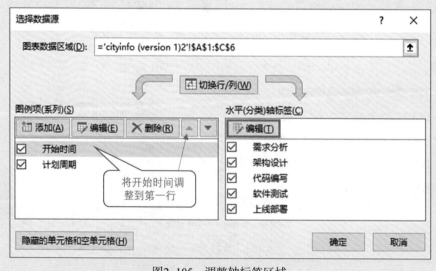

图2-105　调整轴标签区域

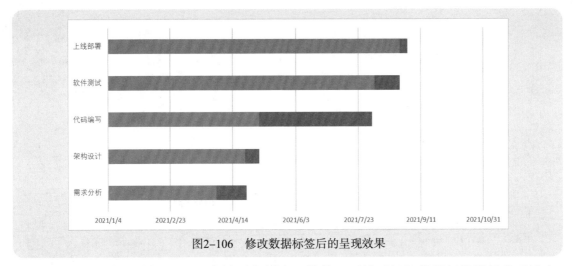

图2-106　修改数据标签后的呈现效果

（5）调整"任务步骤"的垂直轴逆序刻度，并将"开始时间"数据标签设置为无填充，形成基本的甘特图效果，如图 2-107 所示。

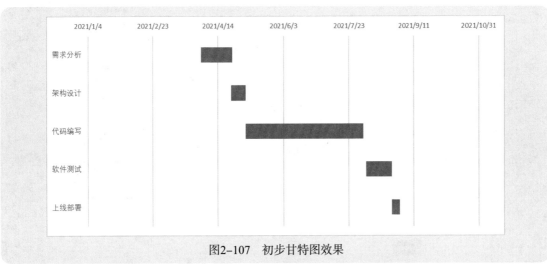

图2-107　初步甘特图效果

（6）设置水平轴显示。此时需要先将"开始时间"列里的开始时间和"完成时间"列里的最后时间复制到数字表格外，并将其格式设置为数值，如图 2-108 所示。然后调整水平轴刻度的"最小值"为开始时间对应的数值，水平轴刻度的"最大值"为最后时间对应的数值，如图 2-109 所示。

（7）设置显示样式，绘制好看的甘特图。将图 2-109 中的水平轴和垂直轴都添加网格线，水平轴时间格式修改为"× 月 × 日"的表示方式。绘图区外框选择为发光模式，绘图区条形图设置为边缘柔化并增加数据标注，再增加标题文字。最终效果如图 2-110 所示。

图2-108　修改时间格式获得日期的最小值和最大值

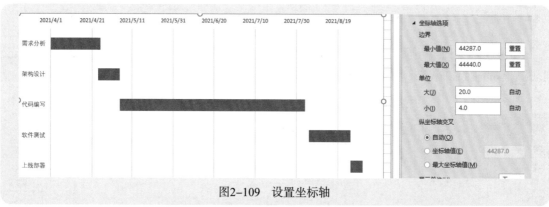

图2-109　设置坐标轴

图2-110　甘特图的最终效果

2.4.2　蝴蝶图

蝴蝶图又称旋风图，是一种特殊类型的条形图，可以很直观地比较两组数据的不同之处。其制作过程较为简单，下面通过一个案例来介绍如何绘制好看的蝴蝶图。

【案例2-5】制作图书销售对比蝴蝶图

扫一扫,看视频

首先，准备好图书销售数据表并加载到 Excel 工作表中，见表 2-2。

表 2-2　某图书经销售线上销售数据表

图书	淘宝店	京东店
文学类	3676	6787
艺术类	7721	9579
计算机类	2851	4372
管理类	8327	4456
英语类	3433	8667
医学类	8509	3737
农业类	9753	422
营销类	9779	9564
法律类	3493	378
地质类	7278	9058

然后按如下步骤开始绘制蝴蝶图。

（1）对现有数据表进行加工。将"淘宝店"这一列数据全部变成负值，同时在"淘宝店"和"京东店"中间插入一列（"辅助"列），设定一个常数值 –2000，见表 2-3。

表 2-3　现有数据表加工结果

图书	淘宝店	辅助	京东店
文学类	–3676	–2000	6787
艺术类	–7721	–2000	9579
计算机类	–2851	–2000	4372
管理类	–8327	–2000	4456
英语类	–3433	–2000	8667
医学类	–8509	–2000	3737
农业类	–9753	–2000	422
营销类	–9779	–2000	9564
法律类	–3493	–2000	378
地质类	–7278	–2000	9058

（2）选择表2-3中的所有数据列绘制一个簇状条形图，初步效果如图2-111所示。

（3）对条形图的细节进行设置，包括调整坐标轴位置（图2-112）、设置系列重叠和间隙宽度（图2-113）、删除辅助图例、移动图例位置、设置标题文字和坐标刻度等（图2-114）。

（4）进一步优化蝴蝶图。设置数据标签显示、删除刻度、设置字体等（图2-115）。最终获得的蝴蝶图效果如图2-116所示。

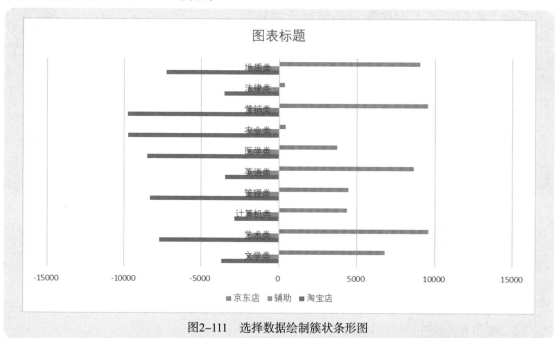

图2-111　选择数据绘制簇状条形图

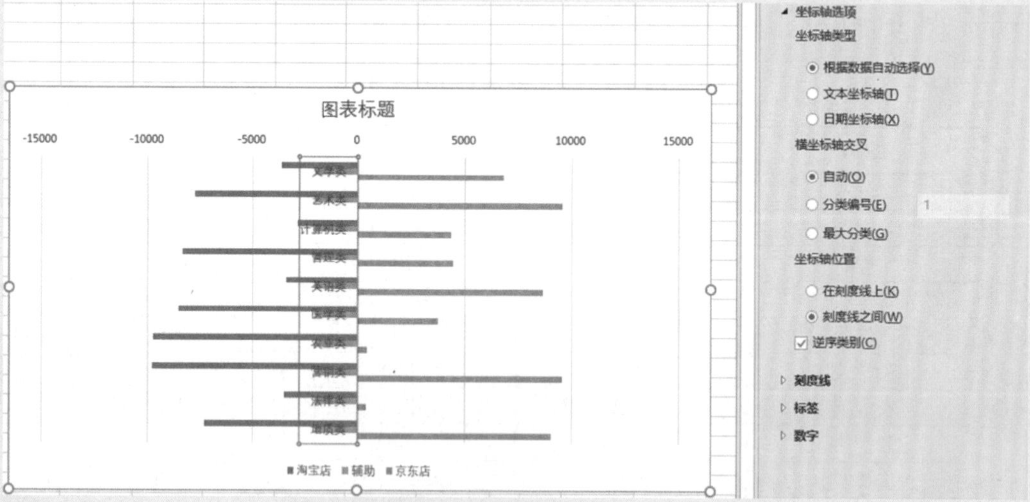

图2-112　调整坐标轴位置

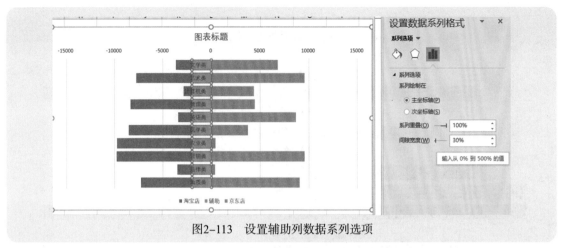

图2-113　设置辅助列数据系列选项

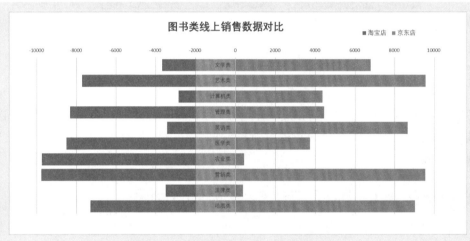

图2-114　对细节进行设置后的蝴蝶图效果

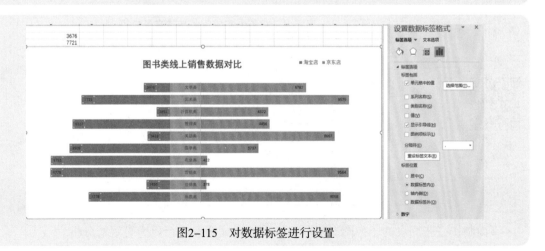

图2-115　对数据标签进行设置

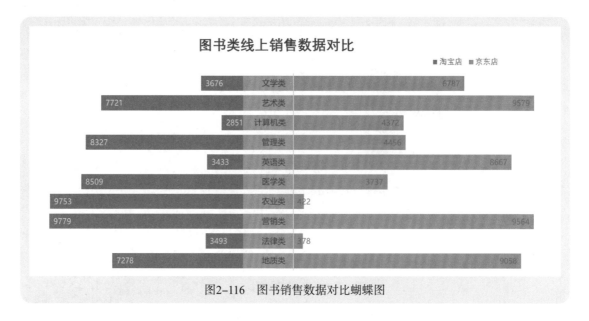

图2-116　图书销售数据对比蝴蝶图

2.4.3　子弹图

子弹图形似柱形子弹，子弹图可以反映计划与实际完成情况的对比结果，常常用于营销分析、财务分析等。它实际上是柱形系列图中的一种，制作过程也较为简单。下面以一个实际案例介绍子弹图的制作方法。

【案例2-6】制作房产中介任务完成对比子弹图

表2-4为某房产中介对业务员在季度统计的任务完成表，其中售出20套为优秀业务员的基本要求。

表 2-4　业务员完成任务与基本要求表

业务员	业绩要求	底薪要求	实际完成	完成度
业务员 1	20	10	20	100%
业务员 2	20	10	15	75%
业务员 3	20	10	24	120%
业务员 4	20	10	18	90%
业务员 5	20	10	14	70%

扫一扫,看视频

下面制作一张好看的子弹图对每个业务员的完成情况进行更为直观的分析。

（1）选中"业绩要求""底薪要求""实际完成"三列数据，绘制簇状柱形图，如图2-117所示。

（2）选择"实际完成"列，在"系列绘制在"下选中"次坐标轴"单选按钮，将"间隙宽度"修改为350%，如图2-118所示。

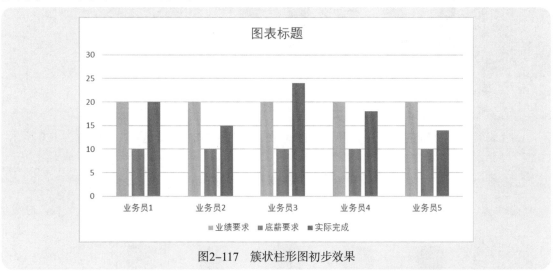

图2-117 簇状柱形图初步效果

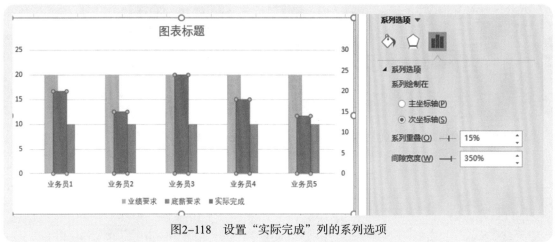

图2-118 设置"实际完成"列的系列选项

（3）设置"业绩要求"列的系列选项，将"系列重叠"修改为100%，将"间隙宽度"修改为145%。保证"实际完成"列宽度比"业绩要求"列宽度要窄，也就是将"业绩要求"列的柱形作为背景呈现。此时子弹图雏形已经完成，如图2-119所示。

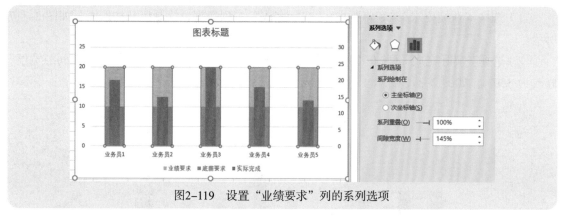

图2-119 设置"业绩要求"列的系列选项

（4）设置次坐标轴的刻度保持和左侧的一致，然后调整图例和标题，效果如图 2-120 所示。

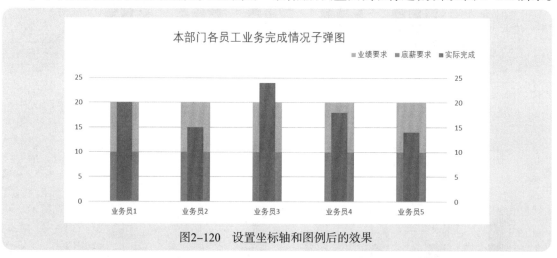

图2-120 设置坐标轴和图例后的效果

（5）删除右侧的刻度、优化配色显示。最终获得的子弹图效果如图 2-121 所示。

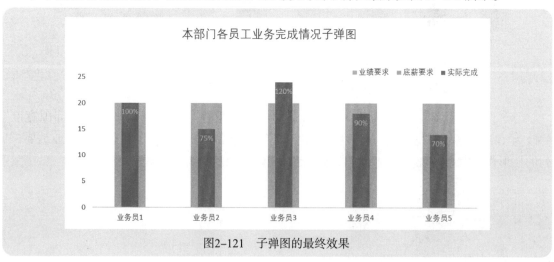

图2-121 子弹图的最终效果

2.5　使用Excel制作好看的数据看板

数据看板又称数据仪表盘，是数据可视化的载体，通过合理的页面布局、效果设计，将可视化数据更直观、更形象地展现出来。数据看板一般用作后台系统的首页，或者作为系统中的一个模块，呈现与当前业务、运营相关的数据和图表，方便实时掌握业务情况，并能够更好地为业务决策提供支持。

图 2-122 所示为某电商销售数据看板，通过各类图形和表格呈现内容。基于看板可以很直观地了解到销售状况，便于作出进一步决策。

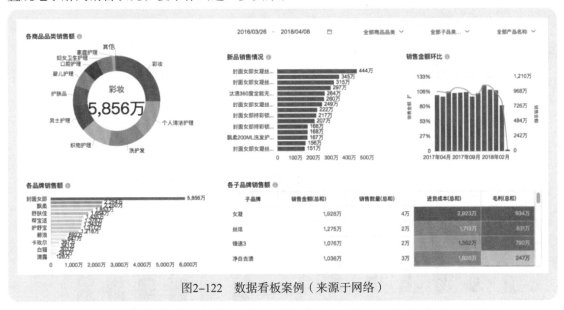

图2-122　数据看板案例（来源于网络）

数据看板是一个数据综合可视化载体，其展现的内容与可视化业务主题相关。其制作过程主要包括数据源的采集、数据仓库的准备、可视化报表的展现和数据的分析。其中数据仓库的准备过程需要建立数据指标体系，依据指标体系对数据进行统计分析，然后进行可视化展示。限于篇幅和本书的主题，我们直接使用统计好的数据进行数据看板的制作。

【案例2-7】制作销售业绩数据看板

首先准备好销售业绩数据，表 2-5 为各个分店在 4 月 20—25 日近 6 日同一品牌运动鞋的销售数据，单位为双。

扫一扫，看视频

表2-5　某品牌运动鞋各分店近6日销售数据

分店	4月20日	4月21日	4月22日	4月23日	4月24日	4月25日	合计
分店1	421	332	857	851	624	439	3524
分店2	101	303	173	876	481	963	2897
分店3	863	821	910	651	824	314	4383
分店4	812	801	494	218	244	622	3191
分店5	222	183	155	392	373	654	1979
分店6	295	247	897	651	803	492	3385
汇总	2714	2687	3486	3639	3349	3484	19359

　　然后根据数据开始制作数据看板，这里包括页面布局设计、各种图形准备、优化设置等步骤，详细过程可扫描上方二维码进行观看。

　　（1）页面布局设计。共分为几个区域，包括标题区、汇总区、数据报表区、柱形图和条形图区、圆环图和折线图区。

　　（2）根据布局设计准备各个区域的内容和图形。由于涉及的各种细节操作较多，具体操作步骤可以扫描本案例二维码观看，这里仅展示调整后的效果，如图2-123 ~ 图2-126所示。

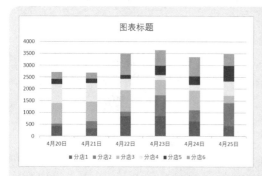
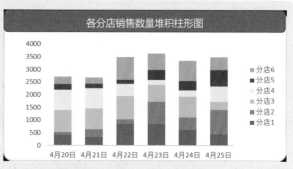

图2-123　堆积柱形图调整前后效果对比

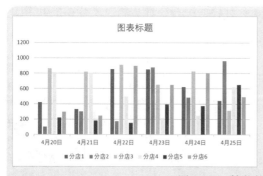
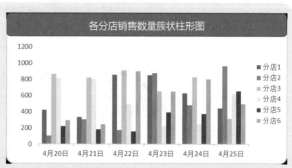

图2-124　簇状柱形图调整前后效果对比

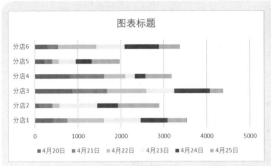
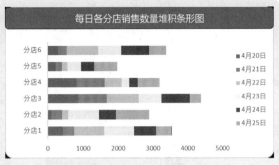

图2-125　堆积条形图调整前后效果对比

	4月20日	4月21日	4月22日	4月23日	4月24日	4月25日	合计
分店1	421	332	857	851	624	439	3524
分店2	101	303	173	876	481	963	2897
分店3	863	821	910	651	824	314	4383
分店4	812	801	494	218	244	622	3191
分店5	222	183	155	392	373	654	1979
分店6	295	247	897	651	803	492	3385

图2-126　销售数量报表迷你图

（3）将上述图表根据布局方式合理摆放，调整子图之间的间距并设置主题颜色，形成最终的数据看板效果图。这里提供了三种颜色基调的数据看板效果图，包括清新淡绿色、热情橘红色以及清凉蓝色，如图 2-127 ~ 图 2-129 所示。

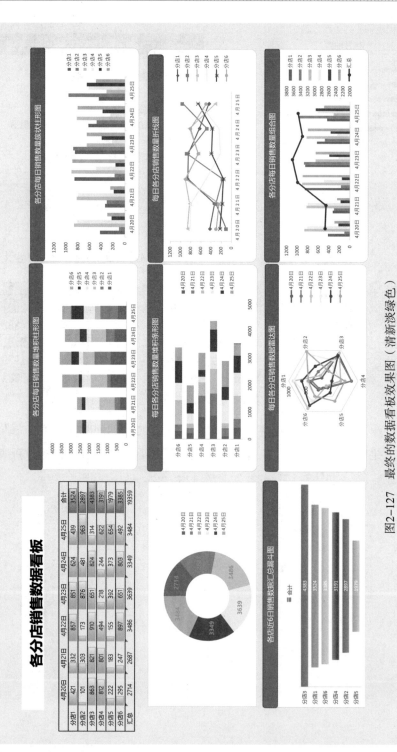

图2-127　最终的数据看板效果图（清新淡绿色）

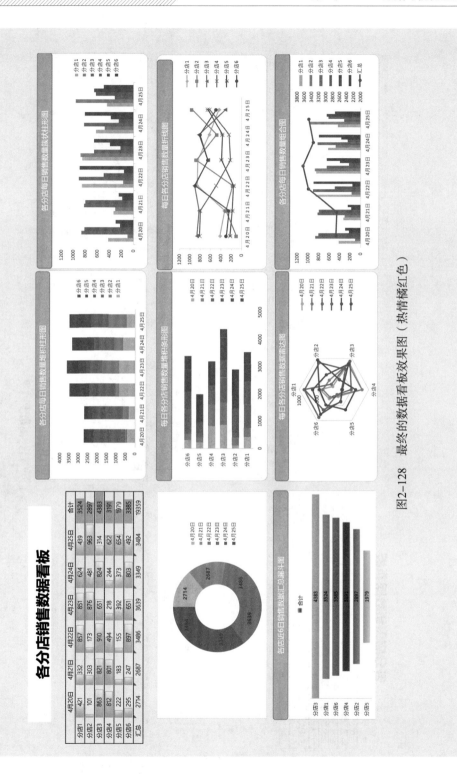

图2-128 最终的数据看板效果图（热情橘红色）

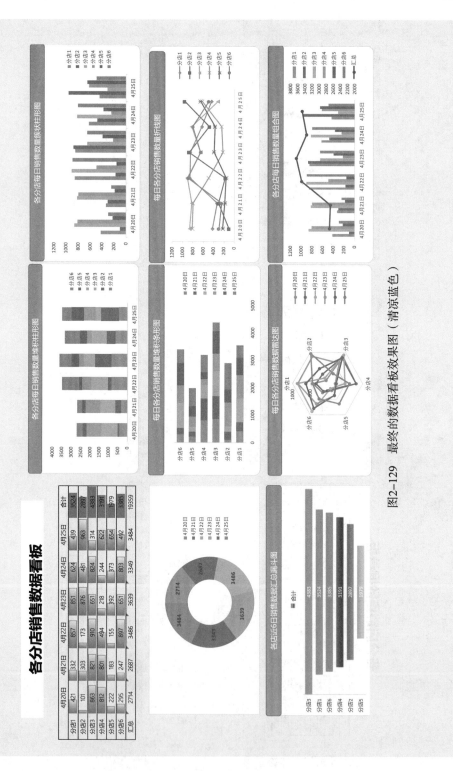

图2-129 最终的数据看板效果图（清凉蓝色）

2.6　小结

　　本章对使用 Excel 进行可视化的内容进行了介绍，包括常见图表类型制作方法、典型特色图表可视化以及制作数据看板的步骤。总体来说，Excel 操作简便、图表类型种类多、可视化效果好，非常适合用于常规数据的特征视觉表述。在一些数据分析的业务场景下，可以通过 Excel 制作非常美观的图表，从而提升数据的价值、提高业务的潜在商业能力。

第 3 章

Python 数据可视化基础

近几年，在编程语言领域，Python已经稳居前三名，在数据科学、机器学习、Web开发、后端编程、移动开发、嵌入式系统开发等多个领域都有广泛的应用。数据可视化是数据应用领域的最后一公里，也是非常重要的一公里，在这方面，Python具有强大的技术能力。由于其编程的易用性和灵活性，使用Python来完成数据采集、数据清洗、数据分析、数据建模以及数据可视化是目前大数据领域的优选技术路线。

本章将聚焦Python在数据可视化方面的编程基础，内容包括Python编程基础、基于Python的数据分析基础、基于Python的基础可视化第三方库、交互信息可视化pyecharts库以及Python可视化典型案例，其中重点介绍pyecharts在可视化方面的应用。本章的思维导图如下。

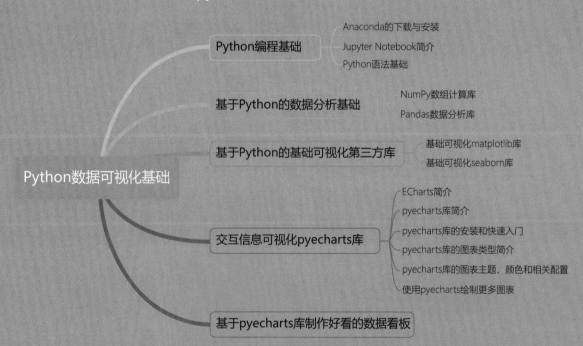

Python数据可视化基础

- Python编程基础
  - Anaconda的下载与安装
  - Jupyter Notebook简介
  - Python语法基础

- 基于Python的数据分析基础
  - NumPy数组计算库
  - Pandas数据分析库

- 基于Python的基础可视化第三方库
  - 基础可视化matplotlib库
  - 基础可视化seaborn库

- 交互信息可视化pyecharts库
  - ECharts简介
  - pyecharts库简介
  - pyecharts库的安装和快速入门
  - pyecharts库的图表类型简介
  - pyecharts库的图表主题、颜色和相关配置
  - 使用pyecharts绘制更多图表

- 基于pyecharts库制作好看的数据看板

3.1 Python编程基础

本节将介绍 Python 编程基础，内容包括 Anaconda 的下载与安装、Jupyter Notebook 的使用、Python 编程语言基础等。如果读者已经有了基本的 Python 编程经验，可以跳过本节，直接阅读下一节。

基于 Python 的数据可视化属于数据分析流程的最后一步，因此本书在选择编程开发工具时考虑使用数据科学计算平台 Anaconda。

3.1.1 Anaconda 的下载与安装

Anaconda 是一种专用于数据科学计算的 Python 发行版，支持 Linux、MacOS 和 Windows 系统，在安装时便自动将许多机器学习和数据分析第三方库下载到本地，在后续进行数据分析时可直接导入使用，非常方便。

1. 下载和安装 Anaconda

打开 Anaconda 的官方网页，选择与自己的计算机操作系统匹配的版本进行下载（图 3-1）。本书为了方便与 Excel 进行对比，始终采用 Windows 操作系统环境，因此这里选择 Windows 64 位版本下载。

图3-1　选择Anaconda安装文件

在下载的过程中，读者可能发现下载速度相当慢，457MB 大小的安装包需要耗时好几个小时才能完全下载下来。这种情况下，建议选择国内的一些镜像站点进行下载，速度会得到极大改善。

例如，使用清华大学开源软件镜像站，在浏览器地址栏输入：

https://mirrors.tuna.tsinghua.edu.cn/anaconda/archive/

然后在 Anaconda 的软件版本列表中选择最新版本进行下载：

File Name ↓	File Size ↓	Date ↓
Anaconda3–2020.07–Windows–x86_64.exe	467.5 MiB	2020–07–24 02:26

　　下载完成后，直接双击安装包 Anaconda3–2020.07–Windows–x86_64.exe，即可进入安装流程，如图 3–2 所示。

图3–2　进入Anaconda安装流程

　　单击 Next 按钮，进入同意协议与条款界面，如图 3–3 所示。

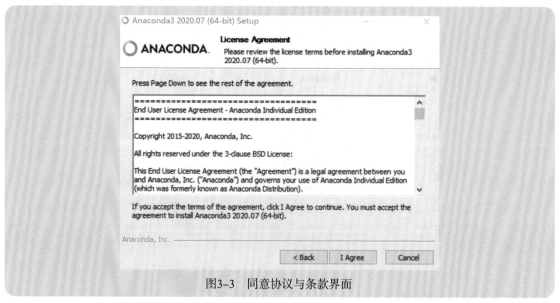

图3–3　同意协议与条款界面

单击 I Agree(我同意)按钮进入选择安装类型界面,可以采用默认设置(Just Me),如图 3-4 所示。

图3-4　选择安装类型

单击 Next 按钮，选择安装路径，默认安装路径为 C 盘。考虑到所需磁盘空间大小和管理的方便，建议将安装路径修改为其他磁盘中的位置，如 D 盘，如图 3-5 所示。

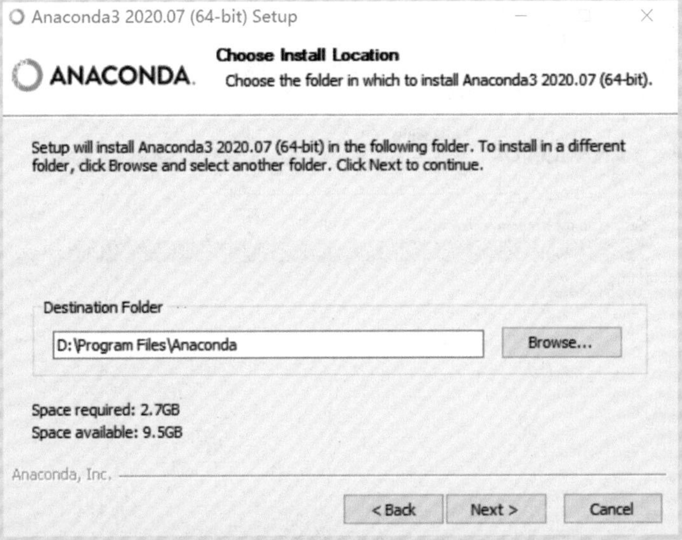

图3-5　选择安装路径

接下来设置高级安装选项，这里将两个选项都勾选上，如图 3-6 所示。

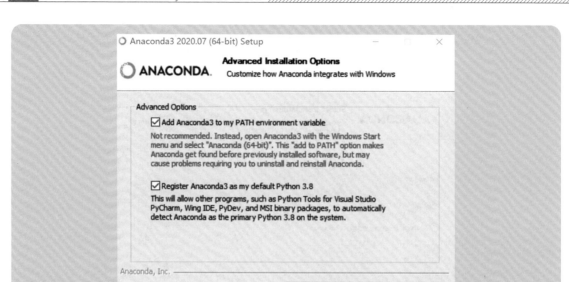

图3-6　设置高级安装选项

图 3-6 中的第一个选项是将 Anaconda 的路径自动添加到系统的 PATH 环境变量中，这个选项非常重要，会在使用命令行工具时直接启动 Python 或者使用 conda 命令。第二个选项为将 Anaconda3 选择为默认的 Python 编译器。

完成上述选择后单击 Install 按钮就开启了 Anaconda 的正式安装，如图 3-7 所示，当进度条达到 100% 时，软件安装就结束了。单击 Next 按钮，显示图 3-8 所示的界面，表示 Anaconda 已经成功安装到计算机中了。

图3-7　软件安装进度指示

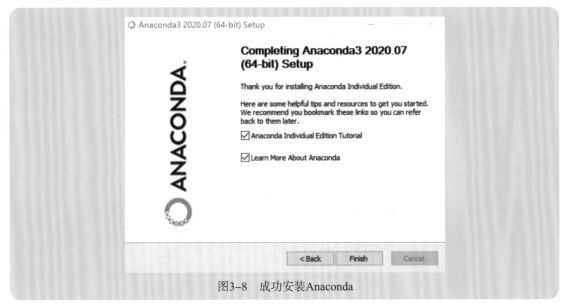

图3-8 成功安装Anaconda

2. Anaconda 软件集成模块

Anaconda 是一个 Python 发行版，同时也是一个数据科学集成开发平台。从 Windows 桌面程序入口找到新安装的 Anaconda3 目录，如图 3-9 所示。

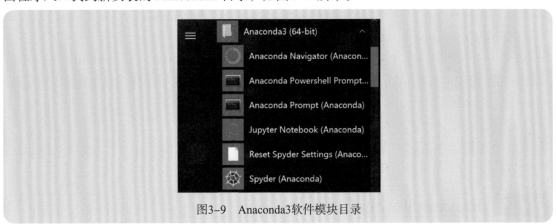

图3-9 Anaconda3软件模块目录

通过图 3-9 所示的快捷方式列表可以快速进入 Anaconda 的主要模块窗口，其中包括以下几个快捷方式。

（1）Anaconda Navigator：Anaconda 模块导航窗口，提供窗口界面实现环境安装与卸载、不同工作环境切换、主要包（package）的安装与卸载等，单击该图标即可进入如图 3-10 所示的窗口。

（2）Anaconda Powershell Prompt：Anaconda 提供的 Powershell 命令行窗口，用户可以使用熟悉的 shell 命令来创建环境、安装第三方库等。

图3-10　Anaconda模块导航窗口

（3）Anaconda Prompt：与 Windows 提供的 cmd 命令行窗口类似，也可以通过命令行来管理环境和进行相关库操作。

（4）Jupyter Notebook：Anaconda 集成的笔记型 Python 开发环境，是基于网页的用于交互计算的应用程序，其可被应用于全过程计算，包括开发、文档编写、运行代码和展示结果。其独有的代码块运行和编译方式倍受数据分析人员的喜爱，本书有关代码也将使用 Jupyter Notebook 进行开发和演示。

（5）Reset Spyder Settings：重置 Spyder 环境变量设置。

（6）Spyder：Anaconda 集成的 Python 开发 IDE，可以在窗口中编写 Python 代码，并实现调试编译，运行结果显示在 ipython 交互式环境中。

3.1.2　Jupyter Notebook 简介

Jupyter Notebook 以网页的形式显示，可以在页面中直接编写和运行代码，代码的运行结果也会直接在代码块下显示。如果在编程过程中需要编写说明文档，可在同一个页面中直接编写，便于作及时的说明和解释。运行结果可以保存为 HTML、PNG 等多种格式，还可以使用 Latex 编写数学公式等数学性说明。

可以直接从图 3-9 所示的快捷方式列表中单击 Jupyter Notebook 进入。在启动过程中，Jupyter Notebook 会自动搭建一个本地服务器，默认的站点根目录在当前系统用户目录下（如 C:\Users\Administrator）。

启动后会打开一个网页，地址栏显示地址为 http://localhost:8889/tree。其中的 localhost 表示本地机器，8889 为端口号。启动页面如图 3-11 所示。

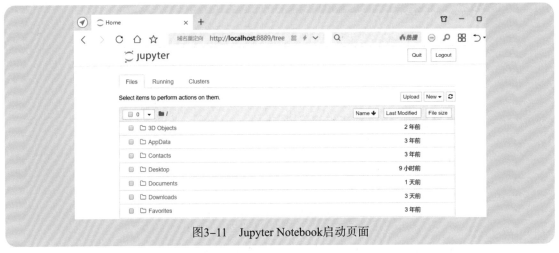

图3-11　Jupyter Notebook启动页面

页面上部的 Files 窗口显示当前站点根目录下的所有文件目录和文件。单击切换到 Running 窗口，将显示当前正在运行的任务。

一般情况下针对某一个任务进行 Python 开发时，需要创建一个新文件。下面演示如何使用 Jupyter Notebook 编写第一个 Python 入门程序。

 【案例3-1】使用Jupyter Notebook编写第一个Python程序

单击 Files 窗口右侧的 New 按钮，从下拉菜单中选择类型为 Python 3 的 Notebook（图 3-12），创建一个新的 Notebook 页面。

扫一扫，看视频

图3-12　创建新的Notebook页面

此时会在浏览器上弹出一个网页，默认命名为 Untitled。该页面地址为 http://localhost:8889/notebooks/Untitled.ipynb?kernel_name=python3。显示该 Notebook 文件后缀为 .ipynb，整个窗口显示如图 3–13 所示。

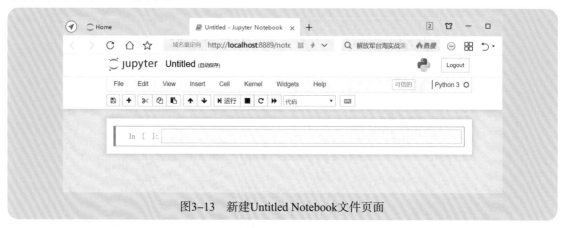

图3–13　新建Untitled Notebook文件页面

页面中的菜单和图标都通俗易懂，下方的灰色背景区就是代码块组织和编写区域。

Jupyter Notebook 代码区是以表单单元方式组织的。在表单单元内，包括标签和文本输入框两部分，标签用于显示当前表单中的代码行所在的序号，文本输入框内可以输入 Python 代码、Markdown 标记或注释等内容。

在图 3–13 所示的第一个表单单元的输入框中输入第一行 Python 代码：

```
print ("hello")
```

代码中的 print 为 Python 内置的输出函数，用于输出括号中的内容；该行代码中的 hello 为要输出的内容。

如果稍加细心地观察，可以发现在表单输入框内使用引号时，引号和中间文本的颜色均为浅红色，而 print 函数及括号均为绿色。这就是 Jupyter Notebook 的高亮显示特点，可以通过颜色判断代码各构成部分的特征或属性。

单击图标菜单中的"运行"按钮，在表单输入框下方就会显示该行代码的执行结果，如图 3–14 所示。如果显示结果为 hello,恭喜你,你已经成功完成了第一个 Python 程序代码的开发。

图3–14　代码执行结果

到目前为止，第一个 Jupyter Notebook 文件依然是 Untitled（未命名）状态。由于有了第一行 Python 代码和其执行结果，现在可以单击网页上部的 File 菜单，选择其中的 Save As，在弹出的窗口中输入 hello，然后单击 Save 按钮保存，如图 3-15 所示，当前 Jupyter Notebook 文件名就保存成了 hello.ipynb，如图 3-16 所示。

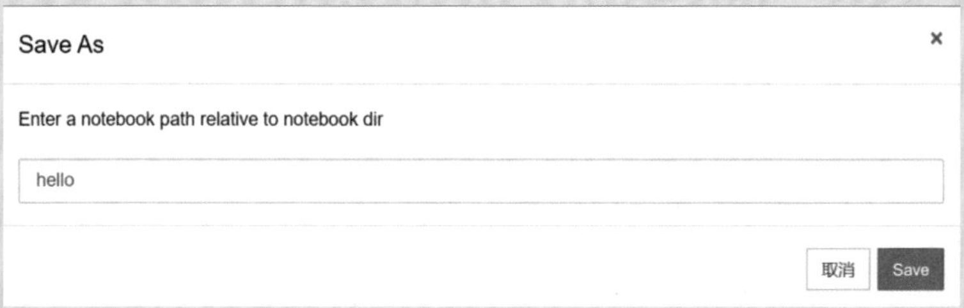

图3-15　Jupyter Notebook文件保存操作

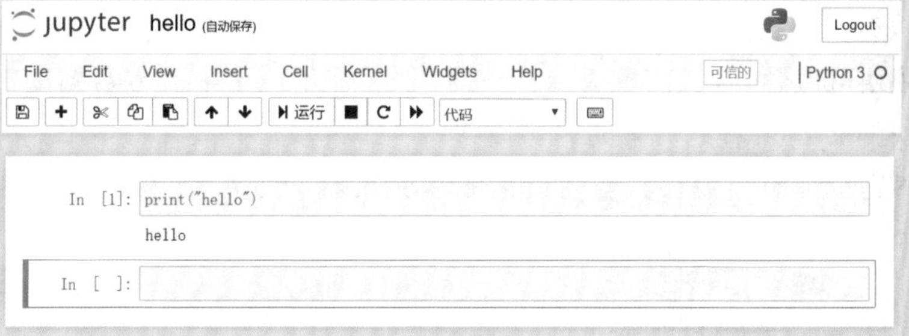

图3-16　保存为hello.ipynb文件

细心的读者可以发现，当运行完第一个表单输入框中的 Python 代码后，执行结果显示在表单下部，同时还自动创建了第二个表单输入框。我们可以在第二个表单输入框中继续输入 Python 代码：
　print(" 人生苦短，我学 Python ！")
然后单击"运行"按钮，此时在输入框下方就会显示执行结果，如图 3-17 所示。

图3-17　增加表单单元并输入代码

接下来进入第三个表单输入框，在图标菜单右侧"代码"下拉列表中选择 Markdown 标记，然后在输入框中输入如图 3-18 所示的文本并运行，结果如图 3-18 所示。

图3-18　添加Markdown笔记内容

从图中可以看到，这样一个一个的表单代码和执行结果就如同在记录开发笔记一样，而且这些表单代码块可以独立执行、查看运行结果，非常适合 Python 开发者阅读程序、调试程序。尤其是在多模块的 Python 程序开发时，可以将每一个模块代码放在一个单元内，然后对每一个模块的代码进行单独监测、调试。整个 Jupyter Notebook 就是一个 Python 程序开发笔记文件，这也是 Jupyter Notebook 命名的意义所在。

3.1.3　Python 语法基础

在选定 Python 程序开发工具后，就可以进行 Python 程序的编写了。接下来介绍 Python 语言编程的基础知识。

1. 基础语法

● 变量

变量是计算机中存储计算结果或者可以表示值的抽象概念。变量可以通过变量名来访问，其值可以改变。Python 在变量类型定义方面没有强制性要求，对新手而言尤其方便。

新建一个 Notebook 文件，命名为 n3-1.ipynb，然后在第一个表单输入框中输入如下代码并运行：

```
In [1]: #变量定义示例：给变量a赋值并输出结果
        a = 5
        print(a)
Out[1]: 5

In [ ]:
```

代码中的 a=5 语句可以对等认为是数学含义的 a 等于 5，不过用程序语言解释就是给变量 a 赋值为 5，或者把 5 赋给变量 a。使用 print 函数输出 a 的值，结果为 5。"#"表示其后的语句为注释，不参与程序代码的编译执行。

可以看出，对于变量 a 并不需要专门定义类型，系统会根据变量的值自动判断其类型。

● 标识符

标识符可以理解为命名符号。在 Python 中用于命名变量、函数、类、数组、字典、文件、对象等多种元素。

标识符的命名有一定规则，包括：

◆ 只能由字母、数字和下划线组成，而且必须以字符或下划线开头。

◆ 不能使用 Python 的关键字来命名。

◆ 长度不能超过 255 个字符。

Python 中的关键字主要包括：

and	as	assert	break	class	continue	def	del	elif
else	except	finally	for	from	False	None	True	global
if	import	in	is	lambda	nonlocal	not	or	pass
raise	return	try	while	with	yield			

上述 Jupyter Notebook 中第一个代码块字符 a 就是一个变量的标识符。

● 数据类型

数据类型主要包括整型、浮点型、字符串型、布尔型等。

整型就是整数类型，浮点型为带小数点的数，这两者主要用于数值型数据的处理和分析。在 Python 中可以使用 type 方法来查看变量类型。例如，在 Jupyter Notebook 的第二个表单输入框中输入如下代码并运行：

```
In [2]:  #变量数据类型示例：使用type方法查看数据类型，int为整型、float为浮点型、str为字符串型
         a = 5
         b = 2.5
         c = 'hello'
         type(a),type(b),type(c)

Out[2]:  (int, float, str)
```

字符串型由单个或多个字符构成，字符两侧使用引号包括起来，如上面代码块中的 c。这里的引号可以是单引号，也可以是双引号或三引号。

布尔型则用于判别真或假，当判别为真时标识为 True，反之则为 False。例如，在 Jupyter Notebook 的第三个表单输入框中输入如下代码并运行：

```
In [3]:  #变量数据类型示例: 字符串型、布尔型
         words = "hello,python"
         words_triple = '''人生苦短, 我学python,
                         Python可视化, 必选'''
         a = 5
         b = a>0
         type(words),type(words_triple),type(b)

Out[3]:  (str, str, bool)
```

● 输入与输出

在 Python 中可以直接使用 input 函数实现获取从键盘的输入，同时会使用一个变量来存储键盘的输入，输出则是使用 print 函数。例如，在 Jupyter Notebook 的第四个表单输入框中输入如下代码并运行：

```
In [4]:  #Python输入与输出
         name = input("请输入您的姓名:")

         请输入您的姓名:caojianhua

In [5]:  print(name)

         caojianhua
```

在 Jupyter Notebook 中执行 input 函数时，会在单元块下方弹出输入框，输入完成后按 Enter 键即可。例如，在第四个表单输入框中使用 input 函数获取输入，并将输入的结果赋给 name 变量，运行完成后可以在第五个表单输入框中使用 print 函数实现 name 变量的输出。

● 代码缩进与注释

在 Python 中开发多行代码时，采用缩进的管理方式来组织代码块，即同一个代码块具有相同的行缩进。

为了使代码具有可阅读性，通常还会在代码中加入注释部分。注释的功能就是解释代码行的用意和相关用法，但不参与实际的代码解释和编译。Python 中在行首使用"#"表示该代码行为注释行，一般是哪行语句或哪个代码块需要注释，就在语句上一行或代码块开始处加以注释。

增加了注释语句之后，整个程序就变得很容易理解。许多程序文件中的注释往往比执行代码语句还要多，就是为了让程序变得更容易阅读，也有利于后续的维护和修改。这是一种非常友好的编程习惯。

例如，在 Jupyter Notebook 的第六个表单输入框中定义一个 hello 函数，语句如下：

```
In [6]:  # 定义一个Python函数, 命名为hello
         def hello():
             print("代码缩进与排版:")
             print("welcome to learn Python!")
```

可以观察到 hello 函数中的第一行以"#"开头，就是对程序的注释，而 hello 函数中包括两行代码，当使用相同的缩进时表示两行代码同属于这个函数的代码块。

2. 基本的数据结构

在 Python 语言中，基本的数据结构包括字符串、列表、元组和字典等。

● 字符串

字符串是一类特殊的字符集合，由单个或多个字符组合而成，其长度可以通过 Python 的 len 方法获取。例如：

```
In  [7]:  #基本数据结构：字符串
          name = "caojianhua"
          len(name)
Out[7]:  10
```

在字符串里，通常使用索引来标识字符所在的位置。索引值为 0 时表示第一个字符，索引值为 −1 时表示最后一个字符。例如，从上述的 name 字符串中获取相应字符：

```
In  [8]:  #通过索引位置来获取字符串中的字符
          name[0], name[-1], name[2]
Out[8]:  ('c', 'a', 'o')
```

有了索引值，可以使用起始索引值和终止索引值来获取字符串中的子字符串，也就是字符串切片显示。

```
In  [9]:  #设置起始索引值和终止索引值来对字符串进行切片
          name[0:2], name[:-1]
Out[9]:  ('ca', 'caojianhu')
```

● 列表

列表是一种有序的数据集合，其元素可以是数字、字符串，甚至可以包含子列表。列表在定义时使用方括号 []，元素放在方括号之间，以逗号分隔开。例如：

```
In  [10]:  #基本数据结构：列表
           students = ['张三', '李四', '王五']
           type(students)
Out[10]:  list
```

列表中元素的个数可以使用 Python 的 len 方法获取，同时与字符串一样，对于列表中元素的定位采用索引方式，索引值为 0 时标识列表中的第一个元素，当列表中元素过多时可以采用负索引值来快速定位倒数的元素，如索引值为 −1 时标识列表中的最后一个元素。例如：

```
In [11]:  #通过索引位置来获取列表中的元素
          students[0],students[-1]
Out[11]:  ('张三', '王五')
```

如果想追加元素到列表，可以使用列表对象的 append 方法：

```
In [12]:  #追加元素到列表：使用append方法
          students.append('赵六')
          students
Out[12]:  ['张三', '李四', '王五', '赵六']
```

如果要删除列表中的元素，可以使用列表对象的 pop 或 remove 方法，其中 pop 根据元素所在的索引值进行删除，而 remove 则直接删除元素。例如：

```
In [13]:  #删除列表中的元素：使用pop方法或remove方法
          students.pop(0)
          students
Out[13]:  ['李四', '王五', '赵六']

In [14]:  students.remove('王五')
          students
Out[14]:  ['李四', '赵六']
```

● 元组

与列表一样，元组也属于一种数据结构，但其用途不如列表广泛。

定义元组的时候使用小括号"()"，元素放在小括号之间，以逗号分隔开。与列表不同的是，元组定义好结构后不可更改。其用法或者对元素的管理大部分与列表相似，但不拥有更改（追加、删除、修改）等操作权限。例如：

```
In [15]:  #基本数据结构：元组tuple
          books=("python","c语言设计","Java程序设计")
          type(books)
Out[15]:  tuple

In [16]:  #通过索引位置来获取元组中的元素
          books[0],books[-1]
Out[16]:  ('python', 'Java程序设计')
```

● 字典

字典是 Python 中一种较为特殊的数据结构，由一个或多个键值对构成。定义的时候使用大括号"{}"，键值对放在括号中间。键值对由键名和值构成，中间使用冒号分隔，典型格式

为 {key1:value1,key2:value2,...}。通常字典里可以包含多个键值对，每个键值对可以看作字典中的一个元素，以逗号分隔。例如：

```
In  [17]:  #基本数据结构：字典dictionary
           user_info={'name':'peter', 'age':19, 'class':4}
           type(user_info)

Out[17]:  dict
```

与字符串、列表、元组等不同，字典的索引以键名来定义，因此在获取字典中的元素时，需要使用键名 key。

```
In  [18]:  #通过键名来获取字典中的元素
           user_info['name'],user_info['age']

Out[18]:  ('peter', 19)
```

如果想查看所有的键，就调用字典对象的 keys 方法；如果想查看所有的值，就调用字典对象的 values 方法。

```
In  [19]:  #使用字典对象的keys方法获取所有元素的键名，values方法获取所有元素的值
           user_info.keys(), user_info.values()

Out[19]:  (dict_keys(['name', 'age', 'class']), dict_values(['peter', 19, 4]))
```

对于字典元素的更新，如果知道了键名，可以以键名为索引重新赋值完成值的更新，也可以使用字典对象的 update 方法更新。

```
In  [20]:  #更新字典元素
           user_info['class']=5
           user_info

Out[20]:  {'name': 'peter', 'age': '19', 'class': 5}

In  [21]:  user_info.update({'age':6})
           user_info

Out[21]:  {'name': 'peter', 'age': 6, 'class': 5}
```

3. 基本运算符

基本运算符主要包括三类：算术运算符、比较运算符和逻辑运算符。

● 算术运算符

算术运算就是常见的加、减、乘、除等运算，在 Python 中除了这四种运算外，还包括整数相除求余数、幂次运算等，见表 3-1。

表 3-1　算术运算符及示例

算术运算符	基 本 含 义	示例及结果说明
+	加法运算，两个数相加求和	1+2=3
-	减法运算，两个数相减求差	1-2=-1
*	乘法运算，两个数相乘求积	1*2=2
/	除法运算，两个数相除求商	1/2=0.5
**	幂次运算，求数的多少次方	2**3=8
%	求余数，计算两个整数相除的余数部分	2%3=2，要求为两个整数运算
//	求整除数，计算两个整数相除时的整数值	2//3=0，要求为两个整数运算

● 比较运算符

比较运算符主要用于做比较，结果为大于、小于、等于。比较的结果使用真或假来界定，如果为真，结果为 True；如果为假，结果为 False。比较运算符常与 if 关键字一起使用，对条件进行判断，见表 3-2。

表 3-2　比较运算符及示例

比较运算符	基 本 含 义	示例及结果说明
>	大于，符号左侧值大于右侧值	2>1，结果为 True
<	小于，符号左侧值小于右侧值	2<1，结果为 False
==	等于，符号左侧值与右侧值相等	1==2，结果为 False
!=	不等于，符号左侧值与右侧值不相等	1!=2，结果为 True
>=	大于等于，符号左侧值大于等于右侧值	3>=2，结果为 True
<=	小于等于，符号左侧值小于等于右侧值	3<=2，结果为 False

● 逻辑运算符

逻辑运算符包括与、或、非。在多个条件同时判断时，常用逻辑与、逻辑或来表示，见表 3-3。

表 3-3　逻辑运算符及示例

逻辑运算符	基 本 含 义	示例及结果说明
and	逻辑与	a and b，a 和 b 同时为真，结果才为真
or	逻辑或	a or b，a 和 b 其中一个为真，结果就为真
not	逻辑非	not a，如果 a 为真，结果为假，否则为真

4. 基本的程序流程控制方法

编写程序的最终目的是解决实际问题，而对于一个问题而言，通常需要分步骤、看条件来制定解决方案。程序就是将这些方案数字化、程序化、自动化，在编写程序时最基本的流程控制方式包括顺序流程、选择流程和循环流程。

● 顺序流程

顺序流程就是按照解决问题的先后顺序来组织程序代码，在编译执行时也是按照顺序执行，这是最基本的流程控制方法。

【案例3-2】编写程序计算梯形面积

本案例的问题为：假定梯形的上底为a，下底为b，高为h，请基于给定的参数值计算梯形的面积。

扫一扫，看视频

很显然，这个问题非常简单，梯形的面积为 (a+b)*h/2。不过从程序的角度来看，还需要知道 a、b 和 h 的具体数值，然后计算面积 s。

新建一个 Notebook 文件，命名为 n3-2.ipynb。然后在表单输入框中输入如下代码。

```
In [1]: #第一步，给上底a、下底b、高h赋值
        a = 10
        b = 20
        h = 5

In [2]: #第二步，将梯形面积表示为s，计算梯形面积
        s = (a+b)*h/2

In [3]: #第三步，输出计算结果
        print("梯形面积为：", s)

        梯形面积为：75.0
```

上述程序文件中使用了三个表单输入框，主要为了演示这类问题的按顺序解决的思路。在实际开发中，可以将这些代码放在同一个代码块内；同时程序文件中还使用了 Markdown 标题，用于说明程序的内容和目的。

● 选择流程

选择流程是在顺序流程的基础上，对其中的某一步加入条件判断，当条件满足时才继续执行程序，或者给出另外一种执行步骤。

在 Python 中使用 if 语句作为条件判断，当存在一个条件时，其主要结构如下：

```
if 条件为真：
    执行语句 1
else：
```

> 执行语句2

如果存在多组条件，则使用 elif 语句：

> if 条件 1 为真：
>> 执行语句 1
>
> elif 条件 2 为真：
>> 执行语句 2
>
> else：
>> 执行语句 3

 【案例3-3】编写程序实现用户登录验证

用户登录验证是许多网站或 App 在用户登录时必须经历的一步，只有输入的用户名和密码都正确，才允许进行下一步操作。所以本案例的问题为：当用户名和密码正确时，输出"欢迎登录"，否则提示输入错误。

新建一个 Notebook 文件，命名为 n3-3.ipynb。然后在表单输入框中输入代码，代码及运行过程参考如下：

```
In [1]:  #第一步，提示用户输入用户名和密码
         username = input("请输入您的用户名：")

         请输入您的用户名:admin

In [2]:  userpwd = input("请输入您的密码：")

         请输入您的密码:admin123

In [3]:  #第二步，用户登录验证
         if username== 'admin' and userpwd == 'admin123'：
             print("欢迎登录")
         else：
             print("您的输入有误，请检查用户名或密码")

         欢迎登录
```

- 循环流程

循环流程就是重复运行某一个步骤，可以设定条件控制循环。在 Python 语言中，循环语句主要包括 while 语句和 for 语句。

while 语句用于循环执行程序，设定当条件满足时，一直执行某程序，当条件不满足时，就结束循环。while 语句结构可以表示如下：

> while 条件成立：
>> 执行语句

for 语句常用于对序列进行遍历，这里的序列包括列表、字符串、元组、字典等。通过 for 循环获取序列中每一个元素，然后对元素进行相关操作。其基本结构如下：

```
for 元素 in 序列：
    执行元素语句
```

或

```
for 元素的索引 in range ( 序列最大索引值 )：
    执行元素索引相关语句
```

 【案例3-4】编写程序计算100以内能被3整除的数

本案例要对 100 以内的整数依次进行判断，当该数能被 3 整除时就输出出来。这里能被 3 整除的计算方法为 i%3==0，其中变量 i 的范围为 1 ～ 100。

新建一个 Notebook 文件，命名为 n3-4.ipynb。然后在表单输入框中输入代码，代码及运行过程参考如下：

```
In [1]:    #要点: 整除和循环遍历100以内的整数
           for i in range(100):
               if i%3==0:
                   print(i)

           0
           3
           6
           9
           12
           15
```

5. 函数和类

函数是在一个程序中可以重复使用的代码块，并且这组代码块可以实现一个独立的功能。在定义好函数后，该函数就可以在程序中任意需要的位置进行调用。

普通函数的基本结构如下：

```
def 函数名 ( 参数 )：
    函数内部代码块
    return 参数变量
```

def 为定义函数的关键字，在每一个函数定义时必须使用。函数名与变量名一样，定义时需要遵守一定的规则，同时尽量做到见名知意。函数名后面的括号用于放置必需的参数，没有参数时可以为空。

函数内部代码块与 def 关键字在排版上使用缩进来布局，这样可以非常清晰地定位函数的内部代码。

函数内部代码块根据函数功能需求来决定是否使用 return 语句。一般情况下，如果该函数处理后需要传回处理结果，就需要使用 return 语句，否则可以不用。

【案例3-5】编写程序计算两点之间的距离

扫一扫,看视频

本案例要计算二维坐标系中任意两点之间的距离。例如，A 点坐标为 (x_0, y_0)，B 点坐标为 (x_1, y_1)，那这两点之间的距离的计算公式为 $d = \sqrt{(x_0 - x_1)^2 + (y_0 - y_1)^2}$。当编写为计算距离的函数后，这个函数就可以重复使用，只要给定两个点的坐标参数，就可以计算出两点之间的距离。

新建一个 Notebook 文件，命名为 n3-5.ipynb。然后在表单输入框中输入代码，代码及运行过程参考如下：

```
In  [1]:  #1. 导入math库并调用该库的sqrt方法求解平方根
          import math
          #2. 定义distance函数用于计算距离
          def distance(x0, y0, x1, y1):
              tmp = (x0-x1)*(x0-x1)+(y0-y1)*(y0-y1)
              return math.sqrt(tmp)
```

```
In  [2]:  #3. 给定两个点的坐标
          x0, y0 = 10, 10
          x1, y1 = 100, 100
          #4. 调用函数计算上述两个点的距离
          d = distance(x0, y0, x1, y1)
          print("两点之间距离为：", d)

          两点之间距离为： 127.27922061357856
```

类是面向对象编程的一个核心要素。通常可以将具有相同属性和方法的对象抽象归纳为一类，如水果类、学生类或课程类。以水果类为例，苹果、梨、葡萄等都属于水果，它们都具有相同属性如颜色、大小、营养成分等，也具有相同的方法如摘取、可种植等。从编程角度来说，水果就是类，苹果、梨等属于水果类的实例对象，可以先将水果类定义好，设定属性和方法，然后实例对象就拥有了这些相同的属性和方法。此时既可以直接使用类里的属性或方法，也可以针对实例来修改这些属性和方法。

类的基本结构如下：

```
class 类名 ( 参数 )：
    全局属性
        类方法代码块
```

class 为类的关键字，类名的定义与函数名、变量名定义规则一致，不过习惯上类名的第一个字母需要大写。类代码块里内容较多，可以定义类具有的属性和方法，其中方法使用函数来定义。

扫一扫,看视频

【案例3-6】编写用户类程序实例

用户使用 App 时通常会包括用户注册和用户登录两个业务逻辑,用户注册需要用户输入用户名和密码后成为注册用户,用户登录则用于注册用户的信息验证。这两个业务可以放在同一个用户类中,在类中将用户名和密码作为属性,而将用户注册和用户登录两个业务转换为类里的两个方法。

新建一个 Notebook 文件,命名为 n3-6.ipynb。然后在表单输入框中输入代码,代码及运行过程参考如下:

```python
In [1]: #1.编写用户类
class User():
    #定义初始化方法,需要给定username和userpwd
    def __init__(self,username,userpwd):
        self.username = username
        self.userpwd = userpwd

    def UserReg(self):
        return self.username + "welcome to a valid user"

    def UserLogin(self):
        if self.username == 'admin' and self.userpwd == 'admin123':
            return "welcome to my app"
        else:
            return "information error"

In [2]: #2.使用类,首先实例化,然后调用类的方法
user = User('admin','admin123')
user.UserLogin()

Out[2]: 'welcome to my app'
```

6. 模块和包

模块(modules)是一个相对笼统的概念,可以将其看成包含变量或一组方法的 Python 文件对象,或者由多个 Python 文件对象组成的目录。有了模块,原本一个 Python 文件中的方法或变量就可以被外部访问使用,而不仅仅局限于文件内部使用了。因为有了模块,Python 对象的抽象和可复用更为通用,而不同的模块放在一起就构成了一个包(package)。Python 如此流行,就是因为在 Python 社区里有各种各样的包可以下载下来直接使用,这些包可以用于执行数据处理、网络爬虫、网站建设、嵌入式编程、多媒体处理、人工智能等多种任务。也就是说,只要有了这些包,现在的大部分任务都可以使用 Python 编程完成。

调用本地模块和包的基本格式如下:

import 模块名 / 包名
from 模块 / 包 import 属性 / 方法

需要注意的是,模块或包都有其所在的路径,所以在使用 import 方法导入模块时要定义好模块所在的路径。路径包括绝对路径和相对路径,一般使用相对路径即可。

安装 Python 时还有一些内置的库安装到了本地磁盘,如 math 数学库、时间 time 库、系

统 os 库等，也可以使用 Anaconda 提供的 conda 工具在线下载社区中的包。这些库在调用时可以不设置路径，直接使用"import+库名"的格式即可。

【案例3-7】使用random库生成整数列表

扫一扫,看视频

本案例将使用 Python 内置的 random 库调用其 randint 方法产生随机数，并存入列表。

新建一个 Notebook 文件，命名为 n3-7.ipynb。然后在表单输入框中输入代码，代码及运行过程参考如下：

```
In [1]:  #1. 导入random库
         import random

In [2]:  #2. 定义一个空列表
         data = []

In [3]:  #3. 使用random.randint方法随机生成一个整数并追加到列表中
         for i in range(10):
             v = random.randint(1, 100)
             data.append(v)

In [4]:  #4. 查看列表
         print(data)

         [65, 13, 64, 46, 50, 82, 9, 88, 75, 64]
```

【案例3-8】使用pip下载安装pyecharts可视化库

扫一扫,看视频

想在 Jupyter Notebook 中使用 ECharts 可视化软件，需要安装其 pyecharts 库。默认在安装 Anaconda 时不会集成该库，不过如果使用 conda 来安装 pyecharts，则会报错，需要使用 Python 自带的 pip 安装工具单独进行安装。所以首先需要安装 Python 到本地，然后使用 pip 命令安装，如图 3-19 所示。

```
C:\Users\Administrator>pip install pyecharts
Collecting pyecharts
  Using cached pyecharts-1.9.0-py3-none-any.whl (135 kB)
Requirement already satisfied: simplejson in d:\python\lib\site-packages (from
pyecharts) (3.17.2)
Requirement already satisfied: jinja2 in d:\python\lib\site-packages (from pyec
harts) (2.11.2)
Requirement already satisfied: prettytable in d:\python\lib\site-packages (from
 pyecharts) (2.1.0)
Requirement already satisfied: MarkupSafe>=0.23 in d:\python\lib\site-packages
(from jinja2->pyecharts) (1.1.1)
Requirement already satisfied: wcwidth in d:\python\lib\site-packages (from pre
ttytable->pyecharts) (0.2.5)
Installing collected packages: pyecharts
Successfully installed pyecharts-1.9.0
WARNING: You are using pip version 20.1.1; however, version 21.1.2 is available
```

图3-19　使用pip安装pyecharts库

3.2 基于Python的数据分析基础

在数据科学计算领域，经常需要进行大量的数组和矩阵运算，但仅仅依靠 Python 本身提供的数据结构，运算效率非常低下。目前最可靠的解决方案就是使用第三方库 NumPy 和 Pandas 库，其中 NumPy 专用于数组或矩阵运算，Pandas 是基于 NumPy 构建的数据分析库。

3.2.1 NumPy 数组计算库

NumPy 是 Python 语言的一个扩展程序库，支持大量的维度数组与矩阵运算，此外也针对数组运算提供大量的数学函数库。NumPy 功能非常强大，支持广播功能函数、线性代数运算、傅里叶变换、随机数生成等功能，为数据科学运算的其他第三方库如 SciPy、Pandas 等提供了底层支持。

1. NumPy 的安装和导入

本书推荐安装的 Anaconda 属于 Python 专门用于数据科学运算的发行版，在安装了 Anaconda 后，许多第三方库都随之安装到了本地，其中就包括 NumPy、Pandas 以及相关的可视化库。

在使用时，可以直接使用 import 方式进行导入。同时约定俗成，将 NumPy 简称为 np。在 Notebook 表单输入框中输入如下代码。

```
In [1]:  import numpy as np        #导入NumPy库并指定别名为np
         np.__version__            # 输出当前NumPy库的版本信息

Out[1]:  '1.19.1'
```

2. NumPy 的 ndarray 对象

NumPy 最重要的一个特点是其 N 维数组对象 ndarray。ndarray 与列表类似，不过与列表不一样的是，构成 ndarray 数组的元素必须具有相同类型。

在生成 ndarray 时，采用 NumPy 的 array 方法。由于在 ndarray 数组里元素都具有相同类型，因此可以使用 NumPy 的 dtype 方法来查看具体类型，也可以使用 dtype 方法转换元素已有类型。例如：

```
In [2]:  arr0 = np.array([2, 4, 6, 8])     #使用np库的array方法生成ndarray
         arr0

Out[2]:  array([2, 4, 6, 8])

In [3]:  arr0.dtype                         #查看ndarray对象的数据类型

Out[3]:  dtype('int32')
```

3. 生成 NumPy 数组

除了上述利用数据列表的方式生成 NumPy 数组外，还有一些特定方法可以生成数组。

np.arange(start, stop, step, dtype)

使用 arange 方法可以生成给定范围内的数组，参数包括 start 起始数、stop 截止数和 step 步长，dtype 用于指定数据类型。

```
In  [4]:   arr1 = np.arange(10)          #使用np的arange方法创建数组对象
           arr1

Out[4]:    array([0, 1, 2, 3, 4, 5, 6, 7, 8, 9])


In  [5]:   arr2 = np.arange(1,10,2)      #给定起始范围、终止范围、步长生成数组对象
           arr2

Out[5]:    array([1, 3, 5, 7, 9])
```

np.zeros((m, n))

使用 zeros 方法生成维度为 m × n 的填充为 0 值的数组对象，m 和 n 为维度。

```
In  [6]:   arr3 = np.zeros((3,4))        #生成一个3行4列的二维数组对象，元素值均为0
           arr3

Out[6]:    array([[0., 0., 0., 0.],
                  [0., 0., 0., 0.],
                  [0., 0., 0., 0.]])
```

np.ones((m, n))

使用 ones 方法生成维度为 m × n 的填充为 1 值的数组对象，m 和 n 为维度。

```
In  [7]:   arr4 = np.ones((3,4))         #生成一个3行4列的二维数组对象，元素值均为1
           arr4

Out[7]:    array([[1., 1., 1., 1.],
                  [1., 1., 1., 1.],
                  [1., 1., 1., 1.]])
```

np.random. rand(m, n)

这里使用 random 随机方法来生成数组，random.rand(m,n) 用于创建 0 ~ 1 的均为浮点数的 m 行 n 列的矩阵，还可以增加一个 d 参数，random.rand(m,n,d) 表示创建 d 组 m 行 n 列的矩阵。

```
In  [8]:    #生成一个3行3列的二维数组对象,元素值随机产生,其值范围在0~1
            arr5 = np. random. rand(3, 3)
            arr5
```

```
Out[8]:     array([[0. 03326321,  0. 06408946,  0. 94591102],
                    [0. 39330913,  0. 07151417,  0. 94656722],
                    [0. 70824858,  0. 50875    ,  0. 12103122]])
```

np.random.randint(low, high, size, dtype)

参数均为 int 型,其中 low 为随机数的下限、high 为上限、size 为尺寸、dtype 默认为 1。
当 size 为单个整数值时,生成一维数组;当 size 取元组 (m,n) 时,生成 m 行 n 列的二维数组矩阵。

```
In  [9]:    #生成一个3行3列的二维数组对象,元素值随机产生,其值范围为1~100之间的整数
            arr6 = np. random. randint(1, 100, (3, 3))
            arr6
```

```
Out[9]:     array([[76,  95,  15],
                    [90,  76,  14],
                    [ 6,  77,  32]])
```

4. NumPy 数组基本运算

NumPy 支持大量的维度数组与矩阵运算,下面通过数组运算进行实践。

```
In  [10]:   #生成两个3行3列的二维数组对象,元素值随机产生,其值范围在1~100
            arr7 = np. random. randint(1, 100, (3, 3))
            arr8 = np. random. randint(1, 100, (3, 3))
            arr7, arr8
```

```
Out[10]:    (array([[34,  31,  50],
                    [28,  82,  58],
                    [29,  63,  30]]),
             array([[82,  51,  77],
                    [17,  21,   1],
                    [30,  97,  61]]))
```

```
In  [11]:   #数组之间的加减运算
            arr7+arr8
```

```
Out[11]:    array([[116,   82,  127],
                    [ 45,  103,   59],
                    [ 59,  160,   91]])
```

```
In  [12]:   #数组之间的乘法运算
            arr7*arr8
```

```
Out[12]:    array([[2788,  1581,  3850],
                    [ 476,  1722,    58],
                    [ 870,  6111,  1830]])
```

可以看出,对于数组基本的四则运算,在两个数组维度相同的情况下,直接使用运算符
就能完成计算,效率非常高。

限于篇幅和主题,本书仅对 NumPy 作了简单介绍,更多的计算方法和操作步骤请读者
参考 NumPy 的官网文档。

3.2.2 Pandas 数据分析库

Pandas 是 Python 的一个数据分析包，最初由 AQR Capital Management 于 2008 年 4 月开发，并于 2009 年年底开源出来，目前由专注于 Python 数据包开发的 PyData 开发团队继续开发和维护，属于 PyData 项目的一部分。Pandas 的名称来自面板数据（panel data）和 Python 数据分析（data analysis）的组合。

Pandas 是 Python 生态环境下非常重要的数据分析库。当使用 Python 来实现数据分析时，通常都是指使用 Pandas 库作为分析工具对数据进行处理和分析。

Pandas 是基于 NumPy 构建的数据分析库，但它比 NumPy 有着更高级的数据结构和分析工具，如 Series 类型、DataFrame 类型等。将数据源重组为 DataFrame 数据结构后，可以利用 Pandas 提供的多种分析方法和工具高效地完成数据处理和分析任务。

1. Pandas 库的安装和导入

与 NumPy 一样，在安装 Anaconda 时就已经安装好了 Pandas 库。如果不采用 Anaconda 发行版，而使用其他 Python 开发环境，可以使用 pip 工具直接安装。

在使用时，可以直接使用 import 方式来导入。同时约定俗成，将 Pandas 简称为 pd。在 Notebook 表单输入框中输入如下代码。

```
In  [1]:  #导入Pandas库，同时指定别名为pd
          import pandas as pd
          #查看当前Pandas的版本信息
          pd.__version__

Out[1]:   '1.1.1'
```

2. Pandas 数据结构类型——Series 序列

Pandas 的高效离不开其底层数据结构的支持。Pandas 主要有两种数据结构：Series（类似于 Excel 工作表中的一列）和 DataFrame（类似于 Excel 工作表或二维数组）。

Series 是一种类似于一维数组的数据结构，由一组数据和数据的索引构成。可以类比为列表结构，列表具有 index 索引，而 Series 就是具有列表元素及其 index 索引的数据结构。不过与列表不同的是，由于 Series 依赖于 NumPy 中的 ndarray 创建，因此其内部的数据类型必须相同。

Series 创建的语法非常简单。

```
pd.Series(data,index=index)
```

其中，data 为数据源、index 为索引。data 可以是一系列的整数、字符串或 Python 对象，当 index 不指定索引值时默认为从 0 开始的标签，指定索引值时则为指定的序列值。

```
In  [2]:  #基于列表创建Series
          data = [1, 2, 3, 4]
          pd.Series(data)          #不指定索引值时，默认标签值为其索引

Out[2]:   0    1
          1    2
          2    3
          3    4
          dtype: int64
```

```
In  [3]:  data = [1, 2, 3, 4]
          pd.Series(data, index=list('abcd'))    #指定索引值

Out[3]:   a    1
          b    2
          c    3
          d    4
          dtype: int64
```

上述代码中，Series 包括两列数据，第一列为数据对应的索引，第二列则为数组元素值。当定义好 Series 后，就可以直接使用 Series 对象的 index 属性获取其索引序列，使用 values 属性获取数组元素值。

```
In  [4]:  #调用Series对象的index和value属性分别获得索引和值
          data = [1, 2, 3, 4]
          s0 = pd.Series(data, index=list('abcd'))    #创建一个Series对象s0
          s0.index                    #查看其索引标签序列

Out[4]:   Index(['a', 'b', 'c', 'd'], dtype='object')
```

```
In  [5]:  s0.values                   #查看数组元素值

Out[5]:   array([1, 2, 3, 4], dtype=int64)
```

因为 Series 数据对象有索引值，因此在访问 Series 数据对象时直接使用其索引即可。操作方式与列表完全一致。据此也可以实现切片数据、修改数据值等操作。例如，对上述创建的 Series 数据对象 s0 进行访问，操作演示如下：

```
In  [8]:  #基于标签索引获取元素
          s0[0], s0[-1]

Out[8]:   (1, 4)
```

```
In  [9]:  #修改元素值
          s0[0]=10
          s0

Out[9]:   a    10
          b    2
          c    3
          d    4
          dtype: int64
```

3. Pandas 数据结构类型 —— DataFrame 类型

如果把 Series 看作 Excel 表中的一列，那么 DataFrame 就是 Excel 的一张工作表。

DataFrame 由多个 Series 构成。DataFrame 也可以类比为二维数组或矩阵，但与它们不同的是，DataFrame 必须同时具有行索引和列索引。

DataFrame 创建的语法也非常简单。

> pd.DataFrame(data, index, columns)

其中，data 为数据源、index 为行索引、columns 为列索引。data 为数组元素，可以由一列数据构成，不过大多数情况下由多列数据构成，每一列里的数据类型必须相同。index 行索引可以指定，当不指定时将从 0 开始，最大为 –1。columns 为列索引，当不指定时也从 0 开始，最大为 –1。不过一般情况下列索引都会给定，这样每一列数据的属性都可以由列索引来给定。

基于随机数组创建 DataFrame：

```
In [10]:  #使用NumPy库的random方法创建二维数组
          import numpy as np
          data = np.random.randint(1, 100, (3, 4))
          data

Out[10]:  array([[24,  6, 56, 64],
                 [ 9, 39, 33,  9],
                 [10, 55, 43, 99]])

In [11]:  #基于数组创建DataFrame,给定列索引值
          df = pd.DataFrame(data, columns=list('abcd'))
          df

Out[11]:
```

	a	b	c	d
0	24	6	56	64
1	9	39	33	9
2	10	55	43	99

创建好 DataFrame 对象后，就可以调用该对象的一些属性和方法获取有关该数组的相关信息。常见的属性包括 shape、index、columns、values 等。

```
In [12]:  #shape属性: 返回DataFrame的结构尺寸
          df.shape

Out[12]:  (3, 4)

In [13]:  #index属性: 返回DataFrame的行标签
          df.index

Out[13]:  RangeIndex(start=0, stop=3, step=1)

In [14]:  #columns属性: 返回DataFrame的列标签
          df.columns

Out[14]:  Index(['a', 'b', 'c', 'd'], dtype='object')

In [15]:  #values属性: 返回DataFrame数组元素的值
          df.values

Out[15]:  array([[24,  6, 56, 64],
                 [ 9, 39, 33,  9],
                 [10, 55, 43, 99]])
```

常见的方法包括 info、describe 以及统计类最值方法等。

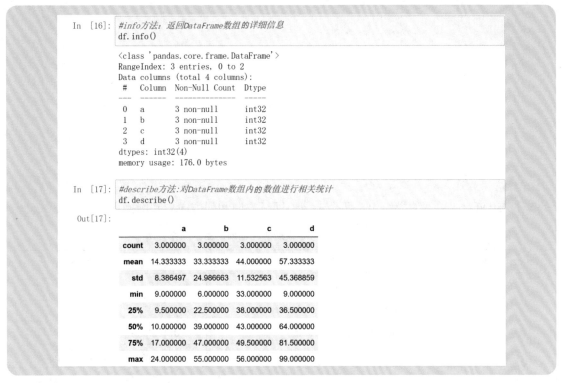

因为存在索引，对 DataFrame 里面的数据进行访问就简单多了，主要使用方法见表 3-4。

表 3-4　DataFrame 数据访问的主要使用方法

参 数 定 义	功 能 描 述	示 例
df [index1:index2]	访问 DataFrame 行数据	df [0:1]：第一行数据
df [column] 或 df.column	访问 DataFrame 列数据	df ['a'] 或 df.a：列名为 a 的数据
df.at[index,column]	访问第某行、第某列数据	df.at[0,'a']：获取第 1 行列名为 a 的数据
df.iloc[index1:index2,column1:column2]	获取由 index 和 column 起始值和终止值定义的区域数据块	Df.iloc[0:1,1:]：获取第 1 行所有数据

示例代码如下：

```
In [16]:   #DataFrame数组对象的访问
           df['a']      #给定列标签名访问给定列值，返回Series对象

Out[16]:   0    61
           1    42
           2    62
           Name: a, dtype: int32

In [17]:   df[0:1]      #给定行标签起始和终止索引值，返回DataFrame对象

Out[17]:
                a  b  c   d
           0   61  1  17  16

In [18]:   df.at[0,'a']    #获取行索引为0，列名为a的元素

Out[18]:   61

In [19]:   df.iloc[0:1,1:3]   #给定行和列的起始、终止索引值，返回DataFrame对象

Out[19]:
                b  c
           0   1  17
```

对 DataFrame 数据的操作包括两个轴向，即行方向和列方向。基本操作方法见表 3-5。

表 3-5　对 DataFrame 数据操作轴向的基本操作方法

DataFrame 操作	行方向，axis=1	列方向，axis=0
添加	df1.append(df2) df.loc['new_row']=valueList	df ['new_column']=valueList
修改	df.loc[row]=new value	df [column]=valueList
删除	df.drop(row_index,axis=1,inplace)	df.drop(column,axis=0,inplace)

示例代码如下：

```
In [20]:   #对DataFrame对象的基本操作
           #新创建一个DataFrame对象df1
           df1 = pd.DataFrame(np.random.randint(1,100,(3,4)))
           df1

Out[20]:
                0   1   2   3
           0   76  94  7   25
           1   99  89  64  1
           2   16  61  55  86

In [21]:   #在df1上新增加一行，注意设置ignore_index=True表示忽略新行的index
           s1 = pd.Series([50,56,99,104])
           df1.append(s1,ignore_index=True)

Out[21]:
                0   1   2   3
           0   76  94  7   25
           1   99  89  64  1
           2   16  61  55  86
           3   50  56  99  104

In [22]:   #在df1上新增加一列
           s2 = pd.Series([50,56,99])
           df1['new'] = s2
           df1

Out[22]:
                0   1   2   3   new
           0   76  94  7   25  50
           1   99  89  64  1   56
           2   16  61  55  86  99
```

【案例3-9】使用Pandas快速分析波士顿房价数据集

波士顿房价数据集属于经典的机器学习数据集，它已经被集成到机器学习 sklearn 包中，只需要调用 sklearn 包的数据加载方法就可以获得该数据集。该数据集包含美国人口调查局收集的美国马萨诸塞州波士顿住房价格的有关信息，共有 13 个基本特征属性。在机器学习案例中，常常基于这 13 个基本特征属性来建模预测住房价格。下面基于 Pandas 和其他相关库来实现该数据集的快速分析。

扫一扫，看视频

新建一个 Notebook 文件，命名为 n3-9.ipynb 文件，然后按如下步骤输入代码。

（1）导入 Pandas 库并从 sklearn 包中导入数据集：

```
In [1]: import pandas as pd
        from sklearn import datasets
```

（2）加载波士顿房价数据集：

```
In [2]: #加载boston数据集，返回数据字典
        house_data = datasets.load_boston()
        #查看数据字典的键名，其中data和target分别为数据，feature_names为各列属性名称
        house_data.keys()
Out[2]: dict_keys(['data', 'target', 'feature_names', 'DESCR', 'filename'])
```

（3）基于数据列表构建 DataFrame 对象：

```
In [3]: #创建DataFrame对象
        df_boston = pd.DataFrame(house_data.data, columns=house_data.feature_names)
        #查看DataFrame对象数据
        df_boston
```

Out[3]:

	CRIM	ZN	INDUS	CHAS	NOX	RM	AGE	DIS	RAD	TAX	PTRATIO	B	LSTAT
0	0.00632	18.0	2.31	0.0	0.538	6.575	65.2	4.0900	1.0	296.0	15.3	396.90	4.98
1	0.02731	0.0	7.07	0.0	0.469	6.421	78.9	4.9671	2.0	242.0	17.8	396.90	9.14
2	0.02729	0.0	7.07	0.0	0.469	7.185	61.1	4.9671	2.0	242.0	17.8	392.83	4.03
3	0.03237	0.0	2.18	0.0	0.458	6.998	45.8	6.0622	3.0	222.0	18.7	394.63	2.94
4	0.06905	0.0	2.18	0.0	0.458	7.147	54.2	6.0622	3.0	222.0	18.7	396.90	5.33
...	...	...	...	...	...	...	...	...	...	...	...	...	...
501	0.06263	0.0	11.93	0.0	0.573	6.593	69.1	2.4786	1.0	273.0	21.0	391.99	9.67
502	0.04527	0.0	11.93	0.0	0.573	6.120	76.7	2.2875	1.0	273.0	21.0	396.90	9.08
503	0.06076	0.0	11.93	0.0	0.573	6.976	91.0	2.1675	1.0	273.0	21.0	396.90	5.64
504	0.10959	0.0	11.93	0.0	0.573	6.794	89.3	2.3889	1.0	273.0	21.0	393.45	6.48
505	0.04741	0.0	11.93	0.0	0.573	6.030	80.8	2.5050	1.0	273.0	21.0	396.90	7.88

506 rows × 13 columns

```
In [4]: #将target列数据添加到DataFrame对象中
        df_boston['target'] = house_data.target
        df_boston
```

Out[4]:

	CRIM	ZN	INDUS	CHAS	NOX	RM	AGE	DIS	RAD	TAX	PTRATIO	B	LSTAT	target
0	0.00632	18.0	2.31	0.0	0.538	6.575	65.2	4.0900	1.0	296.0	15.3	396.90	4.98	24.0
1	0.02731	0.0	7.07	0.0	0.469	6.421	78.9	4.9671	2.0	242.0	17.8	396.90	9.14	21.6
2	0.02729	0.0	7.07	0.0	0.469	7.185	61.1	4.9671	2.0	242.0	17.8	392.83	4.03	34.7
3	0.03237	0.0	2.18	0.0	0.458	6.998	45.8	6.0622	3.0	222.0	18.7	394.63	2.94	33.4
4	0.06905	0.0	2.18	0.0	0.458	7.147	54.2	6.0622	3.0	222.0	18.7	396.90	5.33	36.2
...	...	...	...	...	...	...	...	...	...	...	...	...	...	...
501	0.06263	0.0	11.93	0.0	0.573	6.593	69.1	2.4786	1.0	273.0	21.0	391.99	9.67	22.4
502	0.04527	0.0	11.93	0.0	0.573	6.120	76.7	2.2875	1.0	273.0	21.0	396.90	9.08	20.6
503	0.06076	0.0	11.93	0.0	0.573	6.976	91.0	2.1675	1.0	273.0	21.0	396.90	5.64	23.9
504	0.10959	0.0	11.93	0.0	0.573	6.794	89.3	2.3889	1.0	273.0	21.0	393.45	6.48	22.0
505	0.04741	0.0	11.93	0.0	0.573	6.030	80.8	2.5050	1.0	273.0	21.0	396.90	7.88	11.9

506 rows × 14 columns

该数据集很小，只有 506 个案例。数据集中各列名称的含义如下。

◆ CRIM：城镇人均犯罪率。

◆ ZN：占地面积超过 25 000 平方英尺的住宅用地比例。

◆ INDUS：每个城镇非零售业务的比例。

◆ CHAS：Charles River 虚拟变量（如果是河道，则为 1；否则为 0）。

◆ NOX：一氧化氮浓度（每千万份）。

◆ RM：每间住宅的平均房间数。

◆ AGE：1940 年以前建造的自住单位比例。

◆ DIS：加权距离波士顿的五个就业中心。

◆ RAD：径向高速公路的可达性指数。

◆ TAX：每 10 000 美元的全额物业税率。

◆ PTRATIO：城镇的学生与教师比例。

◆ B：$1000(Bk - 0.63)^2$，其中 Bk 是城镇中黑人的比例。

◆ LSTAT：人口下降率。

（4）熟悉数据信息。

```
In [5]: #查看数据，检查是否有空值、各列数据类型
        df_boston.info()

        <class 'pandas.core.frame.DataFrame'>
        RangeIndex: 506 entries, 0 to 505
        Data columns (total 14 columns):
         #   Column   Non-Null Count  Dtype
        ---  ------   --------------  -----
         0   CRIM     506 non-null    float64
         1   ZN       506 non-null    float64
         2   INDUS    506 non-null    float64
         3   CHAS     506 non-null    float64
         4   NOX      506 non-null    float64
         5   RM       506 non-null    float64
         6   AGE      506 non-null    float64
         7   DIS      506 non-null    float64
         8   RAD      506 non-null    float64
         9   TAX      506 non-null    float64
         10  PTRATIO  506 non-null    float64
         11  B        506 non-null    float64
         12  LSTAT    506 non-null    float64
         13  target   506 non-null    float64
        dtypes: float64(14)
        memory usage: 55.5 KB
```

从 info 方法查看结果得知，该数据集行标签共 506 个（0 ～ 505），列标签共 14 个（数据共有 14 列）。同时各列属性都没有空值，数据类型为 float64。第 14 列 target 为自住房的平均房价（单位：千美元）。

（5）了解各列数据数值分布范围。可以计算获得各列数值的平均值，最小值，最大值以及 25%、50%、75% 位置数值等。

```
In [6]:  #查看各列数据的分布
         df_boston.describe()

Out[6]:
```

	CRIM	ZN	INDUS	CHAS	NOX	RM	AGE	DIS	RAD
count	506.000000	506.000000	506.000000	506.000000	506.000000	506.000000	506.000000	506.000000	506.000000
mean	3.613524	11.363636	11.136779	0.069170	0.554695	6.284634	68.574901	3.795043	9.549407
std	8.601545	23.322453	6.860353	0.253994	0.115878	0.702617	28.148861	2.105710	8.707259
min	0.006320	0.000000	0.460000	0.000000	0.385000	3.561000	2.900000	1.129600	1.000000
25%	0.082045	0.000000	5.190000	0.000000	0.449000	5.885500	45.025000	2.100175	4.000000
50%	0.256510	0.000000	9.690000	0.000000	0.538000	6.208500	77.500000	3.207450	5.000000
75%	3.677083	12.500000	18.100000	0.000000	0.624000	6.623500	94.075000	5.188425	24.000000
max	88.976200	100.000000	27.740000	1.000000	0.871000	8.780000	100.000000	12.126500	24.000000

（6）计算各特征属性之间的互相关性，找出与房价关系最密切的属性。这里使用DataFrame 对象的 corr 方法，可以直接计算各属性列之间的相关系数。相关系数越高越好，当值为正时表示两个属性列变化趋势一致；当值为负时表示变化趋势相反。

```
In [7]:  #计算各标签列之间的相关系数
         df_boston.corr()

Out[7]:
```

	CRIM	ZN	INDUS	CHAS	NOX	RM	AGE	DIS	RAD	TAX	PTRATIO	B	LSTAT	target
CRIM	1.000000	-0.200469	0.406583	-0.055892	0.420972	-0.219247	0.352734	-0.379670	0.625505	0.582764	0.289946	-0.385064	0.455621	-0.388305
ZN	-0.200469	1.000000	-0.533828	-0.042697	-0.516604	0.311991	-0.569537	0.664408	-0.311948	-0.314563	-0.391679	0.175520	-0.412995	0.360445
INDUS	0.406583	-0.533828	1.000000	0.062938	0.763651	-0.391676	0.644779	-0.708027	0.595129	0.720760	0.383248	-0.356977	0.603800	-0.483725
CHAS	-0.055892	-0.042697	0.062938	1.000000	0.091203	0.091251	0.086518	-0.099176	-0.007368	-0.035587	-0.121515	0.048788	-0.053929	0.175260
NOX	0.420972	-0.516604	0.763651	0.091203	1.000000	-0.302188	0.731470	-0.769230	0.611441	0.668023	0.188933	-0.380051	0.590879	-0.427321
RM	-0.219247	0.311991	-0.391676	0.091251	-0.302188	1.000000	-0.240265	0.205246	-0.209847	-0.292048	-0.355501	0.128060	-0.613808	0.695360
AGE	0.352734	-0.569537	0.644779	0.086518	0.731470	-0.240265	1.000000	-0.747881	0.456022	0.506456	0.261515	-0.273534	0.602339	-0.376955
DIS	-0.379670	0.664408	-0.708027	-0.099176	-0.769230	0.205246	-0.747881	1.000000	-0.494588	-0.534432	-0.232471	0.291512	-0.496996	0.249929
RAD	0.625505	-0.311948	0.595129	-0.007368	0.611441	-0.209847	0.456022	-0.494588	1.000000	0.910228	0.464741	-0.444413	0.488676	-0.381626
TAX	0.582764	-0.314563	0.720760	-0.035587	0.668023	-0.292048	0.506456	-0.534432	0.910228	1.000000	0.460853	-0.441808	0.543993	-0.468536
PTRATIO	0.289946	-0.391679	0.383248	-0.121515	0.188933	-0.355501	0.261515	-0.232471	0.464741	0.460853	1.000000	-0.177383	0.374044	-0.507787
B	-0.385064	0.175520	-0.356977	0.048788	-0.380051	0.128060	-0.273534	0.291512	-0.444413	-0.441808	-0.177383	1.000000	-0.366087	0.333461
LSTAT	0.455621	-0.412995	0.603800	-0.053929	0.590879	-0.613808	0.602339	-0.496996	0.488676	0.543993	0.374044	-0.366087	1.000000	-0.737663
target	-0.388305	0.360445	-0.483725	0.175260	-0.427321	0.695360	-0.376955	0.249929	-0.381626	-0.468536	-0.507787	0.333461	-0.737663	1.000000

（7）单独查看 target（房价）列与其他属性列之间的相关系数。

```
In [8]:  #查看各属性列与房价之间的相关系数
         df_boston.corr()['target']

Out[8]:  CRIM     -0.388305
         ZN        0.360445
         INDUS    -0.483725
         CHAS      0.175260
         NOX      -0.427321
         RM        0.695360
         AGE      -0.376955
         DIS       0.249929
         RAD      -0.381626
         TAX      -0.468536
         PTRATIO  -0.507787
         B         0.333461
         LSTAT    -0.737663
         target    1.000000
         Name: target, dtype: float64
```

从分析结果可以看出，与 target 最相关的是 LSTAT、RM，其中 RM 与房价呈正相关，相关系数接近 70%；LSTAT 与房价呈负相关，相关系数达到 -73.7%。RM 为房间数，房间越多房价越高；LSTAT 为人口下降率，人口下降率越高房价越高。不过这样的数值列表方式在比较差异性方面显然不够直观，如果能有图形呈现效果会更好。例如，利用 DataFrame 的绘图模块对上述相关系数列表进行可视化。

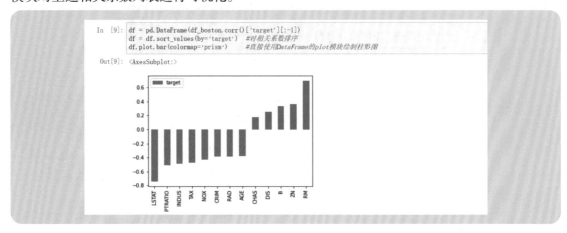

Pandas 库中提供了 plot 模块，可以直接对 Series 或 DataFrame 数据进行可视化，图类型包括柱形图、条形图、饼图等。不过其功能有限，无法充分满足业务分析的需求，接下来将介绍更全面、更专业的可视化第三方库。

3.3 基于Python的基础可视化第三方库

Python 在数据分析方面有强大的 Pandas 库，使用 Pandas 库可以高效完成大数据集的数据处理和分析任务，同时还可以结合 Web 框架开发可视化界面完成数据计算任务。而在数据分析结果呈现方面，Python 也提供了许多可视化库如 matplotlib、seaborn、Plotpy、pyecharts、Mapbox、geoplotlib 等。其中 matplotlib 和 seaborn 属于基础可视化库，Plotpy、pyecharts 可以实现交互信息可视化，Mapbox、geoplotlib 用于地理信息可视化。从提供的第三方库来看，基于 Python 的可视化几乎覆盖到了所有业务领域，显示了 Python 可视化方面的强大功能，另外这些库都是开源免费的，可以直接使用 pip 安装工具下载到本地使用。

限于篇幅和本书主题的需要，本节将从基础可视化库开始，重点介绍 matplotlib 和 seaborn 库的使用方法和案例实践。

3.3.1 基础可视化 matplotlib 库

matplotlib 库是由美国一个非营利团体 NumFocus 主导并支持的项目，根据官网首页介绍，matplotlib 是一个综合性的 Python 可视化库，可以实现静态的、动态的和交互性的数据可视化，目前最新版本为 3.4.2，图 3-20 所示为官网部分可视化示例图。

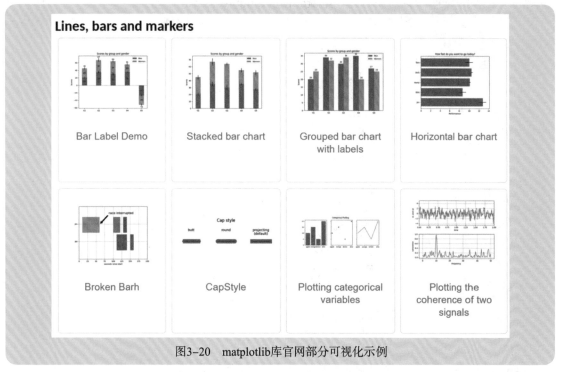

图3-20 matplotlib库官网部分可视化示例

根据官网说明，使用 matplotlib 只需要几行代码，就可以生成各类常见图形，如柱形图、条形图、饼图、折线图、散点图、直方图等，还可以绘制三维图。下面就该库的基本使用方法进行介绍，读者也可以进入 matplotlib 官网详细阅读获得更多信息。

1. matplotlib 库的安装和导入

在安装了 Anaconda 软件后，许多数据分析相关库都随之被下载到了本地，因此可以在 Jupyter Notebook 中直接使用 matplotlib 库。

在使用 matplotlib 库时，主要调用其 pyplot 模块。该模块封装了许多函数，可以直接使用 import 方式进行导入，基本语法如下：

```
import matplotlib.pyplot as plot
```

不过由于可视化仅仅是工具，它离不开数据，因此在实际应用时常将 matplotlib 库与 Pandas、NumPy 等数据分析库放在一起，使用 matplotlib 库对原数据和分析后的结果数据进行可视化。

2. matplotlib 基本图形元素

与 Excel 界面菜单操作不同，基于 Python 实现可视化时需要编程设置画布、坐标轴、图标标题、图例、数据标签等图形基本构成元素，如图 3-21 所示。

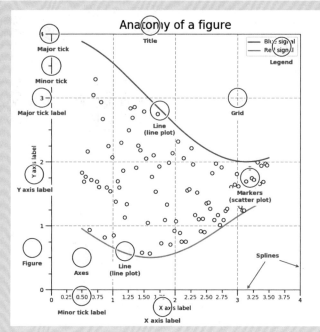

图3-21　matplotlib图形元素构成（源于matplotlib官网）

总体上可以将图形元素分为以下三个层次。

（1）底层容器层：用于设置画布和图表区域，即图中的 Figure 和 Axes。一张画布上可以布局多个图表 Axes。

（2）辅助显示层：用于设置图表外观，包括坐标轴（Axis）、坐标轴名称（Axis label）、坐标轴刻度（Tick）、坐标轴刻度标签（Tick label）、边框线（Splines）、网格线（Grid）、图例（Legend）、标题（Title）等内容。该层的设置可使图像显示得更加直观，且更容易被用户理解，但并不会对图像产生实质的影响。

（3）图像层：在该层可通过 plot 折线图、scatter 散点图、hist 柱形图、contour 轮廓图、bar 柱形图、barbs、pie 饼图等函数根据数据绘制图像。

3. matplotlib 图形绘制语法

实际操作时需要先调用 matplotlib 库的 pyplot 模块（常简称为 plt）中的 figure 函数生成画布对象，然后在画布上添加图表，基本语法如下：

```
fig = plt.figure(num=1,figsize=(10,5),dpi=80)        # 创建一个不包括图形的空画布对象
ax = fig.add_subplot()                               # 在画布上增加一个图形
```

也可以基于 plt 接口的 subplots 函数生成画布，同时绘制图形，基本语法如下：

```
fig, ax = plt.subplots()        # 创建包括一个图形的画布对象 fig 和 ax
fig, axs = plt.subplots(2, 2)   # 创建包括 4 个图形的画布对象 fig 和 ax，每行 2 个图形，共 2 行
```

上面两种操作返回的 fig 为画布，ax 或 axs 为图表。

接下来可以根据数据的数值分布范围设置图表的外观，包括坐标轴、刻度、边框线、网格、标题等，主要语法见表3-6。

表 3-6 设置图表外观的主要操作语法

基 本 语 法	用法及简单参数说明
plt.title('demo')	设置图名，参数为字符串
plt.xlabel('x')	设置水平轴标题
plt.ylabel('y')	设置垂直轴标题
plt.legend(loc='best')	设置图例位置，默认为最优方式
plt.xlim([0,10])	设置水平轴数值范围，参数为数值最小和最大值
plt.ylim([5,50])	设置垂直轴数值范围，参数为数值最小和最大值
plt.xticks(range(10))	设置水平轴刻度，参数为数值列表
plt.yticks(range(10))	设置垂直轴刻度，参数为数值列表
plt.grid()	设置网格
plt.annotate()	设置图形标注
plt.text()	在图上添加文字

当使用 plt 来设置上述参数时，是对整个画布进行全局外观设置。在实际绘图时还可以直接使用具体图表对象的 set 方法，完成上述外观参数的设置，基本语法如下：

ax.set(title='demo',xlabel='x',ylabel='y',xlim=[0,10],...)

具体绘制时使用 plt 接口的多种函数来完成，见表3-7。

表 3-7 常见图形类型绘制函数

基 本 语 法	类型及简单参数说明
plt.plot(x,y,format_string)	折线图，format_string 用于设置折线格式
plt.bar(x,h,w,align,color,alpha)	柱形图，h、w 为柱形的高度和宽度
plt.barh(x,h,w,align,color,alpha)	条形图，align、color 为对齐方式和条形颜色
plt.hist(x,bins,range,density)	直方图，bins 为区间分布、range 为显示区间
plt.scatter(x,y,format_string)	散点图，format_string 用于设置散点格式
plt.pie(x,labels,autopct)	饼图，x 为每一块饼形比例
plt.stackplot(x)	面积图，x 为水平轴数据，可以为多个列表
plt.boxplot(x,vert,whis)	箱形图，vert 用于设置是否垂直摆放
plt.imshow(x)	热力图，x 为多个列表构成的列表数据
plt.polar()	雷达图

图形绘制完成后，可以使用 plt 模块的 show() 函数进行展示，同时还可以将绘制的图形

保存下来，基本语法如下：

```
plt.show()
plt.savefig(filepath)                          # 设定路径 filepath 保存，格式为 png 或 jpg
```

4. matplotlib 库颜色选项

数据可视化非常重要的参数就是颜色，好的配色会使可视化效果更加完美，表现力更强。图 3-22 所示为常用的颜色及名称。

图3-22　matplotlib库常用的颜色及名称（来源于网络）

许多情况下还会根据需求对上述颜色进行组合形成色棒（Colormap），从而突出数据的变化或分布趋势。matplotlib 库中提供了许多色棒组合，如突出连续变化的色棒图（图 3-23 和图 3-24）、突出对比变化的色棒图（图 3-25）以及常用的一些色棒图（图 3-26）。

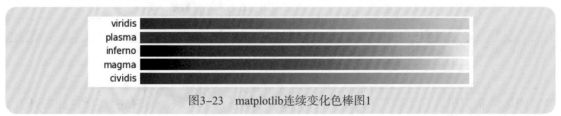

图3-23　matplotlib连续变化色棒图1

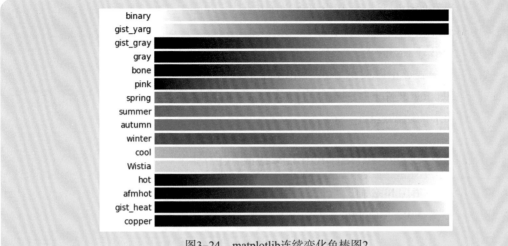

图3-24　matplotlib连续变化色棒图2

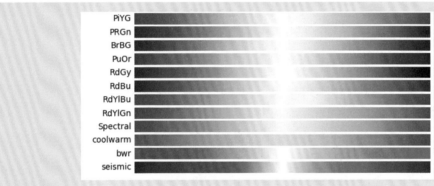

图3-25　matplotlib对比变化色棒图

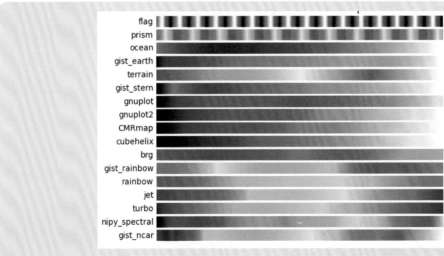

图3-26　matplotlib常用变化色棒图

上述颜色代码在使用时只需要在设置参数项内使用 color=' 名称 ' 即可（如 color= 'cyan' ），也可以尝试使用多种颜色以便获得最佳的呈现效果。

5. matplotlib 基本图形可视化示例

下面就常见的图表类型以案例形式来介绍制作过程，读者可以通过本书提供的代码下载地址将对应的 Notebook 文件下载到本地直接运行，同时建议适当修改绘制各图的参数，以便更好地掌握基础图形的绘制过程。

【案例3-10】使用matplotlib库绘制散点图

为理解整个图形结构和绘制图形的过程，下面以绘制一个散点图为例进行说明。打开 Notebook 文件，命名为 n3-10.ipynb，按如下步骤输入代码。

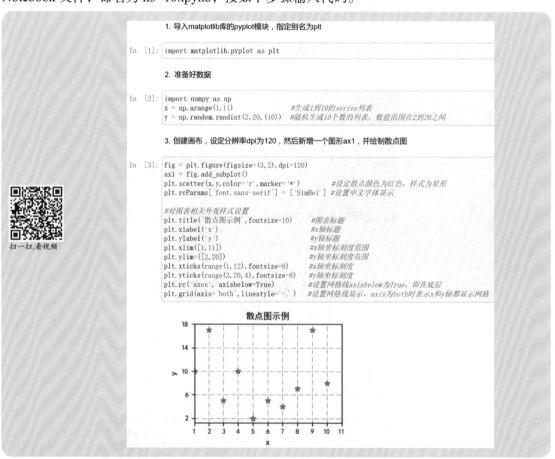

案例中绘制散点图的语法要点如下：

plt.scatter(x,y,s=None,c=None,marker=None,cmap=None,norm=None,vmin=None,vmax=None, alpha=None,linewidths=None,verts=None,edgecolor=None,data=None, ** kwargs)

主要参数：x、y 分别为数据列；s 为标记大小；c 为标记颜色（默认为蓝色）；marker 为标记样式（默认为 o）；cmap 为颜色地图；alpha 为透明度（在 0 ~ 1 之间取值）。

本案例绘制的散点图是在 Jupyter Notebook 编译环境下的执行效果，如果选择 PyCharm、Spyder 或其他开发平台，调用 plt 模块的 show 函数之后才能显示。

【案例3-11】使用matplotlib库绘制堆积柱形图

在第 2 章中已经介绍过柱形图的特点，这里介绍一下如何基于 matplotlib 库绘制堆积柱形图。

打开 Notebook 文件，命名为 n3-11.ipynb，然后输入如下参考代码。

扫一扫,看视频

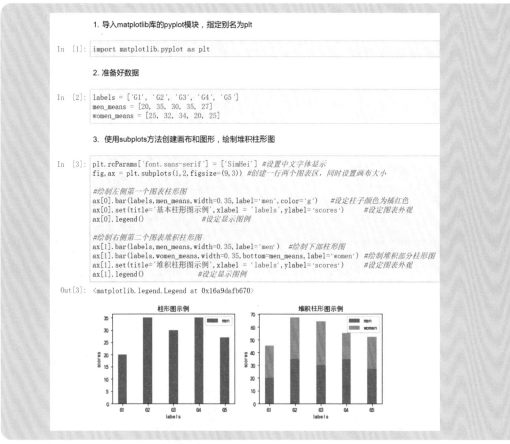

案例中绘制柱形图的语法要点如下：

plt.bar(x, y, height, width, bottom=None, *, align='center', data=None, ** kwargs)

主要参数：x、y 分别为数据列；height 和 width 为柱子高度和宽度；bottom 为底部数据系列（常用于绘制堆积柱形图）；align 为对齐方式（默认为居中对齐）；**kwargs 为其他可选参数，包括 color（柱子颜色）、alpha（透明度）、label（柱子显示标签）等。

本案例在同一画布里绘制了两个图表，代码中使用 plt.subplots() 方法，参数中的 1 表示行数；2 表示图表数；figsize 用于设置画布大小。这种操作执行后返回的 ax 是一个列表，ax[0] 为第一个图表对象，ax[1] 为第二个图表对象。

需要特别说明的是，在绘制堆积柱形图时，需要先绘制下部柱形图，然后将第二个数据系列堆积到第一个数据系列上方，因此在 ax[1].bar() 函数中设置了一个 bottom 参数，将其值设置为下部的数据系列。

【案例3-12】使用matplotlib库绘制饼图

扫一扫，看视频

饼图是最常见的图表类型之一，使用 matplotlib 库绘制饼图时可以调用 plt 模块的 pie 函数，在设置好相应参数后便可绘制成图。

打开 Notebook 文件，命名为 n3-12.ipynb，然后输入如下参考代码。

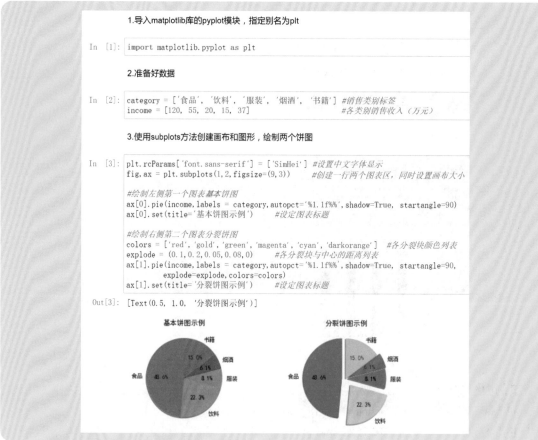

案例中绘制饼图的语法要点如下：

pt.pie(x,explode=None,labels=None,colors=None,autopct=None,pctdistance=0.6,shadow=False, labeldistance=1.1, startangle=None, raduis=None,counterclock=True, wedgeprops=No, text-props=None, center=(0, 0), frame=False, rotatelabels=False, hold=None, data=None)

主要参数：x 为每一块饼图的比例；explode 为每一块饼图距离圆心的距离；labels 为各饼形图外侧显示标签；colors 为颜色列表；autopct 为设置饼图百分比（%1.1f 为保留小数后一位）；startangle 为起始绘制角度（默认从 x 轴正方向逆时针开始）；raduis 为饼图半径（默认为 1）。

【案例3-13】使用matplotlib库绘制折线图

折线图也是最常见的图表类型之一，使用 matplotlib 库绘制折线图时可以调用 plt 模块的 plot 函数，在设置好相应参数后便可绘制成图。

打开 Notebook 文件，命名为 n3-13.ipynb，然后输入如下参考代码。

扫一扫,看视频

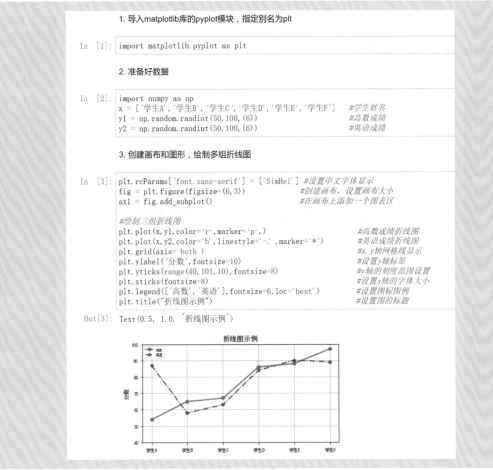

案例中绘制折线图的基本语法如下：

plt.plot(x,y,color=None,marker=None,linestyle=None,alpha=None,**args)

主要参数：x、y 为两个坐标轴数据列；color 为折线颜色；marker 为标签样式；linestyle 为线形。

【案例3-14】使用matplotlib库绘制面积图

面积图也是最常见的图表类型之一，使用 matplotlib 库绘制面积图时可以调用 plt 模块的 stackplot 函数，在设置好相应参数后便可绘制成图。

打开 Notebook 文件，命名为 n3-14.ipynb，然后输入如下参考代码。

扫一扫,看视频

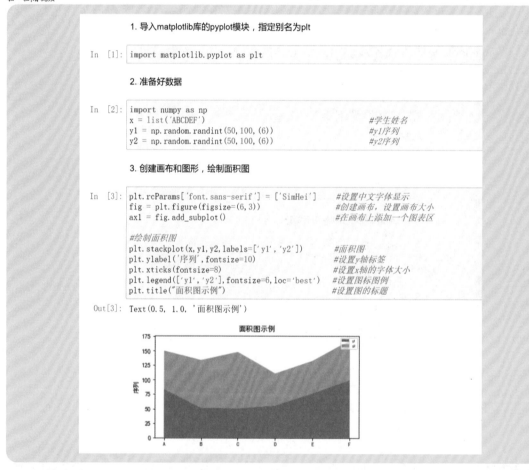

案例中绘制面积图的基本语法如下：

plt.stackplot(x,y1,y2,color=None,alpha=None,**kargs)

主要参数：x 为水平坐标轴数据列；y1、y2 为垂直坐标轴数据列（至少一列）；color 为填充颜色；alpha 为透明度。

【案例3-15】使用matplotlib库绘制等高线图

等高线图用于描述二维平面上相同数值点的分布特征，绘制时需要三个数据列：x轴、y轴坐标刻度列和属性数据列。使用matplotlib库绘制等高线图时可以调用plt模块的contour函数，在设置好相应参数后便可绘制成图。

打开Notebook文件，命名为n3-15.ipynb，然后输入如下参考代码。

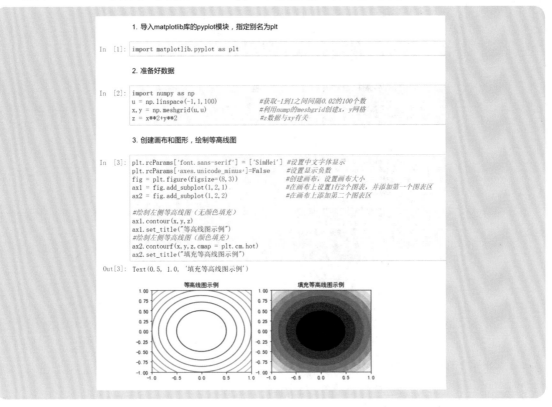

案例中绘制等高线图的基本语法如下：

plt.contour(x, y, z, color=None, **kargs)

主要用法：先要使用NumPy库的meshgrid方法将x和y数据列进行网格化，然后使用图表对象的contour方法绘制等高线，如果需要填充颜色，则使用contourf方法。案例中在颜色填充部分使用了cmap参数，值设置为plt.cm.hot系列，更多的颜色配置请参考官方文档。

【案例3-16】使用matplotlib库绘制雷达图

使用matplotlib库绘制雷达图时可以调用plt模块的polar函数，在设置好相应参数后便可绘制成图。由于雷达图基于极坐标系，因此在准备数据时需要将属性数据列首尾连接封闭起来。

打开 Notebook 文件，命名为 n3-16.ipynb，然后输入如下参考代码。

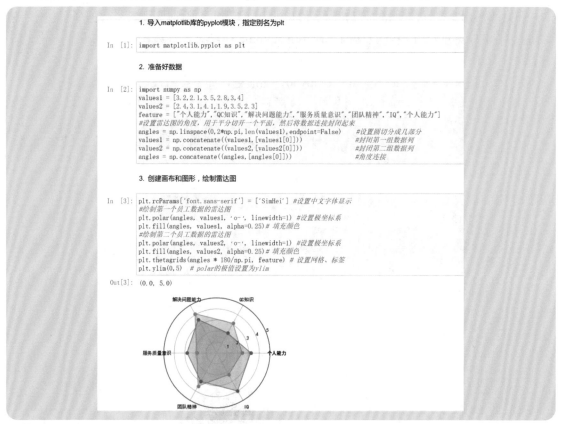

案例中绘制雷达图时基于 plt 模块的 polor 函数，填充则需要使用 plt 模块的 fill 函数。需要注意的是，在准备数据时，feature 部分需要将第一个元素追加到末尾，使得 feature 标签在极坐标系也呈闭合状态，这样才能在雷达图中显示正确。

3.3.2 基础可视化 seaborn 库

seaborn 是基于 matplotlib 的 Python 数据可视化库。它提供了一个高级界面，用于绘制引人入胜且内容丰富的统计图形，它在 matplotlib 上进行了更高级的 API 封装，从而使作图更加容易。seaborn 是针对统计绘图的，能满足数据分析 90% 的绘图需求，绘制复杂的自定义图形还需要使用 matplotlib。目前的最新版本可从官网下载，用搜索引擎搜索 seaborn 官网即可。图 3-27 和图 3-28 所示分别为 seaborn 官网首页和部分图表类型展示。

图3-27　seaborn官网首页

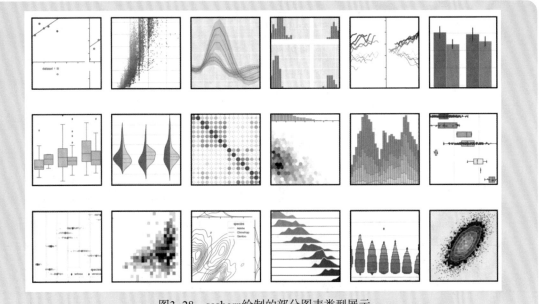

图3-28　seaborn绘制的部分图表类型展示

由于 seaborn 库就是 matplotlib 库的高级封装，所以大部分用法与 matplotlib 库是一致的。下面就该库的基本使用方法进行介绍，读者也可以进入 seaborn 官网详细阅读并获得更多信息。

1. seaborn 库的安装和导入

与 matplotlib 库一样，在 Anaconda 环境下无须安装，直接使用 import 方式导入使用即可，基本语法如下：

```
import seaborn as sns                                        #sns 为别名
```

在 seaborn 库中集成有典型的数据集（如 iris 数据集、titanic 数据集等），通过 load_dataset 命令就可以从在线存储库中加载数据集，不过常常由于网络的问题，这些数据集并不能很好地下载到本地使用。这里就不推荐了，有兴趣的读者可以自行尝试。

2. seaborn 库主要图表类型简介

seaborn 库提供了针对数据集统计分析的多种图表类型 API 接口，可以分为画布级别（Figure-level）和图表级别（Axes-level），见表 3-8。

表 3-8　seaborn 库提供的图表类型函数

画布级别	图表级别	用法简介
关系类函数 sns.relplot()	sns.scatterplot()	散点分布图
	sns.lineplot()	折线图
	sns.pairplot()	多属性互相关分析图
分布类函数 sns.displot()	sns.histplot()	直方图
	sns.kdeplot()	核密度估计图
	sns.ecdfplot()	经验累计分布图
	sns.rugplot()	朴素边际分布图
	sns.joinplot()	联合图
	sns.heatmap()	热力图
分类函数 sns.catplot()	sns.stripplot()	分类散点图
	sns.swarmplot()	分簇散点图
	sns.boxplot()	箱形图
	sns.violinplot()	小提琴图
	sns.pointplot()	点图
	sns.barplot()	柱形图
回归类	sns.regplot()	回归分析图
	sns.lmplot()	散点图加拟合趋势

很显然，画布级别类函数级别比图表级别要高一些，绘制时需要通过一个 seaborn 对象（常为 FacetGrid）完成。图表级别类函数依赖于对应的画布级别类函数提供统一接口。同时需要特别说明一下，表中的 pairplot 和 joinplot 两个函数主要用于多图同时绘制，在某些情况下可以归为某一个画布级别类。

表 3-8 中的绘图函数类型基本上包括了对数据分布和分类分析可视化的需求，而且使用起来比 matplotlib 库更方便。当我们想要探索单个或一对数据分布上的特征时，可以使用 seaborn 中的这些函数对数据的分布进行多种多样的可视化。

3. seaborn 库基本图形可视化示例

seaborn 原始数据的输入类型为 Pandas 的 DataFrame 或 NumPy 数组变量，其绘图函数有以下几种形式。

sns. 图函数 (x='X 轴列名 ', y='Y 轴列名 ', data= 原始数据 df 对象)

sns. 图函数 (x='X 轴列名 ', y='Y 轴列名 ', hue=' 分组绘图参数 ', data= 原始数据 df 对象)

下面以 Iris 鸢尾花数据集为例，使用 seaborn 库绘制一些常见的统计分析类图形，便于对属性的相关特征进行分析。

【案例3-17】seaborn库在Iris鸢尾花数据集中的可视化综合应用

Iris 鸢尾花数据集是一个经典数据集，在统计学习和机器学习领域都经常被用作示例。数据集内共 150 条记录，包括三类鸢尾花：setosa、versicolor、virginica。每类各 50 条记录，每条记录都有 4 个属性特征：花萼长度、花萼宽度、花瓣长度、花瓣宽度。本案例的数据分析目标是基于这 4 个属性特征来判别鸢尾花的种类。

扫一扫，看视频

该数据集已经集成到 Anaconda 软件中的机器学习包 sklearn 中，使用时直接输入 from sklearn.datasets import load_iris 语句导入即可。

新建一个 Notebook 文件，命名为 n3-17.ipynb，然后按步骤输入如下参考代码。

（1）加载数据集，并查看所有键名。

```
In [1]:   import pandas as pd
          import seaborn as sns                    #导入seaborn库
          from sklearn.datasets import load_iris   #导入鸢尾花数据集模块
          iris_data = load_iris()                  #加载鸢尾花数据集
          iris_data.keys()                         #查看数据集字典所有键名

Out[1]:   dict_keys(['data', 'target', 'frame', 'target_names', 'DESCR', 'feature_names', 'filename'])
```

由于集成的数据集存储结构为字典，因此可以使用字典对象的 keys 方法来查看所有键名。其中关键的键名对应的数据如下。

◆ data：属性特征数据，共 4 列。

◆ target：目标类别数据，共 1 列，包括 0、1、2 三种标识类别。

◆ target_names：目标类别名称，与 target 数据对应。0 标识 setosa；1 标识 versicolor；2 标识 virginica。

◆ feature_names：属性特征名称，与 data 数据对应。第 1 列为 sepal length 花萼长度；第 2 列为 sepal width 花萼宽度；第 3 列为 petal length 花瓣长度；第 4 列为 petal width 花瓣宽度。

（2）查看数据信息。可以通过字典的访问方式来获取上述关键键名关联的数据。

```
In [2]:  #查看属性特征数据及属性名称
         iris_data.data[:5], iris_data.feature_names
Out[2]:  (array([[5.1, 3.5, 1.4, 0.2],
                 [4.9, 3. , 1.4, 0.2],
                 [4.7, 3.2, 1.3, 0.2],
                 [4.6, 3.1, 1.5, 0.2],
                 [5. , 3.6, 1.4, 0.2]]),
          ['sepal length (cm)'
           'sepal width (cm)'
           'petal length (cm)'
           'petal width (cm)'])

In [3]:  #查看target类别数据及关联的类别名
         iris_data.target[:5], iris_data.target_names
Out[3]:  (array([0, 0, 0, 0, 0]),
          array([ setosa , versicolor , virginica], dtype= <U10 ))
```

（3）基于 Pandas 库将数据封装为 DataFrame 对象，便于后续 seaborn 绘图使用。

```
In [4]:  #将属性特征数据与名称封装为DataFrame对象
         iris_df = pd.DataFrame(iris_data.data, columns=iris_data.feature_names)
         #将目标类别数据与名称追加到iris_df对象
         iris_df['target'] = iris_data.target

In [5]:  #查看前5行数据
         iris_df.head()
```

Out[5]:

	sepal length (cm)	sepal width (cm)	petal length (cm)	petal width (cm)	target
0	5.1	3.5	1.4	0.2	0
1	4.9	3.0	1.4	0.2	0
2	4.7	3.2	1.3	0.2	0
3	4.6	3.1	1.5	0.2	0
4	5.0	3.6	1.4	0.2	0

（4）基于 seaborn 库对各列属性数据的特征进行可视化。

首先选择 stripplot 和 swarmplot 函数绘制各列属性值分类散点图，这两个绘图函数需要的输入数据均为 DataFrame 对象，可以很直观地反映样点分布区域。

stripplot 函数是默认的分类散点图选项，其基本语法如下：

```
sns.stripplot(x=None, y=None, data=None, hue=None, **kwargs)
```

其中，x 为 DataFrame 中的某一行；y 为 DataFrame 中的某一列；data 为绘图的数据矩阵（如 DataFrame）；hue 为用于标识分类的列。

swarmplot 函数基本语法和参数与 stripplot 函数基本一致，其图形呈现簇状特征，效果更夸张一些，它比较适合于小数据集。

下面的代码对鸢尾花的 4 个属性特征进行整体可视化。

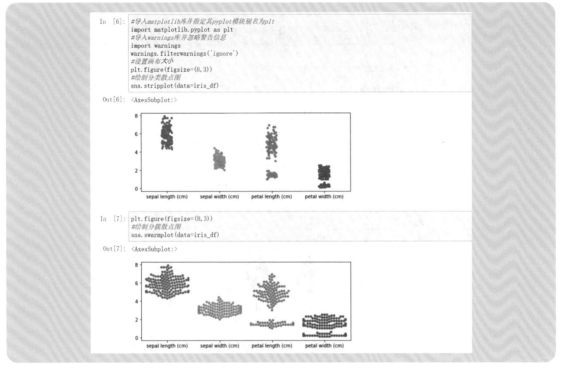

然后可以使用 boxplot、violinplot 方法对各列属性的数值分布范围进行可视化。

sns.boxplot() 为绘制箱形图的方法，箱形图以一种利于变量之间比较或不同分类变量层次之间比较的方式来展示定量数据的分布。图中矩形框用于显示数据集的上下四分位数，而矩形框中延伸出的线段（触须）则用于显示其余数据的分布位置，剩下超过上下四分位数的数据点则被视为"异常值"。

其基本语法如下：

seaborn.boxplot(x=None, y=None, hue=None, data=None, order=None, hue_order=None, orient=None, color=None, palette=None, saturation=0.75, width=0.8, dodge=True,**kargs)

常设置的参数包括：x 和 y 为输入的向量数据列；hue 为分类变量的绘制顺序；data 为 DataFrame 数组；orient 为绘图方向（默认垂直）；color 为颜色。

sns.violinplot() 为绘制小提琴图的方法。小提琴图的功能与箱形图类似。它显示了一个（或多个）分类变量多个属性上的定量数据的分布，从而可以比较这些分布。与箱形图不同的是，其中所有绘图单元都与实际数据点对应，小提琴图描述了基础数据分布的核密度估计。

其基本语法如下：

seaborn.violinplot(x=None, y=None, hue=None, data=None, order=None, hue_order=None, bw='scott', *kargs)

其常设置的参数与 boxplot 方法类似，包括输入数据列和 hue 分类变量等。

示例代码如下：

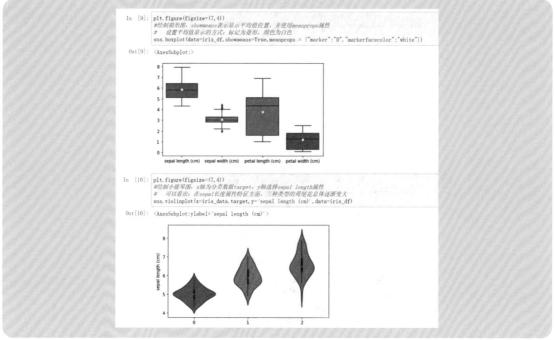

```
In [9]:  plt.figure(figsize=(7,4))
         #绘制箱形图,showmeans表示显示平均值位置,并使用meanprops属性
         #  设置平均值显示的方式:标记为菱形,颜色为白色
         sns.boxplot(data=iris_df,showmeans=True,meanprops={"marker":"D","markerfacecolor":"white"})

Out[9]:  <AxesSubplot:>
```

```
In [10]: plt.figure(figsize=(7,4))
         #绘制小提琴图,x轴为分类数据target,y轴选择sepal length属性
         #  可以看出:在sepal长度属性特征方面,三种类型的鸢尾花总体逐渐变大
         sns.violinplot(x=iris_data.target,y='sepal length (cm)',data=iris_df)

Out[10]: <AxesSubplot:ylabel='sepal length (cm)'>
```

（5）基于 seaborn 库对各列属性数据之间的分类特征进行综合可视化。

选择 joinplot 方法和 pairplot 综合绘图方法。其中，joinplot 方法为联合分布图，可以对两个变量相关交会和自身数值分布同时可视化，其基本语法如下：

sns.joinplot(x, y, data=None, color=None, hue=None, kind='scatter', markers=None, **kargs)

常用参数包括：x 和 y 为两个轴的数据列；data 为 DataFrame 数据对象；color 为颜色设置；hue 为分类标识列。

示例代码如下：

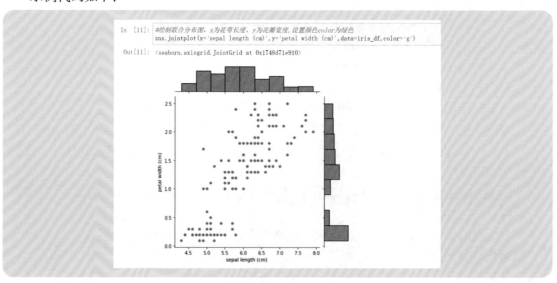

```
In [11]: #绘制联合分布图,x为花萼长度,y为花瓣宽度,设置颜色color为绿色
         sns.jointplot(x='sepal length (cm)',y='petal width (cm)',data=iris_df,color='g')

Out[11]: <seaborn.axisgrid.JointGrid at 0x1748d71e910>
```

上述联合分布图对 sepal length（花萼长度）和 petal width（花瓣宽度）进行了交会，散点分布体现了数据的分布特征；其中左下角交会样点为花萼长度和花瓣宽度数值都小的区域，与其他样点有明显差异。右侧坐标轴和上部坐标轴绘制的是两个属性的直方图，用于突出数值的分布区间频次。右侧为花瓣宽度直方图，底部 0 ~ 0.5 区间占比较大。上部为花萼长度直方图，其数值主要分布在中部 5.0 ~ 6.5 区间。

pairplot 方法为绘制多变量分析图的方法，实际上绘制的是一种综合分析图，包括了多属性交会图、密度图等，其基本语法如下：

sns.pairplot(data, hue=None, hue_order=None, palette=None, vars=None, x_vars=None, y_vars=None, kind='scatter', diag_kind='hist', markers=None, size=2.5, aspect=1, dropna=True, plot_kws=None, diag_kws=None, grid_kws=None)

常设置的参数包括：data 为 DataFrame 数组变量，默认使用 DataFrame 对象的全部变量；hue 为分类变量；palette 为色棒；markers 为样点形状。

示例代码如下：

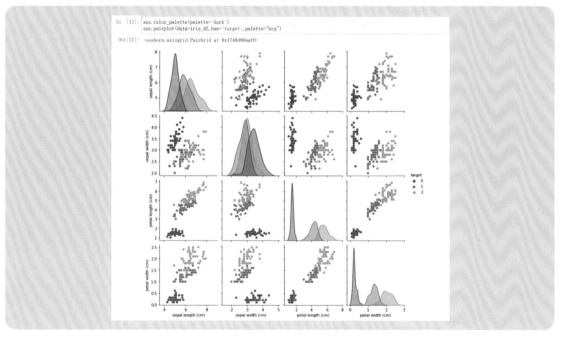

pairplot 方法绘制了鸢尾花 4 个属性特征相互交会图以及分布密度图，在实践时基于类别列 target 对交会样点用颜色进行区分，其中蓝色点为类别 0（sctosa）、红色点为类别 1（versicolor）、绿色点为类别 2（virginica）。通过颜色标识了不同类别的样点分布，从各图对比来看，类别区分最好的为花瓣长度和花瓣宽度（第 4 行第 3 幅图），三类花的分布区域几乎不重叠。因此使用花瓣长度和花瓣宽度可以很好地区分三种类别的花，其中 setosa 具有花瓣短、窄的特征；virginica 具有花瓣长、宽的特征；versicolor 的花瓣特征居于前两者中间。

3.4 **交互信息可视化pyecharts库**

在数据可视化方面，百度开源的产品 ECharts 得到了许多开发者的青睐，而且已经被 Apache 开源组织孵化成为其顶级项目之一。ECharts 是一个使用 JavaScript 实现的开源可视化库，图表类型非常多，能够满足各种需求，其绘图方式常以 HTML 网页为主。当使用 Python 开展数据分析时，如果想使用 ECharts 呈现可视化效果，需要基于 ECharts 开发的 pyecharts 第三方库。

3.4.1 ECharts 简介

ECharts 是百度公司研发并开源的一款可视化产品，具有丰富的图表类型、健康的开源社区、强劲的渲染引擎、优雅的可视化设计和友好的无障碍访问。可以流畅地运行在计算机和移动设备上，兼容当前绝大部分浏览器（如 Chrome、Firefox、Safari 等），其底层技术依赖矢量图形库 ZRender，提供直观、交互丰富、可高度个性化定制的数据可视化图表。

ECharts 官网地址可通过搜索引擎获取。ECharts 提供的图表类型几乎囊括了所有图表类型，如图 3-29 所示。

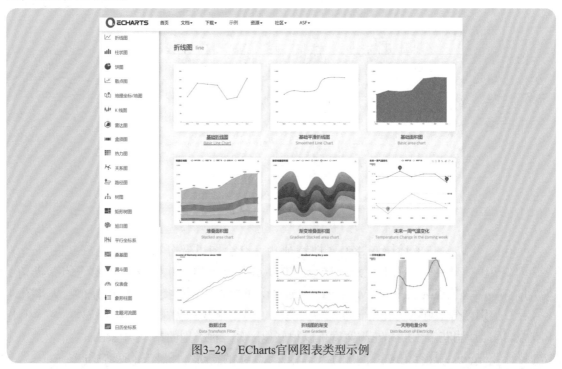

图3-29　ECharts官网图表类型示例

鉴于 ECharts 是一个 JavaScript 库，依赖于 Web 界面显示出最终结果，因此需要用户具有一定的 HTML、CSS 和 JavaScript 编程基础。不过 ECharts 提供了非常详细的使用文档，用户可以参考其官网中文教程来查阅相关操作。

下面以官网 5 分钟上手 ECharts 教程为例，简要说明一下使用方法和过程。

（1）引用 echarts.js 库文件。echarts.js 库文件可以直接从其官网提供的 Github 主页地址中下载，选择完整版 echarts.js 或精简版 echarts.min.js 下载。更方便的方式是使用在线 CDN 链接，如采用如下的在线链接地址。

https://cdn.staticfile.org/echarts/4.3.0/echarts.min.js

（2）新建 HTML 网页进行网页设计开发。使用相关的网页开发工具，如 sublime、Visual Studio Code 等，在本地磁盘新建一个 demo.html 文件，然后输入如下代码：

```html
<html>
  <head>
    <!-- 1. 使用 ECharts CDN 站点资源 -->
    <script src="https://cdn.staticfile.org/echarts/4.3.0/echarts.min.js"></script> -
  </head>
  <body>
      <!-- 为 ECharts 准备一个具备大小（宽高）的 Dom -->
      <div id="main" style="width: 600px;height:400px;border: 1px solid red;"></div>
  </body>
  <script type="text/javascript">
    // 基于准备好的 DOM，初始化 ECharts 实例
    var myChart = echarts.init(document.getElementById('main'));
    // 指定图表的配置项和数据
    var option = {
      title: {
          text: ' 第一个 ECharts 实例 '     // 用于显示图的标题
      },
      legend: {
        data:[' 销量 ']              // 显示数据标签
      },
      xAxis: {
        data: [" 衬衫 "," 羊毛衫 "," 雪纺衫 "," 裤子 "," 高跟鞋 "," 袜子 "] // 设置 X 坐标
      },
      yAxis: {},                // 设置 Y 坐标
      series: [{
        name: ' 销量 ',                    // 数据名称
```

```
            type: 'bar',                          // 图形类型
            data: [5, 20, 36, 10, 10, 20]         // 数据内容
        }]
    };
    // 使用刚指定的配置项和数据显示图表
    myChart.setOption(option);
</script>
</html>
```

保存代码后即可使用浏览器打开该网页，第一个柱形图就绘制出来了，如图 3-30 所示。

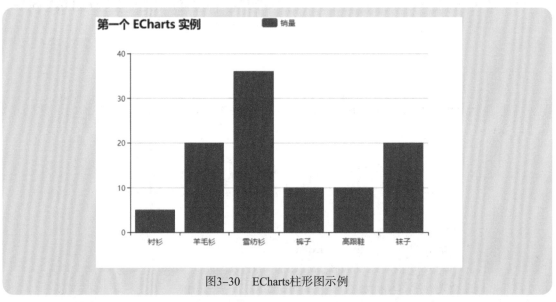

图3-30　ECharts柱形图示例

上述代码中在 series 中有个参数 type 用于设置图形类型，只要将上述代码中 type 类型的值修改为 line 或 scatter，就可以绘制成折线图或散点图。

从上述案例来看，基于 ECharts 库进行数据可视化是通过 JavaScript 操作 HTML 网页中的 DOM 元素并进行数据渲染来实现的，准确来说是基于数据通过 JavaScript 编程来生成相应的图表。其中有关数据配置及图形相关设置都依赖 JavaScript 编程实现。也正因如此，ECharts 可以实现信息交互可视化，如直接在图上进行编辑、单击获得响应或者设置表单输入与图形关联等。

如果用户对 HTML、CSS 和 JavaScript 网页基础编程技术比较熟悉，那么使用 ECharts 进行数据可视化就很容易上手了。在 ECharts 官网还提供了在线可视化页面，通过修改代码即可即时呈现图表。接下来将聚焦 ECharts 的 Python 实现，有关更多的 ECharts 使用技巧及相关图类型可视化步骤请参考其官方文档。

3.4.2　pyecharts 库简介

如上所述，pyecharts 库是 Python 使用 ECharts 可视化产品的一个第三方库，目前在 Github 上已经有 1 万多个 star、2400 多个 fork。图 3-31 所示为 pycharts 在 Github 上的 Logo 及简介。

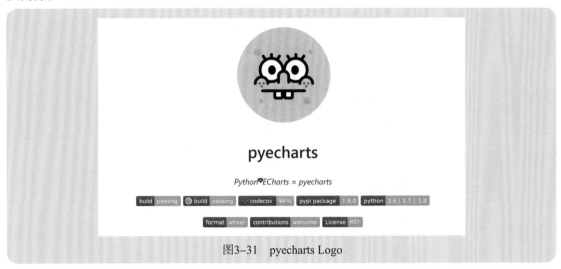

图3-31　pyecharts Logo

在产品文档方面，pyecharts 提供了非常详细的使用说明，发布平台包括 Github 主页和中文文档网页。其中文文档地址为 https://pyecharts.org/#/zh-cn/intro。感兴趣的读者可以直接访问该地址阅读该文档，该文档中包括了快速开始、配置项、基本使用、图表类型、进阶话题、Web 框架整合等内容。本书有关该库的内容也主要参考其官网文档，组织方式为以案例的形式引导读者学习。因此有关案例中的细节部分，读者可以查阅官网文档进行更深入的了解。

3.4.3　pyecharts 库的安装和快速入门

pyecharts 没有集成到 Anaconda 中，因此需要单独安装。不过如果直接使用 conda 安装会发生错误，此时需要使用 Python 的 pip 安装工具来完成。在本章案例 3-8 中已经介绍过详细步骤，这里不再赘述。

【案例3-18】使用pyecharts库绘制折线图

这里以一个绘制折线图的案例入门，介绍基于 pyecharts 实现可视化的基本步骤和方法。新建一个 Notebook 文件，命名为 n3-18.ipynb，然后按步骤输入如下代码。

扫一扫,看视频

```
In [1]: import pyecharts.options as opts      #导入配置选项模块options，并命名为opts
        from pyecharts.charts import Line      #从charts模块中导入绘制折线图函数Line
```

2. 准备绘图数据

```
In [2]: xdata = list('ABCDE')                  #x轴数据，格式为列表
        ydata = [5,20,36,10,80,66]             #y轴数据，格式也为列表
```

3. 配置数据及图表参数绘制折线图

```
In [3]: #传统方法实例化后添加坐标轴及数据
        line = Line()                          #实例化line对象
        line.add_xaxis(xdata)                  #设置x轴数据
        line.add_yaxis("value", ydata)         #设置y轴数据，需要设置y轴标签
        line.set_global_opts(opts.TitleOpts(title="pyecharts基本折线图示例"))  #设置图形标题
        line.render("demo.html")               #渲染生成图形，默认输出为html格式文件

Out[3]: 'C:\\Users\\Administrator\\demo.html'
```

案例可视化结果以 HTML 文件输出，文件名为 demo.html。使用浏览器打开 demo.html，效果如图 3-32 所示。

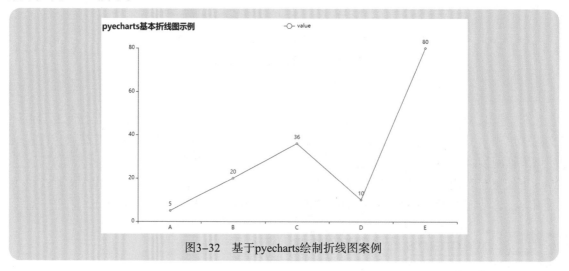

图3-32　基于pyecharts绘制折线图案例

【案例3-19】使用pyecharts库实现即时可视化

扫一扫，看视频

　　案例 3-18 中折线图可视化任务已经完成，但有个图形呈现输出的问题需要讨论。案例 3-18 中呈现输出的方式与 ECharts 一样，需要基于 HTML 文件来保存图形。由于使用了 Jupyter Notebook 编程环境，期望的是执行代码块后图形能即时呈现出来而不是通过浏览器访问。由此在输出图形方面有两种实现方法：渲染生成 HTML 网页和嵌入 Jupyter Notebook 中。前者就是在 Jupyter Notebook 中编码运行后生成外部的 HTML 文件，通过打开 HTML 文件来查看生成的图形；后者则即时在 Jupyter Notebook 代码块下方显示可视化图形。

这两种方式的实现语法如下：

```
line.render(filepath)          # 给定 filepath 文件路径，格式为 html；默认命名为 render.html
line.render_notebook()         # 即时呈现在 Jupyter Notebook 中
```

如果直接将案例 3-18 中最后一行代码修改为 line.render_notebook()，执行代码块后发现下方一片空白，图形并没有显示出来。原因在于 Jupyter Notebook 本身就依赖于 JavaScript 编程，启动 Jupyter Notebook 时在本地搭建了一个 Notebook Server 服务器，如果要运行 line.render_notebook() 实现图形即时可视化，则需要补充安装相关 pyecharts 插件。

具体操作过程如下。

（1）使用 git 命令获取 pyecharts-assets 项目。

```
git clone https://github.com/pyecharts/pyecharts-assets.git
```

或者进入其 Github 主页，直接下载 zip 文档到本地。

（2）在命令行窗口中进入下载完成的 pyecharts-assets 项目目录，并执行如下操作。

```
cd pyecharts-assets
jupyter nbextension install assets
jupyter nbextension enable assets/main
```

（3）在 Notebook 文件顶部声明 pyecharts 全局 HOST，完成配置。

```
from pyecharts.globals import CurrentConfig, OnlineHostType
#OnlineHostType.NOTEBOOK_HOST 默认值为 http://localhost:8888/nbextensions/assets/
CurrentConfig.ONLINE_HOST = OnlineHostType.NOTEBOOK_HOST
```

在案例 3-18 形成的 n3-18.ipynb 代码基础上稍加修改，并重命名为 n3-19.ipynb。按如下步骤输入代码。

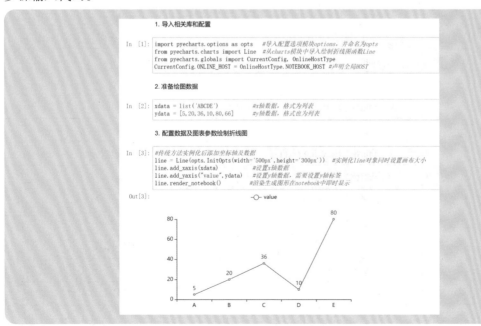

使用 pyecharts 库进行绘图时还支持链式编程，实际上在其官网上大多数案例都采用了链式编程方法，将绘图对象实例化和添加方法过程前后直接用点（.）连接，语法如下：

Line(**kargs).set_global_opts().add_xaxis().add_yaxis().render_notebook()

因此，上述案例步骤 3 绘制图形表单输入框中的代码可以采用链式编程方法修改为

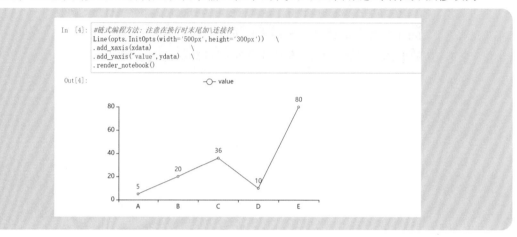

3.4.4 pyecharts 库的图表类型简介

pyecharts 库的所有图表都从其 charts 模块中选择，基本语法如下：

pyecharts.charts.chartName()   # chartName() 为不同图表类型方法

表 3-9 中列出了 charts 模块中提供的主要图表方法。

表 3-9　pyecharts 库的 charts 模块提供的图表类型函数

图表方法	图表类型	图表名称
直角坐标系图表	charts.Line()	折线图
	charts.Bar()	柱形图
	charts.Boxplot()	箱形图
	charts.Scatter()	散点图
	charts.EffectScatter()	涟漪散点图
	charts.Kline()	K 线图
	charts.HeatMap()	热力图
	charts.PictorialBar()	象形图
地理图表	charts.Geo()	地理坐标系
	charts.Map()	地图
	charts.BMap()	百度地图

续表

图表方法	图表类型	图表名称
统计图表	charts.Pie()	饼图
	charts.Funnel()	漏斗图
	charts.Gauge()	仪表盘
	charts.Liquid()	水球图
	charts.Calender()	日历图
	charts.Graph()	关系图
	charts.Parallel()	平行坐标系
	charts.Polar()	极坐标系
	charts.Sunburst()	旭日图
	charts.Sankey()	桑基图
	charts.ThemeRiver()	河流图
	charts.WordCloud()	词云图
	charts.Table()	表格
3D 图表	charts.Scatter3D()	3D 散点图
	charts.Line3D()	3D 折线图
	charts.Map3D()	3D 地图
	charts.MapGlobal()	3D 地球
	charts.Bar3D()	3D 柱形图
树形图表	charts.Tree()	树图
	charts.TreeMap()	矩形树图
组合图表	charts.Timeline()	带时间轴柱形图
	charts.Tab()	Tab 选项卡
	charts.Page()	Page 顺序多图
	charts.Grid()	Grid 并行多图

对于表中的直角坐标系类型图表，如果不考虑图表外观设置，其绘图基本语法如下：

```
chart = ChartName()                    # 选择一种类型图表实例化
chart.add_xaxis(x_data)                # 增加 x 轴方向的列表数据
chart.add_yaxis(ylabel,y_data)         # 增加 y 轴方向的列表数据，ylabel 为图例标签
chart.render_notebook()                # 在 Jupyter Notebook 中即时显示
```

如果采用链式编程，则其绘图基本语法如下：

```
chart = (ChartName()
.add_xaxis(x_data)
.add_yaxis(ylabel,y_data))
chart.render_notebook()
```

对于表 3-9 中其他类型的图表则需要考虑每种图表的数据组织方式，后续将提供实践案例以供参考。

3.4.5 pyecharts 库的图表主题、颜色和相关配置

图形可视化非常关键的部分就是色彩主题的使用和图表区外观显示的配置。在使用 pyecharts 库时，也需要对这些细节进行一定的设置。

1. 主题

这里的主题是指整个图形区域的背景颜色、图表颜色、字体颜色等色彩主题风格。不同主题会产生不同的显示风格。pyecharts 中提供了十几种主题风格，内容如下：

```
themes = [
    ('chalk', ' 粉笔风 '),
    ('dark', ' 暗黑风 '),
    ('essos', ' 厄索斯大陆 '),
    ('infographic', ' 信息图 '),
    ('light', ' 明亮风格 '),
    ('macarons', ' 马卡龙 '),
    ('purple-passion', ' 紫色激情 '),
    ('roma', ' 石榴 '),
    ('romantic', ' 浪漫风 '),
    ('shine', ' 闪耀风 '),
    ('vintage', ' 复古风 '),
    ('walden', ' 瓦尔登湖 '),
    ('westeros', ' 维斯特洛大陆 '),
    ('white', ' 洁白风 '),
    ('wonderland', ' 仙境 ')
]
```

绘图主题属于 pyecharts 的 globals 全局模块中的 ThemeType 类，编程时一般放在初始化图表类型里，调用 pyecharts 的 options 配置模块中的 InitOpts 初始化配置选项类，设定 theme 参数，基本语法如下：

```
import pyecharts.options as opts
from pyecharts.globals import ThemeType
charts.ChartName(init_opts=opts.InitOpts(theme=ThemeType.themeName))
```

【案例3-20】使用pyecharts库绘制柱形图

柱形图是基础图表类型之一。下面通过绘制柱形图来说明设置主题的方法。新建一个 Notebook 文件，保存为 n3-20.ipynb，然后按如下步骤输入代码。

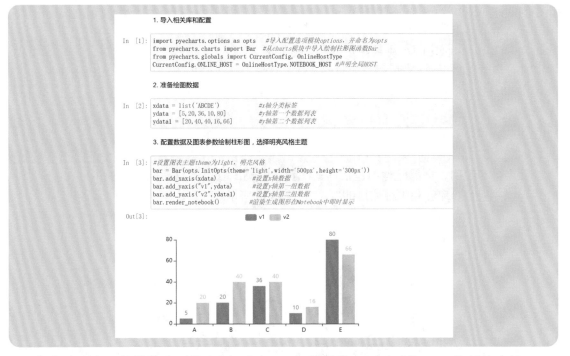

```
1. 导入相关库和配置

In [1]:  import pyecharts.options as opts    #导入配置选项模块options, 并命名为opts
         from pyecharts.charts import Bar    #从charts模块中导入绘制柱形图函数Bar
         from pyecharts.globals import CurrentConfig, OnlineHostType
         CurrentConfig.ONLINE_HOST = OnlineHostType.NOTEBOOK_HOST    #声明全局HOST

2. 准备绘图数据

In [2]:  xdata = list('ABCDE')              #x轴分类标签
         ydata = [5, 20, 36, 10, 80]        #y轴第一个数据列表
         ydata1 = [20, 40, 40, 16, 66]      #y轴第二个数据列表

3. 配置数据及图表参数绘制柱形图, 选择明亮风格主题

In [3]:  #设置图表主题theme为light, 明亮风格
         bar = Bar(opts.InitOpts(theme='light',width='500px',height='300px'))
         bar.add_xaxis(xdata)               #设置x轴数据
         bar.add_yaxis("v1", ydata)         #设置y轴第一组数据
         bar.add_yaxis("v2", ydata1)        #设置y轴第二组数据
         bar.render_notebook()              #渲染生成图形在Notebook中即时显示
```

如果将明亮风格替换为别的主题，如 shine 闪耀风格，只需要将 In[3] 代码块中的 theme 参数值修改为 shine 即可，效果如下：

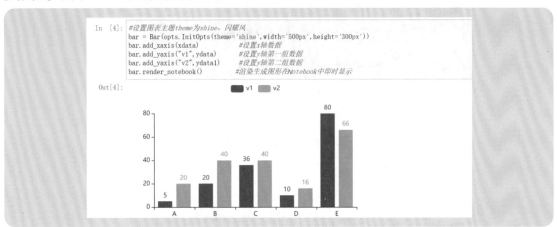

```
In [4]:  #设置图表主题theme为shine, 闪耀风
         bar = Bar(opts.InitOpts(theme='shine',width='500px',height='300px'))
         bar.add_xaxis(xdata)               #设置x轴数据
         bar.add_yaxis("v1", ydata)         #设置y轴第一组数据
         bar.add_yaxis("v2", ydata1)        #设置y轴第二组数据
         bar.render_notebook()              #渲染生成图形在Notebook中即时显示
```

有兴趣的读者可以依次尝试一下其他的主题风格，图形可视化的最佳呈现效果也与个人

对主题风格的选择有关。

2. 图表配置

pyecharts 中将配置设定为 options 模块，总体分为全局配置和系列配置两个类，其中全局配置类主要使用图表实例对象的 set_global_opts 方法进行设置，其基本语法如下：

Bar().set_global_opts(参数)

对于初始化配置项，则直接在图表方法中设置：

Bar(init_opts=opts.InitOpts(参数))

系列配置类可以通过图表对象的 set_series_opts 方法进行设置，也可以在添加数据时设置，其区别在于多数据系列绘图时前者会对所有数据显示起作用，而后者则是单独设置。基本语法如下：

Bar().set_series_opts(参数)

Bar().add_yaxis('',data, 参数)

依据官网说明，全部配置项包括标题配置、图例配置、工具箱配置、提示框配置、坐标轴配置、视觉映射配置和区域缩放配置，如图 3-33 所示。

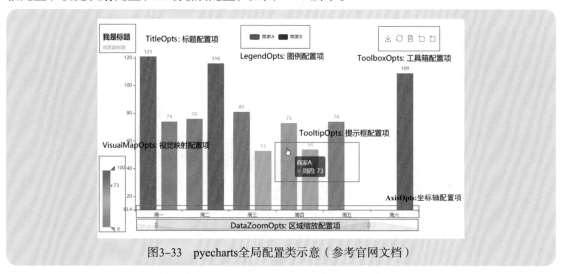

图3-33　pyecharts全局配置类示意（参考官网文档）

为了便于在后续案例实践中使用这些配置项，下面对主要的配置方法进行说明，见表 3-10 和表 3-11。

表 3-10　全局配置项主要方法及示例

全局配置项	调用方法	配 置 示 例	
InitOpts 初始化配置	opts.InitOpts()	opts.InitOpts(width='600px', height='400px')	# 画布大小
		opts.InitOpts(theme='light')	# 主题设置
		opts.InitOpts(bg_color='green')	# 背景颜色设置

全局配置项	调用方法	配置示例
TitleOpts 标题配置	opts.TitleOpts()	opts.TitleOpts(title=" 我是主标题 ",　　　　　# 标题名称 　　　　　　subtitle=' 我是副标题 ',　　　　# 副标题名称 　　　　　　pos_left='center',pos_top='10%')　# 标题位置
LegendOpts 图例配置	opts.LegendOpts()	opts.LegendOpts(is_show=True,　　　　　# 图例显示与否 　　　　　　pos_left='center',pos_top='10%',　# 图例位置 　　　　　　orient='vertical')　　　　# 垂直布局
AxisOpts 坐标轴配置	opts.AxisOpts() opts.AxisLineOpts() opts.AxisPointerOpts() opts.AxisTickOpts()	opts.AxisOpts(type='time',　　　　　　# 坐标轴类型 　　　　　name='name',　　　　　　# 坐标轴名称 　　　　　min=0,max=100,　　　　　# 刻度最值 　　　　　axisline_opts=opts.AxisLineOpts(Is_show=True,　# 刻度线显示 　　　　　linestyle_opts=opts.LineStyleOpts(width=2, color='red')))　# 刻度线样式

VisualMapOpts 视觉映射配置	opts.VisualMapOpts()	opts.VisualMapOpts(is_show=True,　　　　# 色标显示
		　　　　　range_color=['green', 'yellow', 'red'],
		　　　　　　　　　　　　　　# 色标颜色
		　　　　　orient='horizontal',　　　# 色标布局
		　　　　　pos_top='center')　　　　# 色标位置

DataZoomOpts 区域缩放配置	opts.DataZoomOpts()	opts.DataZoomOpts(range_start=50, range_end=80) 　　　　　　　　　　　　# 缩放比例

表 3-11　系列配置项主要方法及示例

系列配置项	调用方法	配置示例
TextStyleOpts 字体配置	opts.TextStyleOpts()	opts.TextStyleOpts(color='red',　　　# 字体颜色 　　　　　font_size=20)　　　　# 字体大小
ItemStyleOpts 图元样式配置	opts.ItemStyleOpts()	opts.ItemStyleOpts(color='green',　　# 图元颜色 　　　　　opacity=0.5)　　　　　# 透明度
LabelOpts 标签配置	opts.LabelOpts()	opts.LabelOpts(is_show=True,　　　# 显示与否 　　　　　position='inside')　　　# 显示位置
LineStyleOpts 线样式配置	opts.LineStyleOpts()	opts.LineStyleOpts(width=5,　　　# 线宽度 　　　　　type='solid',　　　　# 线型 　　　　　color='green')　　　　# 线颜色

续表

系列配置项	调用方法	配 置 示 例
SplitLineOpts 分割线配置	opts.SplitLineOpts()	opts.SplitLineOpts(is_show=True)　　#显示与否
EffectOpts 涟漪特效配置	opts.EffectOpts()	opts.EffectOpts(brush_type='stroke',　#特效类型 scale = 10,peroid=10)　#范围周期
MarkPointItem 标记点数据	opts.MarkPointItem()	opts.MarkPointItem(coord=['Xiaomi', 150], name=" 坐标 ")
MarkLineOpts 标记线配置	opts.MarkLineOpts()	opts.MarkLineOpts(type_="max", name=" 最大值 ")

3. 使用全局配置项

全局配置中的初始化配置常在绘图函数调用时进行，用于设定画布的大小、颜色主题、页面标题等，绘制柱形图的示例代码如下：

```
from pyecharts import options as opts
bar = Bar(opts.InitOpts(
    width="900px",              # 设定画布宽度，单位为像素，需要使用引号标注
    height="500px",             # 设定画布高度，单位为像素，需要使用引号标注
    page_title=" 绘制柱形图"，     # 设定页面标题
    theme= "dark"))             # 设定颜色主题风格
```

其他常见的配置项则调用绘图对象的 set_global_opts 方法进行设置，包括如下配置项。

- title_opts：标题。
- legend_opts：图例。
- tooltip_opts：提示框。
- toolbox_opts：工具箱。
- axis_opts：坐标轴。
- visualmap_opts：视觉映射。
- datazoom_opts：区域缩放。

上述配置项中都有基本的设置选项参数，可参见表 3-10。在使用时通过 set_global_opts 方法将上述配置项作为参数传入其中。例如，对柱形图进行全局设置的示例代码如下：

```
from pyecharts import options as opts
bar = Bar(opts.InitOpts( ))                                       # 初始化设置
bar.set_global_opts(                                             # 全局配置项
    title_opts=opts.TitleOpts(title=" 柱形图 ", subtitle=" 标题示例 "),   # 设置标题配置项
    legend_opts = opts.LegendOpts(is_show=True, pos_left='10%'),    # 设置图例配置项
    visualmap_opts=opts.VisualMapOpts(is_show=True,
                   range_color=['green', 'yellow', 'red'])          # 视觉配置项
)
```

4. 使用系列配置项

系列配置项主要对图中的数据系列相关显示方式进行设置，在使用时调用绘图对象的 set_series_opts 方法。例如，对柱形图进行系列设置的示例代码如下：

```
From pyecharts import options as opts
bar = Bar(opts.InitOpts( ))                              # 初始化设置
bar.set_seris_opts(                                      # 系列配置项
    label_opts=opts.LabelOpts(is_show=True, Font_size=10)   # 设置数据标签配置项
    markpoint_opts=opts.MarkPointOpts(                     # 设置标记点样式配置
            data=[
                opts.MarkPointItem(type_='max', name='max'),
                opts.MarkPointItem(type_='min', name='min')
            ]
) )
```

图表配置项大部分在调用绘图函数时就给定了默认值，如颜色主题、字体大小、图表位置等，读者可以依据实际情况进行调整。同时，有些系列配置项直接与数据系列有关，可以在数据轴上进行配置。

5. 颜色配置

颜色在可视化配置中非常关键，在 pyecharts 中可以通过三种方法进行颜色配置，具体如下。

（1）直角坐标系图表可以通过在 add_yaxis 方法中添加 color 参数进行配置。例如，修改上述柱形图案例代码中的 y 轴代码行。

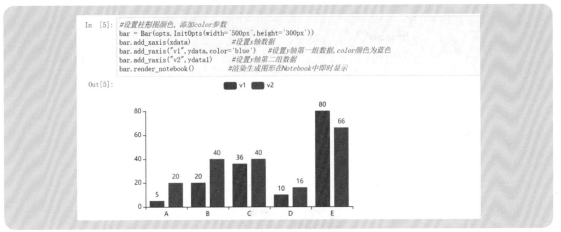

（2）可以向配置系列项 itemstyle_opts 中添加 color 参数进行配置。此时需要在数据系列项中设定 itemstyle_opts 配置，调用 options 的 ItemStyleOpts 方法，在其中设定 color 参数。color 的值可以直接指定某种颜色名称或十六进制代码，也可以使用 RGB 函数组合来赋值。例如，继续修改上述柱形图可视化代码，在系列项中设置 itemstyle_opts 以设定颜色显示。

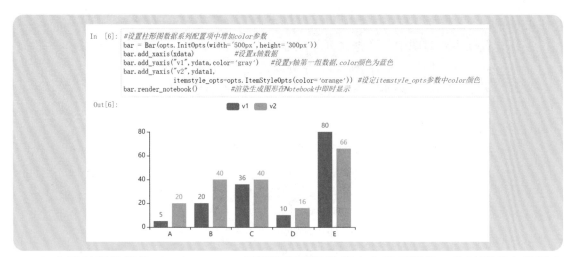

（3）通过视觉组件 visualmap_opts 根据数据项的数值大小进行配置。此时需要在代码中设定绘图对象的 set_global_opts 配置，调用 options 的 VisualMapOpts 方法，在其中设定颜色相关参数即可。

【案例3-21】使用pyecharts库绘制饼图

新建一个 Notebook 文件，命名为 n3-21.ipynb，然后依照如下步骤输入代码并执行：

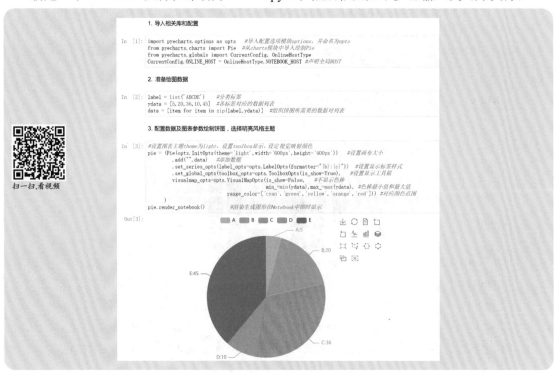

扫一扫，看视频

案例中采用 set_series_opts 方法进行了系列配置，同时还使用了 set_global_opts 方法将工具箱显示在饼图右上侧。对于本案例图例，可以单击工具箱图标中的第一个保存图标，将绘制的图形保存到本地；也可以单击第一行第三个图标，切换显示为数据，由于涉及交互效果，具体演示效果请扫描案例二维码观看。

【案例3-22】使用pyecharts库绘制K线图

扫一扫，看视频

　　K 线图是股票数据典型可视化图表类型，绘制 K 线图需要准备的数据列包括时间、开盘价、收盘价、最低价、最高价、均线值。这里以从凤凰财经提供的股票行情数据接口获取的中国石油 601857 数据为例，基于 pyecharts 完成 K 线图的绘制。

　　在绘制 K 线图时，数据的准备非常关键，因此这里先对数据获取过程进行介绍。

　　凤凰财经股票 api 接口地址为 http://api.finance.ifeng.com/akmin?scode=sh601857&type=5，其中，scode 参数为股票代码（如中国石油为 601857），type 为时间频率，type=5 时为 5 分钟 K 线，type 还可以取 15、30、60 标识各自时间段的 K 线数据。默认返回的数据为 json 格式的字符串，使用 Python 的 json 库的 json.loads 方法可以将其转化为 Python 字典数据结构，代码如下：

```
In [6]:  import requests, json
         json.loads(requests.get('http://api.finance.ifeng.com/akmin?scode=sh601857&type=5').text)

Out[6]:  {'record : [[ 2021-04-30 13:55:00',    #时间
             '4.22',  #开盘价
             '4.23',  #最高价
             '4.23',  #收盘价
             '4.22',  #最低价
            7922,     #成交量
             '0.01',  #价格变动
            0.24,     #涨跌幅
             '4.226', #5日均价
             '4.23',  #10日均价
             '4.239', #20日均价
```

　　上述代码执行后可以获得行情数据中的时间、开盘价、最高价、收盘价、最低价、成交量、价格变动、涨跌幅以及 5 日、10 日、20 日均价数据。接下来将这些数据组织整理成 pyecharts 绘图需要的格式，代码如下：

```
import requests,json
kdata = json.loads(requests.get('http://api.finance.ifeng.com/akmin?scode=sh600121&type=5').text)['record']
#tdata 为成交时间, mdata 为 K 线数据, vdata 为成交量数据, adata 为 5 日均价数据
tdata,mdata,vdata,adata=[],[],[],[]
for item in kdata:
    tdata.append(item[0][:-3])
    mdata.append([item[1],item[3],item[4],item[2]])
    vdata.append(item[5])
```

```
adata.append(item[8])
```

案例中绘制 K 线图的关键方法 add 的基本语法和参数如下：

```
def add(self, name, x_axis, y_axis, **kwargs):
    """
    :param name:
        系列名称，用于 tooltip 的显示，legend 的图例筛选
    :param x_axis:
        x 坐标轴数据
    :param y_axis:
        y 坐标轴数据。数据中，每一行是一个"数据项"，每一列是一个"维度"
        数据项具体为 [open, close, lowest, highest]（即：[ 开盘值, 收盘值, 最低价, 最高价 ]）
    :param kwargs:
```

新建一个 Notebook 文件，命名为 n3-22.ipynb。然后按如下步骤输入代码并执行：

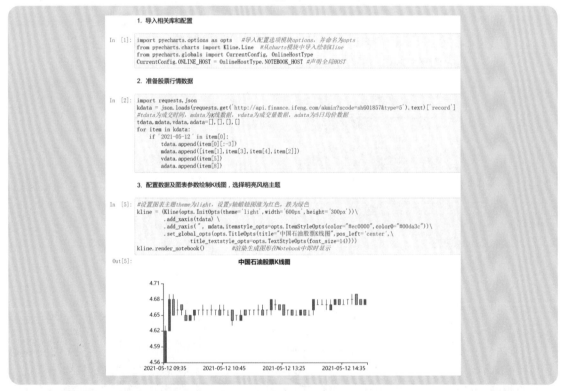

本案例由于图形幅度大小的关系，仅仅选择了 2021 年 5 月 12 日当天的交易数据进行 K 线图呈现。为了使 K 线图更加美观，更加符合主流色调，案例中使用 ItemStyleOpts 方法设置蜡烛图涨时为红色、跌时为绿色，同时通过全局配置项 TitleOpts 设置了标题内容、位置和样式。

在 In [2] 代码块中组织了 5 日均价数据，可以叠加显示在 K 线图上。编程时增加一个折

线图函数 Line，依据之前介绍过的折线图的绘制方法增加数据和样式，然后将其叠加显示在 K 线图上，代码及执行效果如下：

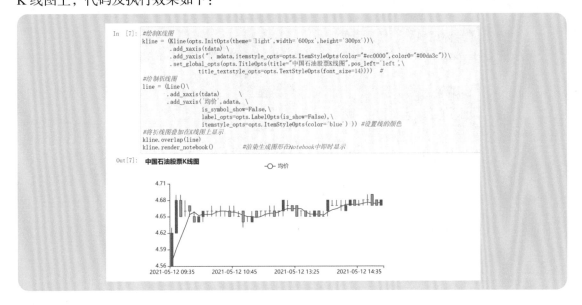

```
In [7]: #绘制K线图
kline = (Kline(opts.InitOpts(theme='light',width='600px',height='300px'))
         .add_xaxis(tdata) \
         .add_yaxis('', mdata,itemstyle_opts=opts.ItemStyleOpts(color="#ec0000",color0="#00da3c")) \
         .set_global_opts(opts.TitleOpts(title="中国石油股票K线图",pos_left='left',\
                          title_textstyle_opts=opts.TextStyleOpts(font_size=14))))  #

#绘制折线图
line = (Line()\
        .add_xaxis(tdata)      \
        .add_yaxis('均价',adata, \
                   is_symbol_show=False, \
                   label_opts=opts.LabelOpts(is_show=False),\
                   itemstyle_opts=opts.ItemStyleOpts(color='blue') )) #设置线的颜色

#将折线图叠加在K线图上显示
kline.overlap(line)
kline.render_notebook()        #渲染生成图形在Notebook中即时显示
```

3.4.6 使用 pyecharts 绘制更多图表

通过以上图表类型函数、主题和配置方面的案例介绍，可以对使用 pyecharts 绘制常见图表的方法和过程有基本了解和认识。pyecharts 可以绘制的可视化图形非常多，几乎可以满足任意的可视化需求，限于篇幅，本书将介绍 pyecharts 能够绘制的一些有特色的图表，包括地图、漏斗图、仪表盘图、动态水球图、关系图、涟漪散点图、词云图、带时间轴柱形图等，更多内容请阅读其官网文档，获取更多参考和认识。

【案例3-23】使用pyecharts库绘制地图

地理信息可视化是非常重要的一类可视化，通过其可以很直观地了解地理空间数据的变化规律和分布特征。在 pyecharts 中绘制地图可以直接使用 charts 模块的 Geo 类，调用其 add_schema 方法设置图类型为 china，即可绘制出中国地图，基本语法如下：

扫一扫，看视频

```
map = Geo()
map.add_schema(maptype='china')
map.render_notebook()
```

如果要在地图上增加数据，则需要继续使用 map 对象的 add 方法，基本语法如下：

```
def add(
```

```
# 系列名称，用于 tooltip 的显示，legend 的图例筛选
series_name: str,

# 数据项（坐标点名称，坐标点值）
data_pair: types.Sequence[types.Union[types.Sequence, opts.MapItem, dict]],

# 是否选中图例
is_selected: bool = True,
…
```

其中数据项要求为（坐标点名称，坐标点数值）序列，所以在准备数据时就需要按照这种格式进行组织。

新建一个 Notebook 文件，命名为 n3-23.ipynb。然后按如下步骤输入代码并执行：

```
1. 导入相关库和配置

In [1]: import pyecharts.options as opts   #导入配置选项模块options，并命名为opts
        from pyecharts.charts import Geo   #从charts模块中导入绘制Geo函数
        from pyecharts.globals import CurrentConfig, OnlineHostType
        CurrentConfig.ONLINE_HOST = OnlineHostType.NOTEBOOK_HOST   #声明全局HOST

2. 准备绘图数据

In [2]: # 各省份(不含港澳台)数据
        province_distribution = {'四川': 239.0, '浙江': 231.0, '福建': 203.0, '江苏': 185.0, '湖南': 152.0,
                                 '山东': 131.0, '安徽': 100.0, '广东': 89.0, '河北': 87.0, '湖北': 84.0, '吉林': 75.0,
                                 '上海': 70.0, '江西': 64.0, '广西': 64.0, '贵州': 64.0, '北京': 64.0, '云南': 53.0,
                                 '重庆': 49.0, '河南': 48.0, '陕西': 38.0, '山西': 37.0, '辽宁': 33.0, '新疆': 25.0,
                                 '内蒙古': 23.0, '黑龙江': 20.0, '天津': 19.0, '甘肃': 13.0, '海南': 9.0, '青海': 7.0,
                                 '宁夏': 4.0, '西藏': 0.0}
        data=[(province,values) for province,values in province_distribution.items()]
```

在配置数据和图表时，由于 pyecharts 的交互可视化效果，执行如下代码后将鼠标悬浮到地图上，会即时弹出该省份的数据。

```
3. 配置数据及图表参数绘制地图

In [3]: #绘制中国地图
        map = Geo()
        map.add_schema(maptype='china')   #设置图类型为中国
        map.add('中国各省数据',data)   #在地图上添加数据
        map.set_series_opts(label_opts=opts.LabelOpts(is_show=False))   #将原底图维度信息不显示
        map.set_global_opts(visualmap_opts=opts.VisualMapOpts(max_=200,pos_top='center'))   #设置数值色棒
        map.render_notebook()
```

【案例3-24】使用pyecharts库绘制漏斗图

扫一扫，看视频

前文中介绍过漏斗图的作用，主要用于显示各个阶段的变化情况。在 pyecharts 中使用 charts 模块的 Funnel 类，然后使用其 add 方法添加数据就可以绘制出漏斗图。对于绘图的数据准备，漏斗图需要的格式为 (label,data)，label 为某个阶段名称，data 为该阶段的数值。其基本语法如下：

```
funnel = Funnel()
funnel.add("", data)
funnel.render_notebook()
```

新建一个 Notebook 文件，命名为 n3-24.ipynb。然后按如下步骤输入代码并执行：

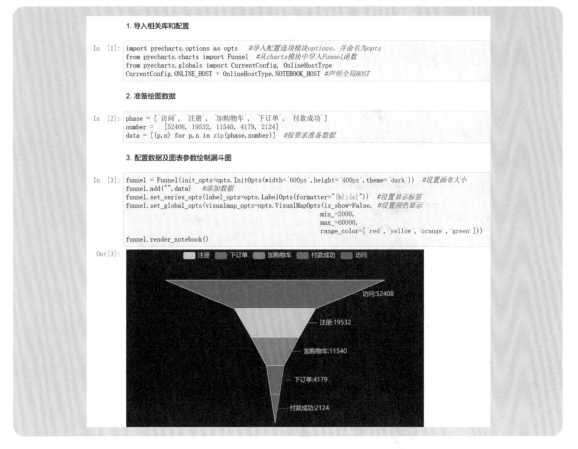

【案例3-25】使用pyecharts库绘制仪表盘图

扫一扫，看视频

仪表盘图是一种拟物化的图表，刻度表示度量，指针表示维度，指针角度表示数值。仪表盘图就像汽车的速度表盘一样，有一个圆形的表盘及相应的刻度，有一个指针指向当前数值。目前很多管理报表或报告上都使用这种图表，以便直观地表现出某个指标的进度或实际情况。

在 pyecharts 中使用 charts 模块的 Gauge 类，然后使用其 add 方法添加数据就可以绘制出仪表盘图。对于绘图的数据准备，仪表盘图需要的格式为 (key,value)，key 为某项指标，value 通常为该指标完成的进度百分比。其基本语法如下：

```
gauge = Gauge()
```

```
gauge .add("", data)

gauge .render_notebook()
```

在实际操作过程中可以采用默认的一些参数配置，如仪表盘半径、起始角度、终止角度等。新建一个 Notebook 文件，命名为 n3-25.ipynb。然后按如下步骤输入代码并执行：

【案例3-26】使用pyecharts库绘制动态水球图

扫一扫，看视频

水球图是动态图，模拟像水流一样的波动效果，一般用于表示业务的完成率。其标识意义与仪表盘类似，但由于具有动态波动效果，所以显示起来会更生动。

在 pyecharts 中使用 charts 模块的 Liquid 类，然后使用其 add 方法添加数据就可以绘制出动态水球图。对于绘图的数据准备，Liquid 图需要的格式为 [value]，value 为某项指标完成情况（0 ~ 1 之间），也可以添加多个 value，使得波动线更生动。图形外观默认为球形图，也可以修改其 shape 参数设置为矩形。其基本语法如下：

```
liquid= Liquid()
liquid.add("", data)
liquid.render_notebook()
```

新建一个 Notebook 文件，命名为 n3-26.ipynb。然后按如下步骤输入代码并执行：

```
1. 导入相关库和配置
In [1]: import pyecharts.options as opts    #导入配置选项模块options，并命名为opts
        from pyecharts import options as opts
        from pyecharts.charts import Grid, Liquid
        from pyecharts.commons.utils import JsCode
        from pyecharts.globals import CurrentConfig, OnlineHostType
        CurrentConfig.ONLINE_HOST = OnlineHostType.NOTEBOOK_HOST  #声明全局HOST

2. 准备绘图数据
In [2]: #设定当前完成率，0.6标识60%。也可以设置两个值[0.6, 0.7]，这样在水球图呈现两条波动线
        data_pair=[0.6]

3. 配置数据及图表参数绘制水球图
In [3]: l1 = ( Liquid()
            .add("lq", data_pair, center=["40%", "30%"])
            #add方法添加数据，center用于设置图摆放的位置，40%为距左距离，30%为距顶距离
            .set_global_opts(title_opts=opts.TitleOpts(title="水球图示例"))
        )
        #显示在Notebook中
        l1.render_notebook()

Out[3]:  水球图示例

                60%
```

代码运行时水球会产生波动效果，读者可以依照上述代码上机测试。这也是 pyecharts 基于 JavaScript 编程可以达到的动态效果。

【案例3-27】使用pyecharts库绘制关系图

关系图用于绘制各个节点之间的联系，可以突出节点的重要性以及节点之间的互相连接状态，如人与人之间的关系图、社区网络节点关系、文献引用关系等，都可以用关系图来可视化其特征。

扫一扫，看视频

在 pyecharts 中使用 charts 模块的 Graph 类，然后使用其 add 方法添加数据就可以绘制出关系图。对于绘图的数据准备，Graph 图需要的数据项包括 nodes 节点数据列表、links 节点之间关系数据列表、categories 节点分类类目列表。其基本语法如下：

```
c= Graph()
c.add("", nodes, links,categories, repulsion=50)
c.render_notebook()
```

新建一个 Notebook 文件，命名为 n3-27.ipynb。然后按如下步骤输入代码并执行：

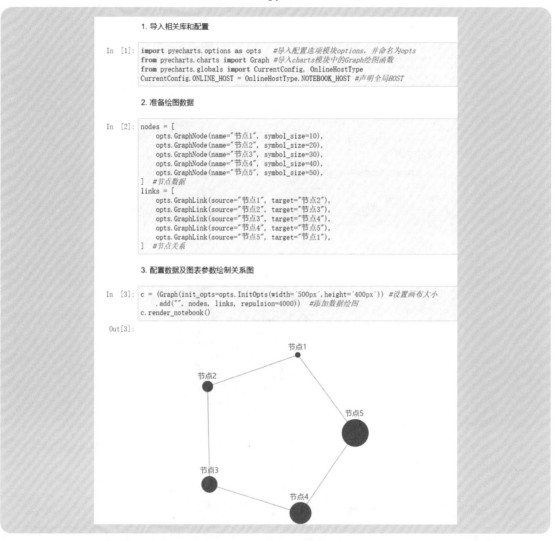

【案例3-28】使用pyecharts库绘制涟漪散点图

散点图属于基础图表类型之一，绘制过程很简单，不过 pyecharts 中将散点图中的样点分布增加了涟漪的动态效果，使得散点图变得生动起来，可视化效果更美观。在绘制时使用 pyecharts 库的 charts 模块中的 EffectScatter 绘图函数，在 add

扫一扫,看视频

方法的 y 轴数据中设定 symbol 参数即可完成涟漪动态效果的设置。其基本语法如下：

```
scatter= EffectScatter()
scatter.add_xaxis(x_data)
scatter.add_yaxis("",y_data,symbol=None)
scatter.render_notebook()
```

新建一个 Notebook 文件，命名为 n3-28.ipynb。然后按如下步骤输入代码并执行：

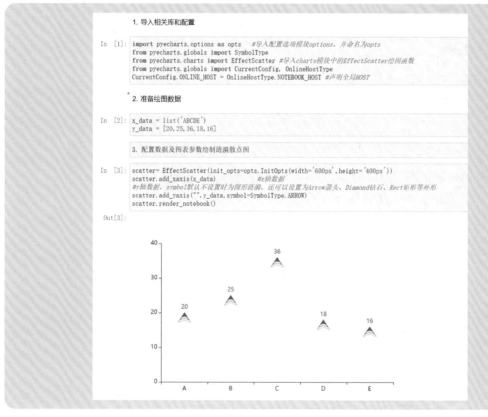

代码运行时箭头还会产生波动涟漪动态效果，读者可以扫描案例二维码观看视频中的动态呈现效果。

【案例3-29】使用pyecharts库绘制词云图

词云图是将一组词及其频次列表在二维平面可视化的效果图，频次大的字体大、颜色亮；频次小的字体小、颜色相对暗，由此来突出关键词或主要的关键词组。在绘制时使用 pyecharts 库的 charts 模块中的 WordCloud 绘图函数，在其 add 方法中需要准备的数据和参数，包括 words[由（word，value）构成] 列表、word_size_range（设置字体大小范围）、mask_image（自定义突破）。其基本语法如下：

扫一扫，看视频

```
wc= WordCloud()
wc.add(" ",words,word_size_range=[min,max])
wc.render_notebook()
```

例如，使用网络爬虫技术获得某商品的评论，然后使用分词技术去除停用词后，对词频进行统计获得如下部分结果。

```
words = [
    (" 喜欢 ", 100),
    (" 皮实 ", 81),
    (" 一般 ", 26),
    (" 商场 ", 35),
    (" 真丝 ", 67),
    (" 色彩 ", 55),
    (" 时尚 ", 19),
    ...
    ]
```

接下来就可以制作词云图以展示哪些词出现的次数最多。新建一个 Notebook 文件，命名为 n3-29.ipynb。然后按如下步骤输入代码并执行：

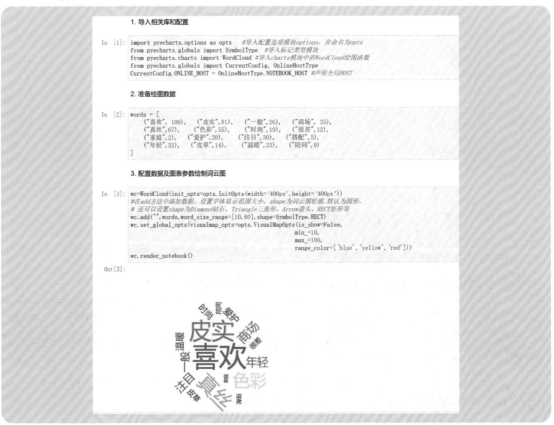

【案例3-30】使用pyecharts库绘制带时间轴的柱形图

pyecharts 可以制作交互式可视化图，前面的各个案例中绘制的图都具有悬浮提示或某些动态效果。在 pyecharts 库中还可以对图形增加时间线，将每个时间节点的数据绘制成图。当单击时间轴上的某个时间节点时显示当前的可视化效果；还可以单击提供的播放按钮，按照一定的时间间隔实现自动播放可视化图，充分体现了交互动态可视化效果。除了真正的时间段外，还可以使用其他分类标签作为时间轴数据，如各种能力、各种商品名等，由此来使用时间轴显示随着分类标签的变化目标数据的变化趋势。

时间轴的制作过程较为简单，在原有图形编程基础上增加时间函数和循环即可。新建一个 Notebook 文件，命名为 n3-30.ipynb，然后参考如下步骤和代码。

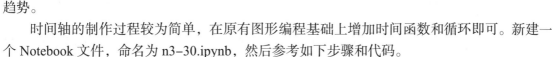

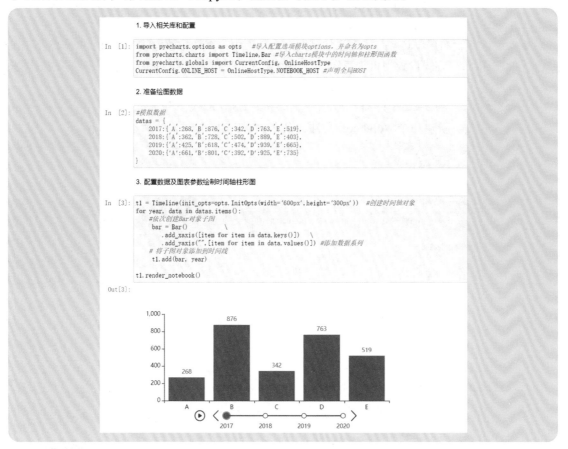

```
1. 导入相关库和配置
In [1]:  import pyecharts.options as opts      #导入配置选项模块options，并命名为opts
         from pyecharts.charts import Timeline,Bar #导入charts模块中的时间轴和柱形图函数
         from pyecharts.globals import CurrentConfig, OnlineHostType
         CurrentConfig.ONLINE_HOST = OnlineHostType.NOTEBOOK_HOST #声明全局HOST

2. 准备绘图数据
In [2]:  #模拟数据
         datas = {
             2017:{'A':268,'B':876,'C':342,'D':763,'E':519},
             2018:{'A':362,'B':728,'C':502,'D':889,'E':403},
             2019:{'A':425,'B':618,'C':474,'D':939,'E':665},
             2020:{'A':661,'B':801,'C':392,'D':925,'E':735}
         }

3. 配置数据及图表参数绘制时间轴柱形图
In [3]:  t1 = Timeline(init_opts=opts.InitOpts(width='600px',height='300px'))  #创建时间轴对象
         for year, data in datas.items():
             #依次创建Bar对象子图
             bar = Bar()                                          \
                 .add_xaxis([item for item in data.keys()])       \
                 .add_yaxis("",[item for item in data.values()]) #添加数据系列
             # 将子图对象添加到时间线
             t1.add(bar, year)

         t1.render_notebook()

Out[3]:
```

生成的柱形图下方有一个进度条，单击左侧的播放按钮后，图形会自动循环显示下一个年度的柱形图，读者可以扫描案例二维码观看视频中的动态呈现效果。

【案例3-31】使用pyecharts库绘制组合图

组合图在实际业务场景中是最常用的图表类型,如案例 3-22 绘制 K 线图时需要将蜡烛图与 MA 均线图绘制在同一个画布上,便于从一张图上了解到数据的更多含义。

pyecharts 中提供了多种绘制组合图布局的方法,主要包括以下内容。

- overlap:叠加布局,即图形的叠加。常用于共用一个坐标轴的两类图形叠加显示,其中一个图为底层图,另外的图叠加显示在上层。
- tab:选项卡布局。类似于网页中的按钮,一个选项卡按钮对应显示一张图,可以进行切换显示。
- grid:网格布局。将多个子图通过设置所在网格位置的方式来实现布局,包括上下布局、左右布局。需要设定 GridOptions 配置项,设定图形的 pos_left、pos_right、pos_top、pos_bottom 等参数,参数值通常为百分比。
- page:页面布局。将多个子图添加到同一个页面中,默认排放方式为垂直。在实际应用时可以将布局方式设置为可拖曳布局,也就是在形成的页面中对子图进行拖曳缩放后重新布局。

下面继续以案例 3-22 中的石油股票数据为例,绘制 K 线图与成交量组合图,熟悉多类布局的实现方法。新建一个 Notebook 文件,命名为 n3-31.ipynb,然后参考如下步骤和代码。

```
1. 导入相关库和配置

In [1]: import pyecharts.options as opts       #导入配置选项模块options,并命名为opts
        from pyecharts.charts import Kline, Line, Bar, Grid, Page, Tab  #导入绘图函数和布局函数
        from pyecharts.globals import CurrentConfig, OnlineHostType
        CurrentConfig.ONLINE_HOST = OnlineHostType.NOTEBOOK_HOST  #声明全局HOST

2. 准备绘图数据

In [2]: import requests, json
        kdata = json.loads(requests.get('http://api.finance.ifeng.com/akmin?scode=sh601857&type=30').text)['record']
        #tdata为成交时间,mdata为K线数据,vdata为成交量数据,adata为5日均价数据,取30分钟K线数据
        tdata, mdata, vdata, adata=[],[],[],[]
        for item in kdata:
            tdata.append(item[0][:-3])
            mdata.append([item[1],item[3],item[4],item[2]])
            vdata.append(item[5])
            adata.append(item[8])
```

准备好数据后,就可以开始绘制图形了。有关 K 线图的绘制过程请参考案例 3-22,这里由于要与成交量图进行联动,所以需要进行 datazoom 配置项的设置,同时实现 grid 垂直布局方式,具体过程参考如下代码。

```
#绘制 K 线图
kline = (Kline(opts.InitOpts(theme='light', width='800px', height='300px'))
         .add_xaxis(tdata)
```

```
      .add_yaxis('', mdata,xaxis_index=0,
           itemstyle_opts=opts.ItemStyleOpts(color="#ec0000", color0="#00da3c"))
      .set_global_opts(opts.TitleOpts(title=" 中国石油股票 K 线图 ", pos_left='left',
               title_textstyle_opts=opts.TextStyleOpts(font_size=14)),
             xaxis_opts=opts.AxisOpts(is_scale=True),
             yaxis_opts=opts.AxisOpts(is_scale=True),
             datazoom_opts=opts.DataZoomOpts(is_show=True,xaxis_index=[0,1])
             ))
# 绘制折线图
line = (Line()
     .add_xaxis(tdata)
     .add_yaxis(' 均价 ', adata,is_symbol_show=False,label_opts=opts.LabelOpts(is_show=False),
          itemstyle_opts=opts.ItemStyleOpts(color='blue') ))
# 将折线图叠加在 K 线图上显示，使用 overlap 叠加布局方式
kline.overlap(line)


# 绘制成交量图
bar = (Bar()
    .add_xaxis(tdata)
    .add_yaxis('',y_axis=vdata,xaxis_index=1,
        itemstyle_opts=opts.ItemStyleOpts(
        color=JsCode(
          """
          function(params){
            var colorList;
            if(barData[params.dataIndex][0]<barData[params.dataIndex][1]){
               colorList='#ef232a';
            }else{
               colorList='#14b143';
            }
            return colorList;
          }
          """
        )))
    .set_series_opts(label_opts=opts.LabelOpts(is_show=False)))


# 使用 grid 网格布局方式将 K 线图与成交量垂直排列
```

```
grid = (Grid()
    .add(kline, grid_opts=opts.GridOpts(pos_left='3%', pos_bottom='55%'))
    .add(bar, grid_opts=opts.GridOpts(pos_left='3%', pos_top='55%'))
    )
grid.add_js_funcs("var barData={}".format(mdata))        # 设定 js 代码中的 barData 参数值
grid.render_notebook()
```

上述代码执行后的生成效果如图 3-34 所示。

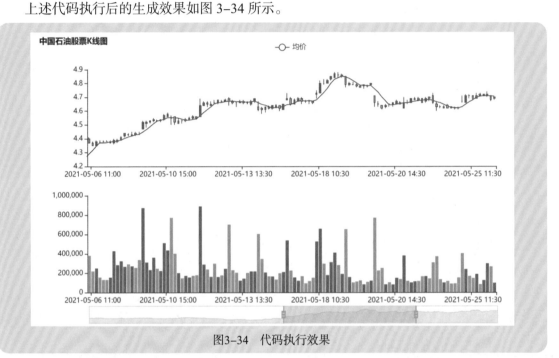

图3-34　代码执行效果

如果要使用 page 页面布局，直接将上述布局代码修改如下：

```
# 使用 grid 网格布局方式将 K 线图与成交量垂直排列
page = (Page()
    .add(kline)
    .add(bar)
    )
page.add_js_funcs("var barData={}".format(mdata))        # 设定 js 代码中的 barData 参数值
page.render(' 中国石油股票 K 线图 .html')
```

不过这种 page 布局方式对于本案例而言并不适用，案例中 bar 成交量柱形图与 kline K
线图具有联动关系，当使用 page 布局后，每个图各占一个区域，两图之间无法联动，反而失
去了绘图的意义。page 布局方式在后续案例中还会继续使用，学完后续案例后会了解 page 布
局方式真正的效果。

3.5 基于pyecharts库制作好看的数据看板

在许多场景下，单个图表达的特征相对有限，因此需要多幅图从不同视角、不同维度刻画出数据的特征，如果把这些图放在一起构成一个数据看板，则能更直观、更全面地突出数据的意义和特征。第2章中已经介绍过在Excel中制作数据看板的基础步骤，包括分析数据、看板画布布局、图形制作、整体显示等，如果使用pyecharts来制作数据看板，其步骤是完全一样的，只不过在显示方面受限于Jupyter Notebook的显示区域，使用html文件显示会更全面。

下面我们以2020年第七次全国人口普查数据为例，基于pyecharts制作数据看板。

【案例3-32】基于pyecharts库制作第七次全国人口普查数据看板

人口问题始终是我国面临的全局性、长期性、战略性问题，2020年进行的第七次人口普查全面查清了我国人口数量、结构、分布等方面的情况，准确反映了当前人口变化的趋势性特征，为推动高质量发展、有针对性地制定人口相关战略和政策、促进人口长期均衡发展提供强有力的统计信息支持。第七次人口普查数
据公报发布在国家统计局官网（http://www.stats.gov.cn/tjsj/zxfb/index_1.html），有关数据表格也在公报上进行了展示。

扫一扫,看视频

此次普查主要数据包括人口总量、户别人口、人口地区分布、性别构成、年龄构成、受教育程度人口、城乡人口、流动人口、民族人口，有关数据对比也已经进行了统计汇总，如图3-35所示。

> **二、普查主要数据**
>
> （一）人口总量。全国人口[注]共141178万人，与2010年（第六次全国人口普查数据，下同）的133972万人相比，增加7206万人，增长5.38%，年平均增长率为0.53%，比2000年到2010年的年平均增长率0.57%下降0.04个百分点。数据表明，我国人口10年来继续保持低速增长态势。
>
> （二）户别人口。全国共有家庭户49416万户，家庭户人口为129281万人；集体户2853万户，集体户人口为11897万人。平均每个家庭户的人口为2.62人，比2010年的3.10人减少0.48人。家庭户规模继续缩小，主要是受我国人口流动日趋频繁和住房条件改善年轻人婚后独立居住等因素的影响。
>
> （三）人口地区分布。东部地区人口占39.93%，中部地区占25.83%，西部地区占27.12%，东北地区占6.98%。与2010年相比，东部地区人口所占比重上升2.15个百分点，中部地区下降0.79个百分点，西部地区上升0.22个百分点，东北地区下降1.20个百分点。人口向经济发达区域、城市群进一步集聚。
>
> （四）性别构成。男性人口为72334万人，占51.24%；女性人口为68844万人，占48.76%。总人口性别比（以女性为100，男性对女性的比例）为105.07，与2010年基本持平，略有降低。出生人口性别比为111.3，较2010年下降6.8。我国人口的性别结构持续改善。

图3-35　第七次人口普查主要数据（源于国家统计局官网）

本案例制作数据看板时，数据可以直接使用 Pandas 库从统计局官网相关页面上爬取，相关对比角度也参考数据公报，然后基于需要绘制相应的组图。

打开 Jupyter Notebook，新建一个 Notebook 文件，命名为 n3-32.ipynb，然后参考如下步骤和代码。

（1）导入相应的数据分析和可视化库。

```
In [1]:  import pandas as pd                                    #导入Pandas库
         from pyecharts import charts                           #导入pyecharts的绘图模块
         from pyecharts import options as opts                  #导入pyecharts的配置模块
         from pyecharts.globals import CurrentConfig, OnlineHostType
         CurrentConfig.ONLINE_HOST = OnlineHostType.NOTEBOOK_HOST  #声明全局HOST
```

（2）人口总量统计可视化。截至 2021 年，我国一共进行了 7 次人口普查，这 7 次普查年份分别在 1953 年、1964 年、1982 年、1990 年、2000 年、2010 年和 2020 年，人口总量统计分别为 5.74 亿、6.94 亿、10.31 亿、11 亿、12.95 亿、13.39 亿和 14.11 亿。根据这些数据，可以绘制柱形和折线形组合图来显示人口总量的变化情况，代码如下：

```
In [2]:  #2.1 准备数据
         # 统计年份
         years=['1953年','1964年','1982年','1990年','2000年','2010年','2020年']
         # 统计人口总量
         total_numbers=[5.74, 6.94, 10.31, 11, 12.95, 13.39, 14.11]
         # 年均增长率
         increase_rates=[0, 1.61, 2.09, 1.48, 1.07, 0.57, 0.53]

In [3]:  #2.2 选择柱形图和折线图组合，柱形图显示人口总量，折线图反映人口变化率情况
         bar = (charts.Bar(init_opts=opts.InitOpts(width='600px',height='300px'))
                .add_xaxis(years)
                .add_yaxis('总量', total_numbers, color='#f60',
                           bar_width='30',                      #设置柱子宽度
                           z_level=0,                           #设置柱形图为底层
                           label_opts=opts.LabelOpts(is_show=False))
                .extend_axis(                                   #添加一个Y轴
                    yaxis=opts.AxisOpts(name="年均增长率(%)",
                             position="right",                  #设置显示在右侧
                             axisline_opts=opts.AxisLineOpts(    #设置Y轴线形和颜色
                                 linestyle_opts=opts.LineStyleOpts(color="blue"))
                    ))
                .set_global_opts(                               #设置全局配置：左侧Y轴颜色和名称
                    yaxis_opts=opts.AxisOpts(name='人口总量(亿)',
                                axisline_opts=opts.AxisLineOpts(
                                linestyle_opts=opts.LineStyleOpts(color="#f60"))
                    ))
                )
         line = (charts.Line()
                 .add_xaxis(years)
                 .add_yaxis('年均增长率', increase_rates, yaxis_index=1, z_level=10)  #设置折线图图层顺序
                 .set_series_opts(itemstyle_opts=opts.ItemStyleOpts(color='blue')))
         bar.overlap(line).render_notebook()
```

执行后生成效果如图 3-36 所示。

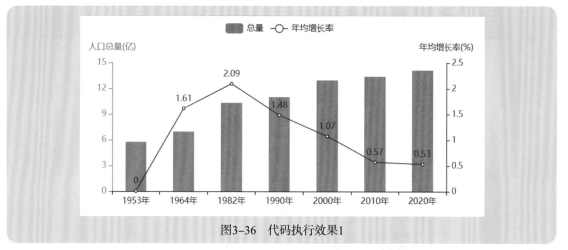

图3-36 代码执行效果1

（3）地区人口统计可视化。在进行人口普查时,对我国内地 31 个省（自治区、直辖市）（以下统称为"省份"）的人口统计进行了汇总。这部分数据公布在第七次全国人口普查公报（第三号）中，网页地址为 http://www.stats.gov.cn/tjsj/zxfb/202105/t20210510_1817179.html。 由于是表格数据,可以直接通过 Pandas 来获取,代码如下：

```
url = 'http://www.stats.gov.cn/tjsj/zxfb/202105/t20210510_1817179.html'
df = pd.read_html(url)[1]
```

上述代码中直接使用 Pandas 的 read_html 方法获取网页中的表格数据，实际执行代码时会发现返回的是列表，选择第二个列表就是想要的各省份人口统计数据，并且类型为 DataFrame。继续在 Notebook 中编写代码，代码如下：

采用条形图对本次各省份人口数据进行可视化对比，代码如下：

```
In [5]:  #采用条形图来对各省份人口进行可视化对比
         bar = (charts.Bar(init_opts=opts.InitOpts(width='600px',height='650px',theme='shine'))
                .add_xaxis(df['地区'].to_list())
                .add_yaxis('各省人口数',df['人口数'].to_list(),bar_width='10')
                .reversal_axis()                                    #XY轴翻转
                .set_global_opts(xaxis_opts=opts.AxisOpts(is_show=False))    #不显示X轴
                .set_series_opts(label_opts=opts.LabelOpts(position='right',font_size=10))
                )
         bar.render_notebook()
```

执行后生成效果如图 3-37 所示。

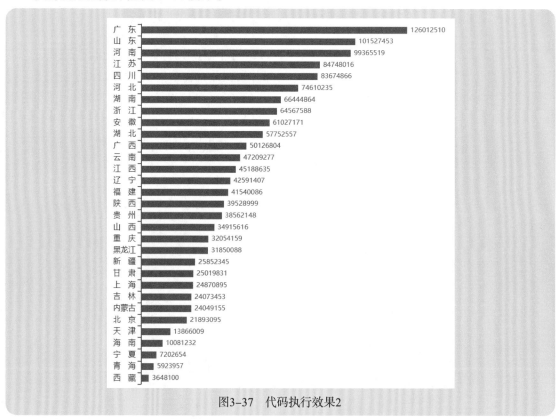

图3-37　代码执行效果2

将上述各省份人口数据显示到地图上，可以更直观地看出各地区的差异，同时也可以作为数据看板的一部分。还可以制作矩形树图来展示人口分布的差异，代码如下，执行效果如图 3-38 所示。

```
# 导入 TreeMap 模块
from pyecharts.charts import TreeMap
```

```
# 准备数据
tree=[]
for name,value in zip(df[' 地区 '].values,df[' 人口数 '].values):
    dic={}
    dic['value']=int(value)
    dic['name']=str(name).replace("\u3000","")+'\n'+str(value/1000000)[0:4]+'M'
    tree.append(dic)


# 准备绘图
t = TreeMap()
t .add(
        series_name="",
        data=tree,
        width='100%',height='100%'
    )
t.set_global_opts(title_opts=opts.TitleOpts(title=""))
t.render()
```

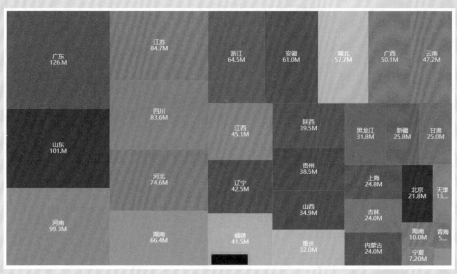

图3-38 各省份人口矩形树图可视化效果[单位：M（百万）]

（4）对户别人口、人口地区分布、性别构成、年龄构成、受教育程度人口、城乡人口、民族人口等统计结果进行可视化。

由于在公报中已经对上述几种角度的人口构成对比提供了总人数和占比，这里我们直接在 Notebook 中输入数据即可。代码如下：

```
In [7]:  #4.1 准备数据
         #户别人口：单位（万人）
         Hubie_data = {'家庭户人口':129281, '集体户人口':11897}
         #地区人口占比：单位（%）
         Area_data = {'东部':39.93, '中部':25.83, '西部':27.12, '东北':6.98}
         #性别构成：单位（万人）
         Gender_data = {'男':72334, '女':68844}
         #年龄构成：单位（万人）
         Age_data = {'0-14岁':25338, '15-59岁':89438, '60岁及以上':26402}
         #城乡人口：单位（万人）
         Chengx_data={'城镇人口':90199, '乡村人口':50979}
         #民族人口：单位（万人）
         Minzu_data = {'汉族':128631, '少数民族':12547}
```

然后继续在代码块中输入如下代码。

#4.2 绘制饼图来显示各参数的构成情况

设置饼图画布大小

pie = charts.Pie(init_opts=opts.InitOpts(theme='shine', width='880px', height='800px'))

添加各个类别数据单独绘制成饼图，用 center 参数来给定饼图所在画布的位置

添加户别人口饼图

pie.add(

　　"",

　　data_pair=[list(z) for z in Hubie_data.items()],

　　# 指定饼图中心位置

　　center=["30%", "15%"],

　　# 设定内圆、外圆相对半径

　　radius=["10%", "20%"],

　　label_opts=opts.LabelOpts(formatter='{b}\n{c} 万人 ')

)

添加人口地区分布统计饼图

pie.add(

　　"",

　　data_pair=[list(z) for z in Area_data.items()],

　　center=["80%", "15%"],

　　radius=["10%", "20%"],

　　rosetype="radius",

　　label_opts=opts.LabelOpts(formatter='{b}\n{c}%')

)

添加性别构成统计饼图

pie.add(

　　"",

　　data_pair=[list(z) for z in Gender_data.items()],

```
        center=["30%", "45%"],
        radius=["10%", "20%"],
        label_opts=opts.LabelOpts(formatter='{b}\n{c} 万人 ')
    )
    # 添加受教育程度人口统计饼图
    pie.add(
        "",
        data_pair=[list(z) for z in Educated_data.items()],
        center=["80%", "45%"],
        radius=["10%", "20%"],
        rosetype="radius",
        label_opts=opts.LabelOpts(formatter='{b}\n{c} 万人 ')
    )
    # 添加城乡人口统计饼图
    pie.add(
        "",
        data_pair=[list(z) for z in Chengx_data.items()],
        center=["30%", "75%"],
        radius=["10%", "20%"],
        label_opts=opts.LabelOpts(formatter='{b}\n{c} 万人 ')
    )
    # 添加民族人口统计饼图
    pie.add(
        "",
        data_pair=[list(z) for z in Minzu_data.items()],
        center=["80%", "75%"],
        radius=["10%", "20%"],
        label_opts=opts.LabelOpts(formatter='{b}\n{c} 万人 '),
    )
    # 统计设置饼图配置项，包括图例不显示、各饼图标题名和位置
    pie.set_global_opts(
        legend_opts=opts.LegendOpts(is_show=False),
        title_opts=[
            dict(text=' 户别 ', left='27%', top='13%'),
            dict(text=' 地区 ', left='77%', top='13%'),
            dict(text=' 性别 ', left='27%', top='44%'),
            dict(text=' 教育 ', left='77%', top='44%'),
            dict(text=' 城乡 ', left='27%', top='73%'),
```

```
        dict(text=' 民族 ', left='77%', top='73%'),
    ]
)
# 绘制显示
pie.render_notebook()
```

执行后生成效果如图 3-39 所示。

（5）制作第七次人口普查数据看板。此时就是设计画布，然后对各图位置进行布局，调整各图配置项，形成一张完整的数据看板图。

这里选择使用 pyecharts 的 page 模块方法来制作看板，其过程可以简要概括如下。

1）完成各个子图的绘制，包括条形图、饼图和矩形树图。

2）使用 page 布局，选择布局方式为可拖曳 DraggablePageLayout，将各子图分别添加到 page 上并整体输出为一个 html 文件。

3）打开 html 文件，通过拖曳方式调整各个子图摆放位置，保存 config 配置 json 文件。

4）回到代码中，重新调用 page 的 save_resize_html 函数，设置源 html 文件和目标 html 文件名，给定 cfg_file 配置 json 文件，然后执行代码。

5）打开新生成的 html 文件，获得最终效果图。

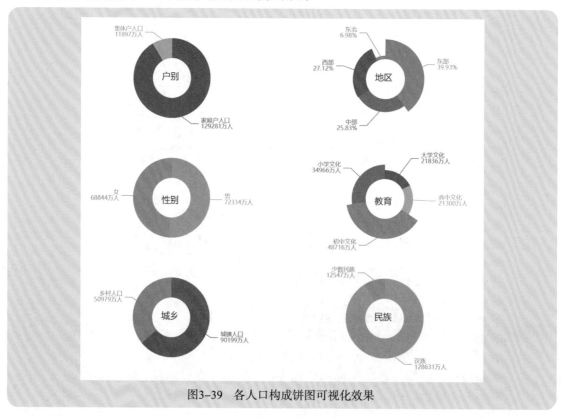

图3-39　各人口构成饼图可视化效果

下面依据上述过程开始制作数据看板。

封装各个子图绘制函数：

```
# 条形图函数显示各省份人口统计
def bar_map()->charts.Bar:
    bar = (charts.Bar(init_opts=opts.InitOpts(theme='shine'))
        .add_xaxis(df[" 地区 '].to_list())
        .add_yaxis("",df[" 人口数 '].to_list(),bar_width='10')
        .reversal_axis()
        .set_global_opts(xaxis_opts=opts.AxisOpts(is_show=False))
        .set_series_opts(label_opts=opts.LabelOpts(position='right',font_size=10))
    )
    return bar


# 矩形树图函数显示各省份人口平面特征
def tree_map()->charts.TreeMap:
    tree=[]
    for name,value in zip(df[' 地区 '].values,df[' 人口数 '].values):
        dic={}
        dic['value']=int(value)
        dic['name']=str(name).replace("\u3000","")+'\n'+str(value/1000000)[0:4]+'M'
        tree.append(dic)
    treemap = (charts.TreeMap().add(series_name="",data=tree,width='100%',height='100%')
            .set_global_opts(
            title_opts=opts.TitleOpts(title="2020 年全国人口普查结果（仅内地）– 总人口数 :141178
万人 ",pos_left='5%',    title_textstyle_opts=opts.TextStyleOpts(font_size=36))
    ))
    return treemap


# 饼图函数显示各省份人口构成特征
def pie_map()->charts.Pie:
    pie = charts.Pie( init_opts=opts.InitOpts( theme='shine'))
    # 添加户别人口饼图
    pie.add(
        "",
        data_pair=[list(z) for z in Hubie_data.items()],
        #指定饼图中心位置
```

```
        center=["20%", "75%"],
        #设定内圆、外圆相对半径
        radius=["5%", "10%"],
        label_opts=opts.LabelOpts(formatter='{b}\n{c} 万人 ')
)
# 添加地区人口统计饼图
pie.add(
        "",
        data_pair=[list(z) for z in Area_data.items()],
        center=["50%", "75%"],
        radius=["5%", "10%"],
        label_opts=opts.LabelOpts(formatter='{b}\n{c}%')
)
# 添加性别人口统计饼图
pie.add(
        "",
        data_pair=[list(z) for z in Gender_data.items()],
        center=["80%", "75%"],
        radius=["5%", "10%"],
        label_opts=opts.LabelOpts(formatter='{b}\n{c} 万人 ')
)
# 添加受教育程度人口统计饼图
pie.add(
        "",
        data_pair=[list(z) for z in Educated_data.items()],
        center=["20%", "90%"],
        radius=["5%", "10%"],
        label_opts=opts.LabelOpts(formatter='{b}\n{c} 万人 ')
)
# 添加城乡人口统计饼图
pie.add(
        "",
        data_pair=[list(z) for z in Chengx_data.items()],
        center=["50%", "90%"],
        radius=["5%", "10%"],
        label_opts=opts.LabelOpts(formatter='{b}\n{c} 万人 ')
```

```
)
# 添加民族人口统计饼图
pie.add(
    "",
    data_pair=[list(z) for z in Minzu_data.items()],
    center=["80%", "90%"],
    radius=["5%", "10%"],
    label_opts=opts.LabelOpts(formatter='{b}\n{c} 万人 '),
)
# 统计设置饼图配置项，包括图例不显示、各饼图标题名和位置
pie.set_global_opts(
    legend_opts=opts.LegendOpts(is_show=False),
    title_opts=[
        dict(text=' 户别 ', left='18%', top='74%',textStyle=dict(fontSize=14)),
        dict(text=' 地区 ', left='48%', top='74%',textStyle=dict(fontSize=14)),
        dict(text=' 性别 ', left='78%', top='74%',textStyle=dict(fontSize=14)),
        dict(text=' 教育 ', left='18%', top='89%',textStyle=dict(fontSize=14)),
        dict(text=' 城乡 ', left='48%', top='89%',textStyle=dict(fontSize=14)),
        dict(text=' 民族 ', left='78%', top='89%',textStyle=dict(fontSize=14))
    ]
)
return pie
```

调用 page 模块设定可拖曳布局方式，并将子图函数添加到 page 实例中输出为 html 文件。

```
# 进行 page 布局，设定布局方式为可拖曳布局
page = charts.Page(layout=charts.Page.DraggablePageLayout)
# 将上面定义好的图添加到 page，然后输出为 html 文件
page.add(
    geo_map(),
    bar_map(),
    pie_map()
)
page.render('initial.html')
```

上述代码执行后，会生成一个 initial.html 文件，打开浏览器显示效果如图 3-40 ~ 图 3-42 所示。

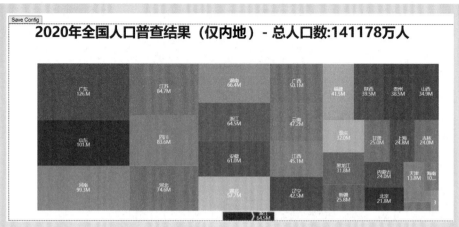

图3-40　浏览器显示效果（矩形树图）

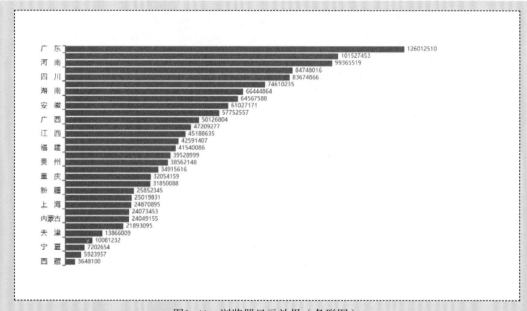

图3-41　浏览器显示效果（条形图）

图3-42　浏览器显示效果（饼图）

使用拖曳的方式调整好各子图的位置，最终效果如图3-43所示。

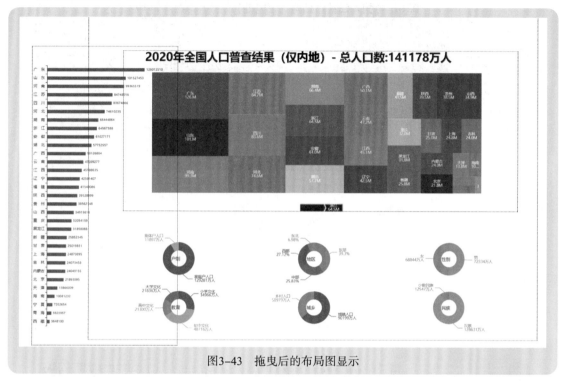

图3-43 拖曳后的布局图显示

单击网页中的 Save Config 按钮，将设定好的布局效果保存为 json 格式的配置文件 chart_config.json，如图 3-44 所示。

图3-44 下载json配置文件

回到上述 page 生成 html 文件代码段中，注释 render 输出方式代码行，修改为使用 save_resize_html 方法，重新生成 html 文件，然后重新打开 final.html 文件，效果如图3-45所示。代码如下：

```
# page.render('initial.html')
page.save_resize_html("initial.html",cfg_file='chart_config.json', dest='final.html')
```

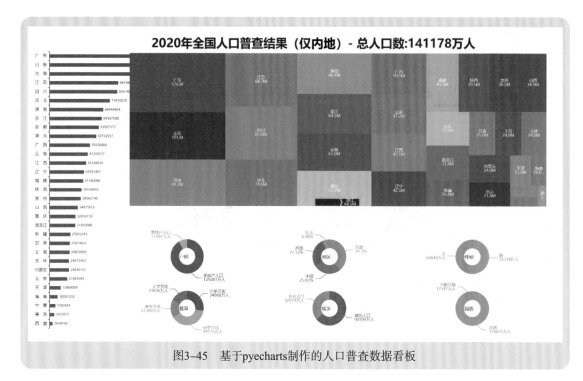

图3-45 基于pyecharts制作的人口普查数据看板

【案例3-33】基于pyecharts库制作动态的全国人口普查数据看板

扫一扫,看视频

　　本案例需要使用到 Timeline 时间轴对象,同时还需要对数据进行重新准备。作为示例,我们仅使用最近三次的人口普查数据来进行动态展示。其中 2020 年人口普查数据与 2010 年普查数据在国家统计局人口普查公报中已经存在,2000 年的人口普查数据可以通过百度查询获取。

　　新建一个 Notebook 文件并命名为 n3-33.ipynb,然后参考如下步骤执行。

　　(1) 先准备制作图形所需的各省份人口统计总数。

　　2020 年第七次人口普查数据在案例 3-32 中已经完成了采集,可以直接使用;2010 年第六次人口普查数据可以从百度百科查询后,通过 Pandas 库来直接爬取,代码如下:

```
# 2010 年人口普查数据,网络爬取 df2000=pd.read_html('https://baike.baidu.com/item/%E7%AC%AC%E5%85%AD%E6%AC%A1%E5%85%A8%E5%9B%BD%E4%BA%BA%E5%8F%A3%E6%99%AE%E6%9F%A5')[2]
```

　　在 Jupyter Notebook 中运行后可以使用输出结果 DataFrame 对象的 head 方法查看前 5 行记录。

```
In [10]:  #6.1准备数据
          #2010年人口普查数据，网络爬取
          df2010 = pd.read_html('https://baike.baidu.com/item/\
          %E7%AC%AC%E5%85%AD%E6%AC%A1%E5%85%A8%E5%9B%BD%E4%BA%BA%E5%8F%A3%E6%99%AE%E6%9F%A5')[2]
          df2010.head()
```

Out[10]:

	地区	总人口	总人口比重（%）	总人口位次	15岁以下人口数	15岁以下比重（%）	15岁以下比重位次	15~64人口数	15~64比重（%）
0	中国内地	1339725	100.00	NaN	222460	16.61	NaN	998433	74.53
1	重庆	28846	2.15	20.0	4898	16.98	14.0	20614	71.46
2	四川	80418	6.00	4.0	13644	16.97	16.0	57966	72.08
3	江苏	78660	5.87	5.0	10230	13.01	25.0	59862	76.10
4	辽宁	43746	3.27	14.0	4997	11.42	28.0	34240	78.27

同样的方法我们可以获取 2000 年第五次人口普查数据。

```
In [11]:  #2000年人口普查数据，网络爬取
          df2000 = pd.read_html('https://baike.baidu.com/item/\
          %E7%AC%AC%E4%BA%94%E6%AC%A1%E5%85%A8%E5%9B%BD%E4%BA%BA%E5%8F%A3%E6%99%AE%E6%9F%A5/164441?fr=aladdin')[0]
          df2000.head()
```

Out[11]:

	0	1
0	地区	人口数（万人）
1	北京市	1382
2	天津市	1001
3	河北省	6744
4	山西省	3297

然后对第五次、第六次和第七次人口普查各省份的人口总数进行统计，按照绘制条形图所需样式进行整理。由于三次人口普查获取的数据各有不同，需要整理、排序后再进行数据组织。代码如下：

```
# 整理 2020 年各省份总人口数据，先进行排序，然后取出数据
df_2020 = df2020[3:-1]                                    # 仅取出 31 个省份的数据
df_2020[1] = df_2020[1].astype('int64')                   # 将数据转化为整型
df_2020 = df_2020.sort_values(by=[1],ascending=False)     # 按人口数降序排列
province_names_2020 = df_2020[0]                          # 获取第一列数据，为省份名
population_2020 = df_2020[1]                              # 获取第二列数据，为人口数
data2020_bar=[[name.replace('\u3000', ''),int(number)] for name,number in
zip(province_names_2020,population_2020)]                 # 组织成条形图所需数据列表


# 整理 2010 年各省份总人口数据
df2010[' 总人口 '] = df2010[' 总人口 '].astype('int64')        # 将数据转化为整型
df2010 = df2010.sort_values(by=[' 总人口 '],ascending=True)   # 按人口数降序排列
province_names_2010 = df2010[' 地区 '][:-1]                   # 取出 31 个省份的名称
population_2010=df2010[' 总人口 '][:-1]                       # 取出各省份人口数
data2010_bar=[[name,int(number)*1000] for name,number in zip(province_names_2010,population_2010)]
```

```
# 整理 2000 年各省份总人口数据，注意对其中黑龙江和内蒙古的处理
df_2000 = df2000[1:-4]
df_2000[1] = df_2000[1].astype('int64')              # 将数据转化为整型
df_2000 = df_2000.sort_values(by=[1],ascending=True)  # 按人数降序排列
province_names_2000 = df_2000[0]
population_2000=df_2000[1]

data2000_bar=[]
for name,number in zip(province_names_2000,population_2000):
    if " 内蒙古 " in name:
        data2000_bar.append([" 内蒙古 ",int(number)])
    elif " 黑龙江 " in name:
        data2000_bar.append([" 黑龙江 ",int(number)])
    else:
        data2000_bar.append([str(name)[0:2],int(number)])

# 最终组织成数据字典如下
data_group = dict(bar_data={
    2000:data2000_bar,
    2010:data2010_bar,
    2020:data2020_bar
},total_number={
    2000:126583,
    2010:133972,
    2020:141178
})
```

（2）测试人口变化条形图动态可视化效果。有了数据后可以先制作动态的人口变化条形图进行测试。这里需要使用 Timeline 时间轴函数，同时读取数据字典绘制条形图，代码如下：

```
# 定义基于时间轴变化的条形图绘制函数，参数为 year，取值为 2000、2010 和 2020
def bar_timeline(data,year)->charts.Bar:
    bar = (charts.Bar(init_opts=opts.InitOpts(theme=''))
        .add_xaxis(list(dict(data).keys()))
        .add_yaxis('{} 年各省份人口数 ( 单位 : 万人 )'.format(year),
                list(dict(data).values()),bar_width='8')
        .reversal_axis()
        .set_global_opts(xaxis_opts=opts.AxisOpts(is_show=False))
        .set_series_opts(label_opts=opts.LabelOpts(position='right',font_size=10))
        )
    return bar
```

```
#定义时间轴，并设置整个画布大小和风格
t0 = charts.Timeline(init_opts=opts.InitOpts(width='800px',height='700px',theme='wonderland'))
for year,data in data_group['bar_data'].items():
    t0.add(bar_timeline(data,year),'{} 年 '.format(year))
t0.render_notebook()
```

执行代码后生成效果如图 3-46 所示。

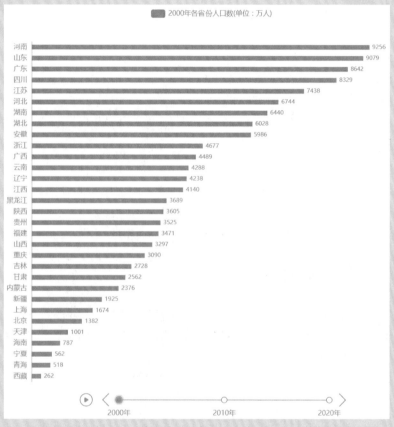

图3-46　全国人口普查结果（仅内地）各省份人口数条形图

当单击底部时间轴播放按钮时，条形图将会动态变化，依次显示三次人口普查各省的人口数据。

（3）完成人口变化动态可视化。在案例 3-32 中已经完成了第七次人口普查数据的可视化，可以直接使用原有代码并稍加修改，代码如下：

```
#封装函数显示三次人口普查各省份人口平面特征
#三个变量参数，data 为人口普查各省份数据字典，year 为普查年份，number 为当年人口总数
def geo_map(data,year,number)->charts.Map:
    map1 = (charts.Map()
    .add("", data_pair=data, maptype="china")
```

```
        .set_global_opts(
            visualmap_opts=opts.VisualMapOpts(min_=100,max_=13000,is_piecewise=True),
            title_opts=opts.TitleOpts(title="{} 年全国人口普查结果（仅内地）".format(year),
                pos_left='5%',
            title_textstyle_opts=opts.TextStyleOpts(font_size=36),
            subtitle=" 总人口数 : {} 万人 ".format(number),
                    subtitle_textstyle_opts=opts.TextStyleOpts(font_size=24,color='dodgerblue'
                        ))
        ))
    return map1


# 定义时间轴
t1 = charts.Timeline(init_opts=opts.InitOpts())
for (year,data),number in zip(data_group['bar_data'].items(),data_group['total_number'].values()):
    t1.add(geo_map(data,year,number),'{} 年 '.format(year))
    t1.add_schema(play_interval=3000,is_timeline_show=True,is_auto_play=True)
t1.render_notebook()
```

代码执行后的生成效果可以扫描案例二维码观看，底部用时间轴来控制当前图形所属的年份。这里修改一下上面的代码，绘制显示人口数量变化的矩形树图，代码如下。

```
# 封装矩形树图函数显示三次人口普查各省份人口平面特征
# 三个变量参数，data 为人口普查各省份数据字典，year 为普查年份，number 为当年人口总数
def tree_map(data,year,number)->charts.Map:
    tree = (charts.TreeMap()
        .add(series_name="",data=data,width='100%',height='90%',pos_top='50px')
        .set_global_opts( title_opts=opts.TitleOpts(title="{} 年全国人口普查结果（仅内地）– 总人口
数 :{} 万人 ".format(year,number),pos_left='5%',
                    title_textstyle_opts=opts.TextStyleOpts(font_size=36)))
    )
    return tree


# 定义时间轴
t1 = charts.Timeline(init_opts=opts.InitOpts())
for (year,data),number in zip(data_group['tree_data'].items(),data_group['total_number'].values()):
    t1.add(tree_map(data,year,number),'{} 年 '.format(year))
t1.add_schema(play_interval=3000,is_timeline_show=True,is_auto_play=True)
t1.render_notebook()
```

生成效果如图 3–47 所示。

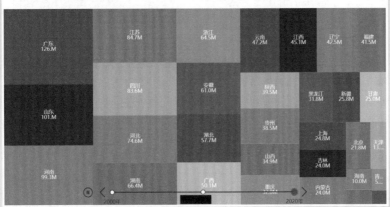

图3-47　基于pyecharts制作的人口数量变化矩形树图

（4）完成人口构成角度统计动态可视化。前面案例中使用了饼图来实现人口构成角度可视化，这里可以继续沿用之前的代码。不过还需要对2010年和2000年的各类数据进行准备，通过统计计算，最终得到的数据组织结果如下：

```
# 准备饼图数据
data2020_pie = dict(
        # 户别人口：单位（万人）
        Hubie_data = {' 家庭户人口 ':129281,' 集体户人口 ':11897},
        # 地区人口占比：单位（%）
        Area_data = {' 东部 ':39.93,' 中部 ':25.83,' 西部 ':27.12,' 东北 ':6.98},
        # 性别构成：单位（万人）
        Gender_data = {' 男 ':72334,' 女 ':68844},
        # 年龄构成：单位（万人）
        Age_data = {'0-14 岁 ':25338,'15-64 岁 ':96776,'65 岁及以上 ':19064},
        # 受教育程度人口：单位（万人）
        Educated_data={' 大学文化 ':21836,' 高中文化 ':21300,' 初中文化 ':48716,' 小学文化 ':34966},
        # 城乡人口：单位（万人）
        Chengx_data={' 城镇人口 ':90199,' 乡村人口 ':50979},
        # 民族人口：单位（万人）
        Minzu_data = {' 汉族 ':128631,' 少数民族 ':12547})
data2010_pie = dict(
        # 户别人口
        Hubie_data = {' 家庭户人口 ':124460,' 集体户人口 ':9512},
        # 地区人口占比：单位（%）
        Area_data = {' 东部 ':37.78,' 中部 ':26.62,' 西部 ':26.90,' 东北 ':8.18},
        # 性别构成：单位（万人）
```

```
        Gender_data = {' 男 ':68685,' 女 ':65287},
        # 年龄构成：单位（万人）
        Age_data = {'0-14 岁 ':22246,'15-64 岁 ':99843,'65 岁及以上 ':11883},
        # 受教育程度人口：单位（万人）
        Educated_data={' 大学文化 ':11963,' 高中文化 ':18798,' 初中文化 ':51965,' 小学文化 ':35876},
        # 城乡人口：单位（万人）
        Chengx_data={' 城镇人口 ':66557,' 乡村人口 ':67415},
        # 民族人口：单位（万人）
        Minzu_data = {' 汉族 ':122593,' 少数民族 ':11379})
data2000_pie = dict(
        # 户别人口
        Hubie_data = {' 家庭户人口 ':119839,' 集体户人口 ':6744},
        # 地区人口占比：单位（%）
        Area_data = {' 东部 ':35.48,' 中部 ':27.78,' 西部 ':28.08,' 东北 ':8.42},
        # 性别构成：单位（万人）
        Gender_data = {' 男 ':65355,' 女 ':61228},
        # 年龄构成：单位（万人）
        Age_data = {'0-14 岁 ':28979,'15-64 岁 ':88793,'60 岁及以上 ':8811},
        # 受教育程度：单位（万人）
        Educated_data={' 大学文化 ':4571,' 高中文化 ':14109,' 初中文化 ':42989,' 小学文化 ':45191},
        # 城乡人口：单位（万人）
        Chengx_data={' 城镇人口 ':45594,' 乡村人口 ':80739},
        # 民族人口：单位（万人）
        Minzu_data = {' 汉族 ':115940,' 少数民族 ':10643})
# 最终饼图组织数据如下
pie_data = {
    2000:data2000_pie,
    2010:data2010_pie,
    2020:data2020_pie
}
# 追加到整体数据字典中
data_group = dict(bar_data={
    2000:data2000_bar,
    2010:data2010_bar,
    2020:data2020_bar
},total_number={
    2000:126583,
    2010:133972,
    2020:141178
```

```
},pie_data = {
    2000:data2000_pie,
    2010:data2010_pie,
    2020:data2020_pie
} )
```

接下来对绘制饼图函数进行封装，并加入时间轴绘制动态可视化图，代码如下：

```
# 封装饼图绘制函数
def pie_map(data,year)->charts.Pie:
    # 设置饼图画布大小
    pie = charts.Pie( init_opts=opts.InitOpts( theme='shine'))
    # 添加户别人口饼图
    pie.add(
        "",
        data_pair=[list(z) for z in data['Hubie_data'].items()],
        # 指定饼图中心位置
        center=["20%", "25%"],
        # 设定内圆、外圆相对半径
        radius=["15%", "20%"],
        label_opts=opts.LabelOpts(formatter='{b}\n{c} 万人 ')
    )
    # 添加地区人口统计饼图
    pie.add(
        "",
        data_pair=[list(z) for z in data['Area_data'].items()],
        center=["50%", "25%"],
        radius=["15%", "20%"],
        label_opts=opts.LabelOpts(formatter='{b}\n{c}%')
    )
    # 添加性别人口统计饼图
    pie.add(
        "",
        data_pair=[list(z) for z in data['Gender_data'].items()],
        center=["80%", "25%"],
        radius=["15%", "20%"],
        label_opts=opts.LabelOpts(formatter='{b}\n{c} 万人 ')
    )
    # 添加受教育程度人口统计饼图
    pie.add(
        "",
```

```
        data_pair=[list(z) for z in data['Educated_data'].items()],
        center=["20%", "60%"],
        radius=["15%", "20%"],
        label_opts=opts.LabelOpts(formatter='{b}\n{c} 万人 ')
    )
    # 添加城乡人口统计饼图
    pie.add(
        "",
        data_pair=[list(z) for z in data['Chengx_data'].items()],
        center=["50%", "60%"],
        radius=["15%", "20%"],
        label_opts=opts.LabelOpts(formatter='{b}\n{c} 万人 ')
    )
    # 添加民族人口统计饼图
    pie.add(
        "",
        data_pair=[list(z) for z in data['Minzu_data'].items()],
        center=["80%", "60%"],
        radius=["15%", "20%"],
        label_opts=opts.LabelOpts(formatter='{b}\n{c} 万人 '),
    )
    # 统计设置饼图配置项，包括图例不显示、各饼图标题名和位置
    pie.set_global_opts(
        legend_opts=opts.LegendOpts(is_show=False),
        title_opts=[
            dict(text=' 户别 ', left='18%', top='23%',textStyle=dict(fontSize=14)),
            dict(text=' 地区 ', left='48%', top='23%',textStyle=dict(fontSize=14)),
            dict(text=' 性别 ', left='78%', top='23%',textStyle=dict(fontSize=14)),
            dict(text=' 教育 ', left='18%', top='58%',textStyle=dict(fontSize=14)),
            dict(text=' 城乡 ', left='48%', top='58%',textStyle=dict(fontSize=14)),
            dict(text=' 民族 ', left='78%', top='58%',textStyle=dict(fontSize=14))
        ]
    )
    return pie


# 绘制时间轴，设定画布大小，然后添加数据绘制动态图
t1 = charts.Timeline(init_opts=opts.InitOpts(theme='vintage', width='880px', height='450px'))
for year,data in data_group['pie_data'].items():
# print(data)
```

```
    t1.add(pie_map(data,year),'{} 年 '.format(year))
    t1.add_schema(play_interval=3000,is_timeline_show=True,is_auto_play=True)
t1.render_notebook()
```

执行上述代码后在 Jupyter Notebook 中绘制出动态饼图，效果如图 3-48 所示。

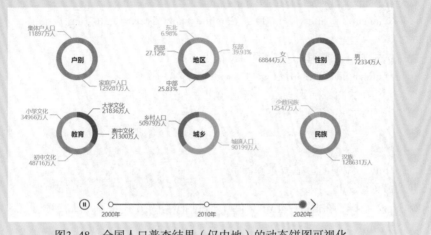

图3-48　全国人口普查结果（仅内地）的动态饼图可视化

（5）完成多角度人口普查动态可视化数据看板。上面依次将条形图、地图和饼图都进行了动态可视化展示，接下来将这三种图组合到一个页面上实现动态可视化数据看板。由于pyecharts 提供的 page 页面布局方法可以选择拖曳布局，因此先对每类图制作一个 page 页面和时间轴，输出到一个 html 文件中，然后对子图进行拖曳调整其布局。

实际布局时采用之前的静态看板方式，分布在上部的为条形图和地图，分布在下部的为饼图。在时间轴对象中将条形图和地图的时间轴设置为不显示，仅保留饼图的时间轴显示，同时将时间轴播放都设置为自动播放。代码如下：

```
# 制作时间轴动态数据看板
# t1 负责条形图
t1 = charts.Timeline(init_opts=opts.InitOpts(width='400px',height='700px'))
for year,data in data_group['bar_data'].items():
    t1.add(bar_timeline(data,year),'{} 年 '.format(year))
    # 设置时间轴播放间隔、是否显示时间线、是否自动播放
    t1.add_schema(play_interval=3000,is_timeline_show=False,is_auto_play=True)


# t2 负责平面地图
t2 = charts.Timeline(init_opts=opts.InitOpts(width='800px',height='700px'))
for (year,data),number in zip(data_group['bar_data'].items(),data_group['total_number'].values()):
    t2.add(geo_map(data,year,number),'{} 年 '.format(year))
    t2.add_schema(play_interval=3000,is_timeline_show=False,is_auto_play=True)
```

```
# t3 负责饼图
t3 = charts.Timeline(init_opts=opts.InitOpts(width='900px', height='350px'))
for year,data in data_group['pie_data'].items():
    t3.add(pie_map(data,year),'{} 年 '.format(year))
    t3.add_schema(play_interval=3000,is_timeline_show=True,is_auto_play=True)


# 设置 page 模式，并将其布局设置为可拖曳方式
page = charts.Page(layout=charts.Page.DraggablePageLayout)
# 将上面定义好的图添加到 page，然后输出为 html 文件
page.add(
    t1,t2,t3
)
# 输出到 html 文件中便于拖曳重新布局
page.render('ttet.html')
```

与案例 3-32 一样，此时在 html 文件中通过拖曳的方式重新布局，然后保存配置文件为 chart_config_33.json。

最后再回到代码块中注释掉 page.render('ttet.html') 语句，并输入如下语句：

```
page.save_resize_html ("ttet.html", cfg_file='chart_config_33.json', dest='final_33.html')
```

重新在浏览器中打开 final_33.html，就可以看到动态的人口普查数据看板。

下面将平面地图样式修改为矩形树图样式,也就是将上述第（5）步的代码修改为如下代码：

```
# 制作时间轴动态数据看板
# t1 负责条形图
t1 = charts.Timeline(init_opts=opts.InitOpts(width='400px',height='700px'))
for year,data in data_group['bar_data'].items():
    t1.add(bar_timeline(data,year),'{} 年 '.format(year))
    # 设置时间轴播放间隔、是否显示时间线、是否自动播放
    t1.add_schema(play_interval=3000,is_timeline_show=False,is_auto_play=True)


# t2 负责矩形树图
t2 = charts.Timeline(init_opts=opts.InitOpts(width='800px',height='700px'))
for (year,data),number in zip(data_group['tree_data'].items(),data_group['total_number'].values()):
    t2.add(tree_map(data,year,number),'{} 年 '.format(year))
    t2.add_schema(play_interval=3000,is_timeline_show=False,is_auto_play=True)


# t3 负责饼图
t3 = charts.Timeline(init_opts=opts.InitOpts(width='900px',height='350px'))
for year,data in data_group['pie_data'].items():
    t3.add(pie_map(data,year),'{} 年 '.format(year))
```

```
t3.add_schema(play_interval=3000,is_timeline_show=True,is_auto_play=True)

# 设置 page 模式，并将其布局设置为可拖曳方式
page = charts.Page(layout=charts.Page.DraggablePageLayout)
# 将上面定义好的图添加到 page，然后输出为 html 文件
page.add(
    t1,t2,t3
)
# 输出到 html 文件中便于拖曳重新布局
page.render('tree.html')
```

在浏览器中打开 tree.html 文件并将各个组件重新调整布局后，保存布局为 chart_config_34.json 文件，然后再回到代码块中注释 page.render（'tree.html'）语句，并修改为 page.save_resize_html("tree.html",cfg_file='chart_config_34.json',dest='final_34.html')。最后重新打开生成的 final_34.html 文件，就可以得到一个动态的数据看板，如图 3–49 所示。

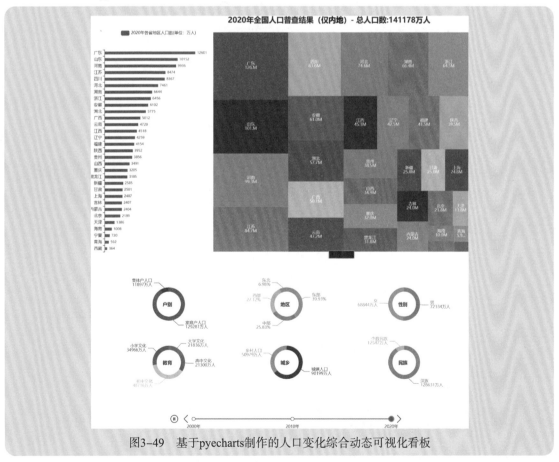

图3-49　基于pyecharts制作的人口变化综合动态可视化看板

3.6 小结

本章带领读者进入 Python 编程可视化相关内容的学习，对 Python 基础编程、Python 数据分析以及常用的可视化库进行了介绍，其中重点对 pyecharts 第三方库进行了详细说明。从 ECharts 及 pyecharts 的官网示例来看，pyecharts 几乎可以完成所有可视化的任务。本章也对其中常用的可视化图形及技巧进行了代码实践，同时还基于 pyecharts 制作了好看的数据看板。总体来说，通过 Python 编程来实现可视化，定制性、灵活性更突出，对比 Excel，其适应性更强，几乎能够覆盖所有数据可视化业务场景。尤其在大数据时代的今天，对于实时数据的视觉表达，显然 Python 更胜一筹。

第 4 章

案例实战：电商数据可视化

海量数据不仅为电商企业带来了机遇，还带来了挑战，机遇在于形成了一种全新的互联网商业模式，挑战则是对海量数据的处理和分析。尤其在数据分析方面，目前已经有非常成熟的电商数据分析模型和相关模式，通过电商的数据分析对用户进行画像，获取用户消费行为特征，并基于此开展一些提升用户转化率、提高商品利润的销售活动。使用数据分析可以帮助电商平台发现新的商业模式和销售方式，尤其在用户消费行为分析和平台销售数据分析方面都得到了非常广泛的应用。用户在电商平台进行消费或购物后，平台会记录下用户的消费或购物信息，而这些信息对电商平台来说是非常宝贵的数据资源，通过这些数据不仅可以分析客户的消费行为，还可以帮助平台分析自身销售情况，通过分析数据可以评估每位客户的价值和每件商品的销售价值，便于平台实施精准化销售。

本章选用电商数据来展示Excel和Python在这个场景方面的可视化应用。客观来说，当数据量级为一般情况时，Excel可以非常方便地完成数据分析任务，结合分析目标形成的可视化能够非常直观地展示出各方面的特征，而Python更多胜在定制化和对大数据的处理效率。本章在案例中展示了Excel和Python绘制各类分析图形的过程，引导读者学会使用两类可视化工具，并制定了如下的思维导图。

数据分析及可视化目标

案例数据准备　　数据获取
　　　　　　　　淘宝用户行为数据集简介

电商数据可视化

淘宝用户行为数据可视化分析
　　用户行为类型数量统计可视化
　　绘制每日和每时不同行为的用户数量折线图
　　绘制用户转化率漏斗图
　　绘制每日用户流量统计图表
　　绘制每时用户流量统计图表
　　销量前十的商品销售数量对比
　　购买商品次数前十名的用户对比
　　根据RMF模型衡量客户类别

小结

4.1 数据分析及可视化目标

本章选择了电商数据集进行数据分析及可视化应用。对于淘宝用户行为数据集，将基于RMF模型数据分析思路实现对用户的不同行为特征进行分析，并通过可视化的方式进行展现。RMF模型是衡量客户价值和从客户中获取利润的重要工具。该模型通过研究客户的交易频率、交易金额和交易行为三个方面，对客户的创利能力进行划分，并进而研究客户价值。下面为针对该数据集的数据分析及可视化目标。

（1）统计一定时间段内不同行为类型的用户数量，展示用户行为数量变化趋势。

（2）统计用户行为转化率，并对用户最终实现转化率进行可视化。

（3）统计每日和每时各用户所做不同行为数量，通过可视化展示其变化趋势。

（4）统计每日和每时用户流量指标，并通过可视化比较其数量。

（5）统计销量前十的商品，并进行可视化对比。

（6）统计购买商品次数前十的用户，并可视化对比购买次数。

（7）根据RMF模型衡量客户类别。

4.2 案例数据准备

4.2.1 数据获取

本案例淘宝用户行为数据来源于阿里云天池数据集，数据下载链接为 https://tianchi.aliyun.com/dataset/dataDetail?dataId=649，已经上传到本书统一的存放网址，方便读者下载使用。

4.2.2 淘宝用户行为数据集简介

淘宝用户行为数据集是数据分析案例中常用数据集之一。本数据集分析周期为9天（2017年11月25—12月3日），包括约20万随机用户的所有行为（行为包括点击、购买、加购、喜欢）数据。数据集的每一行表示一条用户行为，由用户ID、商品ID、商品类别ID、行为类型和时间戳组成，并以逗号分隔。数据集中各字段含义见表4-1。

表 4-1　用户行为数据集各字段说明表

序　号	字　段　名	字　段　说　明
1	user_id	用户 ID
2	item_id	商品 ID
3	category_id	商品类别 ID
4	behavior_type	pv：点击并浏览商品详情 buy：购买商品 cart：添加商品到购物车 fav：收藏商品
5	timestamp	时间戳
6	operatordate	用户操作日期
7	operatorhour	用户操作小时

4.3　淘宝用户行为数据可视化分析

本案例所使用的数据集中共包括约 20 万随机用户的行为数据，商品数据达到 200 多万种，总共近两千万条记录。这种量级的数据加载和分析使用 Excel 是无法实现的，因此首先将大数据集随机抽取 100 万条记录保存为小数据集，专门用于 Excel 部分的分析和可视化。而 Python 无须裁剪数据集，可直接使用原始大数据集进行后续的可视化分析。

注意，案例数据集文件名称为 UserBehavior_small.csv，同时抽取了 100 万条记录后保存名称为 UserBehavior_small_excel.csv，专为 Excel 使用。

4.3.1　数据加载

1. Excel 实现

在 Excel 中通过"数据"面板的"从文本 /CSV"菜单加载数据，加载后数据如图 4-1 所示。

	A	B	C	D	E	F	G
1	user id	item id	category id	behavior type	timestamp	operatordate	operatorhour
2	1	2333346	2520771	pv	2017/11/25 6:15	2017/11/25	6
3	1	2576651	149192	pv	2017/11/25 9:21	2017/11/25	9
4	1	3830808	4181361	pv	2017/11/25 15:04	2017/11/25	15
5	1	4365585	2520377	pv	2017/11/25 15:49	2017/11/25	15
6	1	4606018	2735466	pv	2017/11/25 21:28	2017/11/25	21
7	1	230380	411153	pv	2017/11/26 5:22	2017/11/26	5
8	1	3827899	2920476	pv	2017/11/27 0:24	2017/11/27	0

图4-1　在Excel中加载数据

2. Python 实现

首先导入 Pandas 库加载数据集获得 DataFrame 对象 df，并显示前五行数据，代码及运行结果如下：

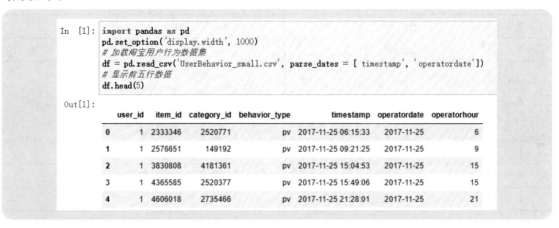

查看数据集中各列数据详细信息，代码如下：

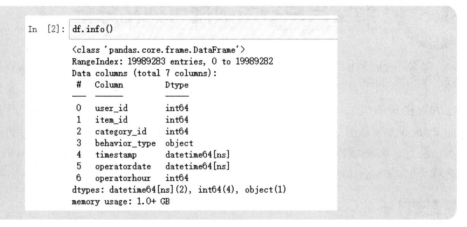

从结果可以看出，本数据集中共包含 19989283 行数据，共有 7 列数据。

查看数据中是否存在缺失值，代码如下：

```
In  [3]: df.isnull().sum()

Out[3]:  user_id          0
         item_id          0
         category_id      0
         behavior_type    0
         timestamp        0
         operatordate     0
         operatorhour     0
         dtype: int64
```

从结果中可以看到数据集中并无缺失值。

下面对数据集中的用户数量、商品数量和商品类别数量信息进行统计，代码如下：

```
In  [4]: user_count = df['user_id'].nunique()
         print(user_count)

         198001

In  [5]: item_count = df['item_id'].nunique()
         print(item_count)

         2208951

In  [6]: category_count = df['category_id'].nunique()
         print(category_count)

         8562
```

从结果中可以看到数据集中用户数量为 198001，商品数量接近 221 万，商品种类为 8562。

4.3.2　用户行为分析对比可视化

【案例4-1】用户行为类型数量统计可视化

1. Excel 实现

在 Excel 中通过"插入"面板的"数据透视图"菜单创建数据分组透视，统计不同用户行为的总数。在行选项中选择 behavior_type，在值选项中选择 user_id，并将值字段设置为"计数"。统计后的数据透视表如图 4-2 所示。

扫一扫,看视频

behavior_type ▼	计数项:user_id
buy	21326
cart	57886
fav	29353
pv	939995

图4-2　淘宝用户行为数据透视表

据此可以直接选择柱状图类型来绘制不同用户行为的统计数量特征，如图 4-3 所示。很显然，"点击商品详情"类型数量远大于其他行为类型，这与用户行为习惯是相关的。

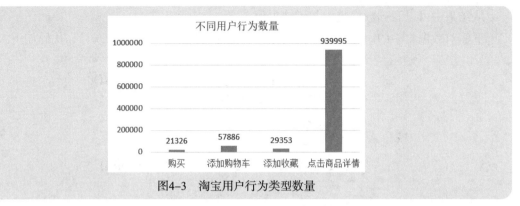

图4-3 淘宝用户行为类型数量

在 Excel 中通过“插入”面板的“数据透视图”菜单创建数据分组透视，统计数据集时间段内中各种用户行为的总数。在行选项中选择 operatordate，在值选项中选择 user_id，并将值字段设置为“计数”，在列选项中选择 behavior_type。通过设置筛选器可以筛选出不同用户行为的统计数量，统计后的数据透视表如图 4-4 所示。

计数项:user_id	behav			
operatordate	buy	cart	fav	pv
2017/11/25	2080	6022	2852	98451
2017/11/26	2107	6048	3235	100609
2017/11/27	2335	5694	2977	91666
2017/11/28	2308	5781	2843	92981
2017/11/29	2404	5801	3177	95734
2017/11/30	2446	5895	3029	99507
2017/12/1	2262	6337	3140	102643
2017/12/2	2647	8197	4103	129577
2017/12/3	2737	8111	3997	128827

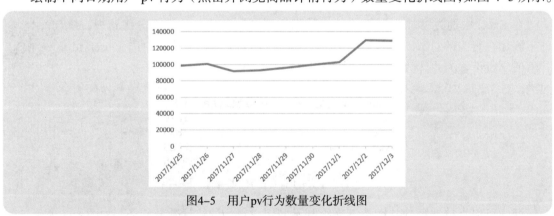

图4-4 淘宝用户行为不同日期数据透视表

绘制不同日期用户 pv 行为（点击并浏览商品详情行为）数量变化折线图，如图 4-5 所示。

图4-5 用户pv行为数量变化折线图

其他不同用户行为图表与图 4-5 类似。图中显示出进入 12 月份后用户 pv 行为的数量增长明显，这是受临近“双 12 购物节”因素影响导致的。

如果要分析不同行为类型之间的差异，可以采用折线图组合方式。例如，绘制用户 buy（购买商品）行为和 pv 行为数量对比折线图，如图 4-6 所示。两者的变化趋势特征相似，都是进入 12 月份后增长明显。

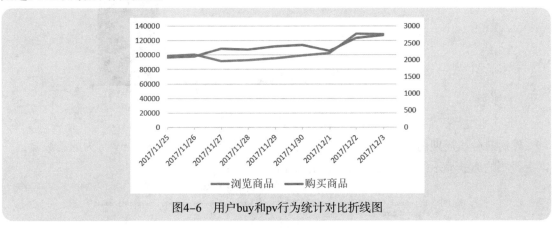

图4-6 用户buy和pv行为统计对比折线图

2. Python 实现

Python 数据分析主要基于 Pandas 库，在加载数据集后保存为 DataFrame 对象。后续的分析都是在这个数据对象上实现的，包括调用各种属性和方法。所以如果读者对 Pandas 库的使用和相关数据分析方法较为陌生，可以阅读本书第 3 章的相关内容。

首先基于 DataFrame 对象的 groupby 方法统计不同行为类型的用户数量，代码如下：

```
In [7]: df_behaviorcount = df.groupby('behavior_type')['user_id'].count()
        print(df_behaviorcount)

        behavior_type
        buy       404634
        cart     1107533
        fav       575114
        pv      17902002
        Name: user_id, dtype: int64
```

由于这里分析的是大数据集，所以其结果与 Excel 部分是有所差异的。接下来基于 pyecharts 库实现结果的可视化，此处采用柱状图方式，代码如下（结果见图 4-7）：

```
In [8]: from pyecharts.charts import Bar
        from pyecharts import options as opts
        bar = (
            # 初始化柱状图的图形尺寸
            Bar(init_opts=opts.InitOpts( width='700px',height='300px'))
            # 添加X轴坐标值
            .add_xaxis(["购买", "加入购物车", "添加收藏", "点击商品详情"])
            # 添加Y轴坐标值
            .add_yaxis('不同用户行为', df_behaviorcount.values.tolist())
            # 设置图表主标题和副标题
            .set_global_opts(title_opts=opts.TitleOpts(title="不同用户行为用户数量",
                                                       subtitle="四种用户行为"))
        )
        bar.render_notebook()
```

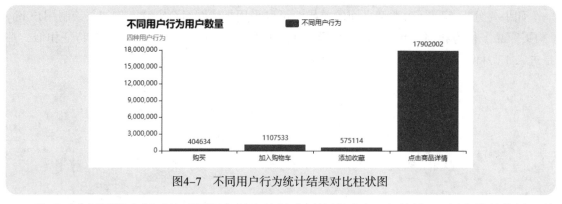

图4-7　不同用户行为统计结果对比柱状图

然后对分析周期内每天的不同用户行为特征进行统计对比，如统计 pv 行为的总数量，并以折线图的方式显示结果，代码如下（结果见图 4-8）：

```
In [9]: df_pvcount = df[df['behavior_type'] == 'pv'].groupby('operatordate')['user_id'].count()
        print(df_pvcount)

operatordate
2017-11-25    1859520
2017-11-26    1904478
2017-11-27    1801051
2017-11-28    1768358
2017-11-29    1832770
2017-11-30    1869439
2017-12-01    1939643
2017-12-02    2470982
2017-12-03    2455761
Name: user_id, dtype: int64
```

```
In [10]: from pyecharts.charts import Line
         from pyecharts import options as opts
         line = (
             # 初始化折线图的图形尺寸
             Line(init_opts=opts.InitOpts( width='800px', height='300px'))
             # 添加X轴坐标值
             .add_xaxis(df_pvcount.index.strftime("%Y/%m/%d").tolist())
             # 添加Y轴坐标值
             .add_yaxis('浏览商品详情行为数量', df_pvcount.values.tolist(),
                        itemstyle_opts=opts.ItemStyleOpts(color="blue"))
             # 设置图表主标题
             .set_global_opts(title_opts=opts.TitleOpts(title="用户浏览商品详情行为总数量变化"),
                              xaxis_opts=opts.AxisOpts(axislabel_opts={"rotate":45}))
         )
         line.render_notebook()
```

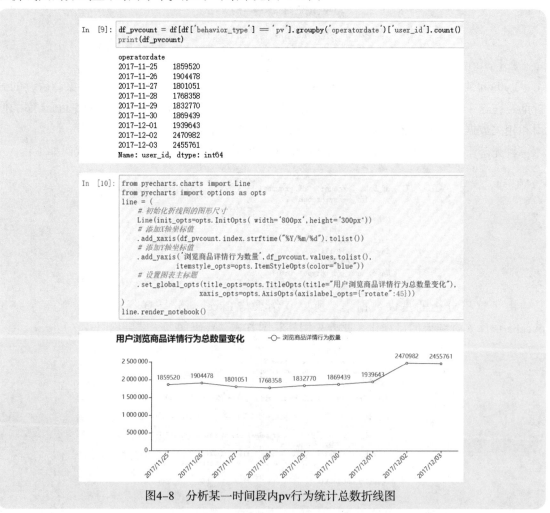

图4-8　分析某一时间段内pv行为统计总数折线图

类似操作可以完成其他类型用户行为的统计分析及可视化。同时还可以绘制组合图实现不同行为类型的统计结果对比。例如，对比 pv 和 buy 两种行为的结果，使用折线图组合来可视化展示，代码如下（结果见图 4-9）：

```
In [13]: df_buycount = df[df['behavior_type'] == 'buy'].groupby('operatordate')['user_id'].count()
         print(df_buycount)

         operatordate
         2017-11-25    39627
         2017-11-26    41292
         2017-11-27    45190
         2017-11-28    42622
         2017-11-29    44389
         2017-11-30    44598
         2017-12-01    42511
         2017-12-02    52294
         2017-12-03    52111
         Name: user_id, dtype: int64
```

```
In [15]: from pyecharts import options as opts
         from pyecharts.charts import Line
         line = (
             Line()
             .add_xaxis(df_pvcount.index.tolist())
             # 添加第二个Y轴，并位于右侧
             .extend_axis(yaxis=opts.AxisOpts(type_="value", position="right",))
             # 添加右侧Y轴坐标值
             .add_yaxis('浏览商品行为数量', df_pvcount.values.tolist(), yaxis_index=1)
             # 添加左侧Y轴坐标值
             .add_yaxis('购买商品行为数量', df_buycount.values.tolist())
         )
         line.render_notebook()
```

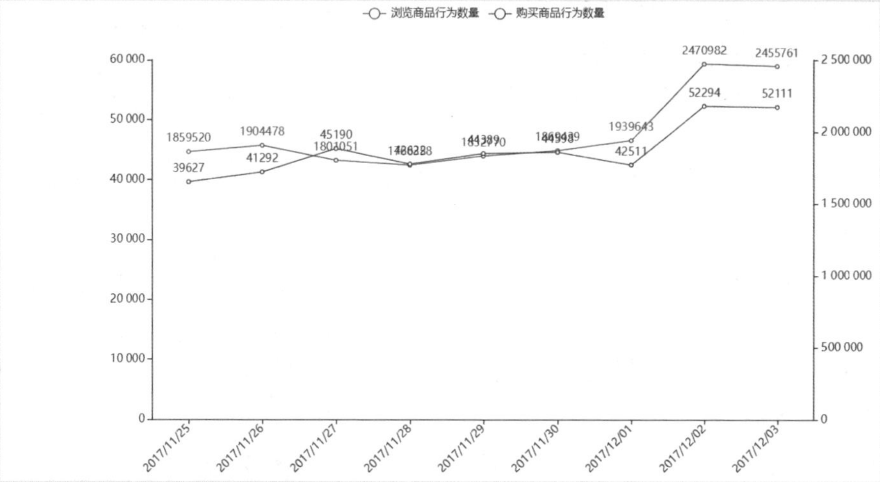

图4-9　分析某一周期内pv与buy行为统计对比折线图

从图中可以看出，两者的变化趋势特征完全一致，与 Excel 分析趋势也是一致的，都是 9 天内的后 2 天数量增长明显，但对比 Excel 分析结果，这里的数量明显要大很多。

【案例4-2】绘制每日和每时不同行为的用户数量折线图

1. Excel 实现

扫一扫,看视频

在 Excel 中可以通过创建数据透视图和数据透视表的方式对分析周期内每日和每时不同行为的用户数量进行对比。

首先来看一下每日的分析情况。

在 Excel 中通过单击"插入"选项卡中的"数据透视图"按钮创建数据分组透视,统计不同日期中各种行为的用户总数。在创建数据透视表时在行选项中选择 operatordate,在值选项中选择 user_id,并将值字段设置为"非重复计数",在列选项中选择 behavior_type。统计后数据透视表如图 4-10 所示。

然后就可以绘制每日各用户行为类型的用户数量对比折线图,如图 4-11 所示。四种行为类型都有人数增加的趋势,但 pv 类型在后 2 天增长明显,而 buy 和 fav(收藏)类型变化相对缓慢。

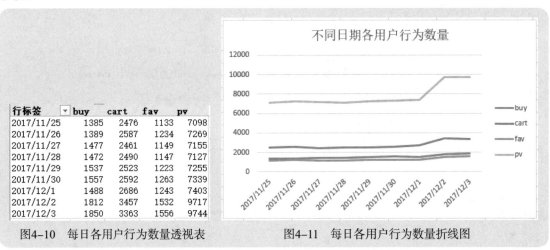

行标签	buy	cart	fav	pv
2017/11/25	1385	2476	1133	7098
2017/11/26	1389	2587	1234	7269
2017/11/27	1477	2461	1149	7155
2017/11/28	1472	2490	1147	7127
2017/11/29	1537	2523	1223	7255
2017/11/30	1557	2592	1263	7339
2017/12/1	1488	2686	1243	7403
2017/12/2	1812	3457	1532	9717
2017/12/3	1850	3363	1556	9744

图4-10 每日各用户行为数量透视表 　　　图4-11 每日各用户行为数量折线图

接下来对每日中的各小时内的用户行为进行统计分析。

在 Excel 中通过单击"插入"选项卡中的"数据透视图"按钮创建数据分组透视,统计不同小时中各种行为的用户总数。在创建数据透视表时在行选项中选择 operatorhour,在值选项中选择 user_id,并将值字段设置为"非重复计数",在列选项中选择 behavior_type。统计后数据透视表如图 4-12 所示。

由此可以绘制各时段各行为用户数量对比折线图,如图 4-13 所示。对比各个时段,凌晨时段各类用户行为数量都相对较少,到上午 9 点以后开始缓慢增长,一直到下午 6 点都相对平稳,晚上 7 点到晚上 12 点属于一个高峰期。这个特征与现在普通人一天的活动特征相仿,对电商平台而言可以抓住高峰时段增加一些促销活动来提升销量。

行标	buy	cart	fav	pv	总计
0	400	910	438	3122	3231
1	164	465	195	1635	1694
2	93	262	128	985	1023
3	47	191	90	700	727
4	57	164	86	624	651
5	64	197	103	865	892
6	133	452	209	1771	1836
7	315	844	370	3280	3414
8	507	1058	540	4375	4582
9	750	1360	667	5188	5424
10	994	1541	723	5751	6043

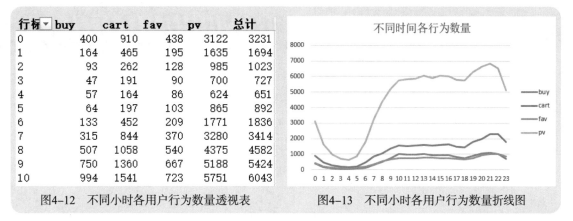

图4-12 不同小时各用户行为数量透视表 | 图4-13 不同小时各用户行为数量折线图

2. Python 实现

继续基于 Pandas 库来实现相关操作，这里主要基于 DataFrame 对象的 groupby 方法实现数据的筛选和分组统计。

首先来分析每日的不同行为的用户数量变化，过程和代码参考如下。

（1）统计不同日期不同行为的用户数量，代码如下：

```
In [21]: pvdatecount = df[df['behavior_type'] == 'pv'].groupby('operatordate')['user_id'].nunique()   # 每日浏览商品详情的用户数量
         cartdatecount = df[df['behavior_type'] == 'cart'].groupby('operatordate')['user_id'].nunique()  # 每日添加购物车的用户数量
         favdatecount = df[df['behavior_type'] == 'fav'].groupby('operatordate')['user_id'].nunique()   # 每日收藏商品的用户数量
         buydatecount = df[df['behavior_type'] == 'buy'].groupby('operatordate')['user_id'].nunique()   # 每日购买商品的用户数量
```

（2）基于 pyecharts 库绘制 9 日内每日的不同行为的用户数量变化，代码如下：

```
In [22]: from pyecharts import options as opts
         from pyecharts.charts import Line
         line = (
             Line(init_opts=opts.InitOpts(width="800px", height="500px"))
             .add_xaxis(xaxis_data=pvdatecount.index.tolist())
             # 添加Y轴四种行为的坐标值
             .add_yaxis("pv", y_axis=pvdatecount.values.tolist(), is_symbol_show=False)
             .add_yaxis("cart", y_axis=cartdatecount.values.tolist(), is_symbol_show=False)
             .add_yaxis("fav", y_axis=favdatecount.values.tolist(), is_symbol_show=False)
             .add_yaxis("buy", y_axis=buydatecount.values.tolist(), is_symbol_show=False)
             # 添加Y轴所有用户数量的坐标值
             .add_yaxis("ops", y_axis=df.groupby(by=['operatordate'])['user_id'].nunique(), is_symbol_show=False)
             .set_global_opts(
                 title_opts=opts.TitleOpts(title="不同行为用户数量变化",
                                           subtitle="2017/11/25-2017/12/03期间不同行为的用户数量变化"),
                 tooltip_opts=opts.TooltipOpts(trigger='axis'),
                 toolbox_opts=opts.ToolboxOpts(is_show=False),
                 xaxis_opts=opts.AxisOpts(type_='category', boundary_gap=False))
         )
         line.render_notebook()
```

代码运行结果如图 4-14 所示。对比 Excel 分析结果，虽然数量增大了，但整体趋势还是一致的，pv 值远高于其他行为类型统计值，横轴方向的四种行为类型统计值都在增大。

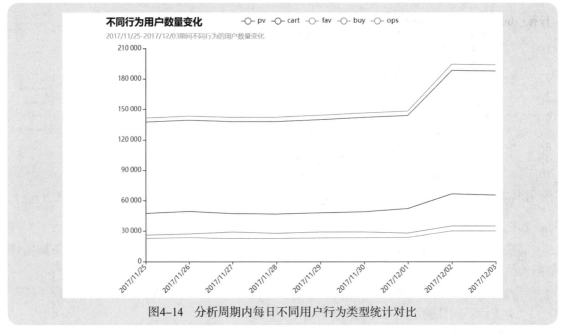

图4-14　分析周期内每日不同用户行为类型统计对比

（3）分析每日内各时段不同行为类型的统计数量情况。此时将 groupby 关键词修改为 operatorhour，即按小时进行分组统计，并基于 pyecharts 库绘制各时段的统计结果对比，代码如下：

```
In [23]: pvhourcount = df[df['behavior_type'] == 'pv'].groupby('operatorhour')['user_id'].nunique()       # 每小时浏览商品详情的用户数量
         carthourcount = df[df['behavior_type'] == 'cart'].groupby('operatorhour')['user_id'].nunique()   # 每小时添加购物车的用户数量
         favhourcount = df[df['behavior_type'] == 'fav'].groupby('operatorhour')['user_id'].nunique()     # 每小时收藏商品的用户数量
         buyhourcount = df[df['behavior_type'] == 'buy'].groupby('operatorhour')['user_id'].nunique()     # 每小时购买商品的用户数量
```

```
In [24]: from pyecharts import options as opts
         from pyecharts.charts import Line
         line = (
             Line(init_opts=opts.InitOpts(width="800px", height="500px"))
             .add_xaxis(xaxis_data=pvhourcount.index.tolist())
             .add_yaxis("pv", y_axis=pvhourcount.values.tolist(),is_symbol_show=False)
             .add_yaxis("cart",y_axis=carthourcount.values.tolist(),is_symbol_show=False)
             .add_yaxis("fav",y_axis=favhourcount.values.tolist(),is_symbol_show=False)
             .add_yaxis("buy",y_axis=buyhourcount.values.tolist(),is_symbol_show=False)
             .add_yaxis("ops",y_axis=df.groupby(by=['operatorhour'])['user_id'].nunique(),is_symbol_show=False)
             .set_global_opts(
                 title_opts=opts.TitleOpts(title="不同行为用户数量变化",
                                           subtitle="0-23小时期间不同行为的用户数量变化"),
                 tooltip_opts=opts.TooltipOpts(trigger='axis'),
                 toolbox_opts=opts.ToolboxOpts(is_show=False),
                 xaxis_opts=opts.AxisOpts(type_='category', boundary_gap=False)
             )
         )
         line.render_notebook()
```

运行结果如图 4-15 所示，从图中可以看出下午和晚上用户活跃度开始增加，峰值为 21 点。

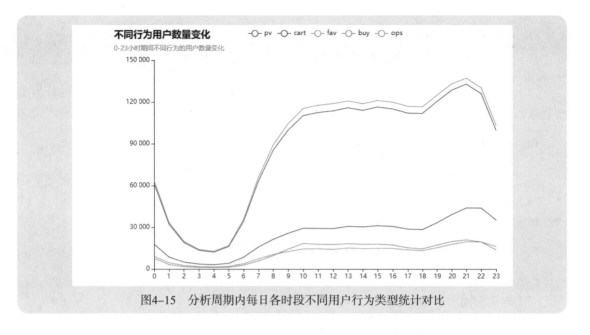

图4-15 分析周期内每日各时段不同用户行为类型统计对比

【案例4-3】绘制用户转化率漏斗图

用户转化率是评价电商用户价值的重要指标，各类电商平台对此都非常看重。将一般用户转化为成交购买用户，是电商用户价值追求的目标。因为只有交易用户才能源源不断地给平台带来收入和利润。案例数据集中四类用户行为是具有阶段划分意义的，体现了用户的转化过程，从点击浏览、收藏、加购物车到成交，实现普通用户到价值用户的转变。其中收藏和加购物车都是用户的中间过程，在分析用户转化率时可以放到一起去分析。

扫一扫，看视频

这里选择漏斗图来展示用户转化率特征。

1. Excel 实现

Excel 中，数据统计较为烦琐，需要对四种行为类型的数量进行数据透视，然后将收藏数量和加购物车数量相加求和，手动复制并粘贴数据后才能绘制漏斗图，因此不推荐使用 Excel。

2. Python 实现

（1）筛选出不同用户行为数据，并保存为 DataFrame 对象，代码如下：

```
In [16]: pv_df = df[df['behavior_type'] == 'pv']
         buy_df = df[df['behavior_type'] == 'buy']
         cart_df = df[df['behavior_type'] == 'cart']
         fav_df = df[df['behavior_type'] == 'fav']
```

（2）选择第一种转化流程：点击→加购物车→购买，统计用户在该流程中的行为类型数量，并存入相应 DataFrame 中，代码如下：

```
In [17]:   pv_cart_df = pd.merge(left=pv_df,right=cart_df,how='inner',on=['user_id','item_id','category_id'],suffixes=('_pv','_cart'))
           cart_buy_df = pd.merge(left=cart_df,right=buy_df,how='inner',on=['user_id','item_id','category_id'],suffixes=('_cart','_buy'))
           count_users_pv_cart = pv_cart_df[pv_cart_df.timestamp_pv < pv_cart_df.timestamp_cart].user_id.nunique()
           count_users_cart_buy = cart_buy_df[cart_buy_df.timestamp_cart < cart_buy_df.timestamp_buy].user_id.nunique()
```

（3）选择第二种转化流程：点击→收藏/加购物车→购买，统计用户在该流程中的行为类型数量，并存入相应 DataFrame 中，代码如下：

```
In [18]:   pv_fav_df = pd.merge(left=pv_df,right=fav_df,how='inner',on=['user_id','item_id','category_id'],suffixes=('_pv','_fav'))
           fav_buy_df = pd.merge(left=fav_df,right=buy_df,how='inner',on=['user_id','item_id','category_id'],suffixes=('_fav','_buy'))
           count_user_pv_fav = pv_fav_df[pv_fav_df.timestamp_pv < pv_fav_df.timestamp_fav].user_id.nunique()
           count_user_fav_buy = fav_buy_df[fav_buy_df.timestamp_fav < fav_buy_df.timestamp_buy].user_id.nunique()
```

（4）计算所有独立用户数量，代码如下：

```
In [19]:   total_unique_users = df.user_id.nunique()
           print(total_unique_users)

           198001
```

（5）根据前面所求数量绘制用户转化率漏斗图，代码如下：

```
In [20]:   from pyecharts.charts import Funnel
           process_data_pair = [("点击量", total_unique_users),
                               ("收藏／加购物车量", count_user_pv_fav + count_users_pv_cart),
                               ("购买量", count_user_fav_buy + count_users_cart_buy)]
           funnel = (
               # 初始化漏斗图的图形尺寸
               Funnel(init_opts=opts.InitOpts(width='600px', height='400px'))
               .add("",
                   # 添加系列数据项
                   data_pair=process_data_pair,
                   # 设置图形数据间距
                   gap=2,
                   # 设置标签显示位置为内部
                   label_opts=opts.LabelOpts(is_show=True, position="inside"),
                   itemstyle_opts=opts.ItemStyleOpts(border_color="#fff", border_width=1))
               .set_global_opts(title_opts=opts.TitleOpts(title="用户转化率",
                                               subtitle="浏览->收藏/加购物车->购买"))
           )
           funnel.render_notebook()
```

运行结果如图 4-16 所示。

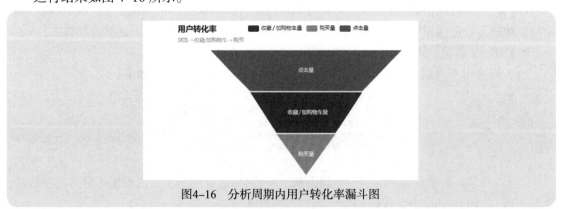

图4-16　分析周期内用户转化率漏斗图

【案例4-4】绘制每日用户流量统计图表

对于电商平台而言，用户流量是非常重要的指标，通常包括以下内容。

（1）每日页面访问量 PageView，简称 PV，统计标准为点击 1 次则累计 1 次。

（2）每日独立访问人数 Unique Visitor，简称 UV，统计标准为每个用户仅统计 1 次，去除其重复访问次数。

（3）每日平均访问量 PV/UV，累计点击次数除以用户数。

1. Excel 实现

在 Excel 中通过单击"插入"选项卡中的"数据透视图"按钮创建数据分组透视，以日期为维度统计 PV 和 UV 数量。这里在创建数据透视表时在行选项中选择 operatordate，在值选项中选择 user_id，并将值字段设置为"计数"，同时在值选项中再次选择 user_id，并将值字段设置为"非重复计数"，其中"计数"对应 PV，而"非重复计数"对应 UV，在列选项中选择 behavior_type。统计后数据透视表如图 4-17 所示。

绘制不同日期的 PV 和 UV 对比柱状图，如图 4-18 所示。柱状图可以很清晰地展示出 PV 和 UV 的对比特征，PV 在 9 个分析日内前 7 天都相对平稳，后 2 天则突然增加；UV 数量不及当日 PV 的十分之一，不过其变化特征与 PV 保持一致。

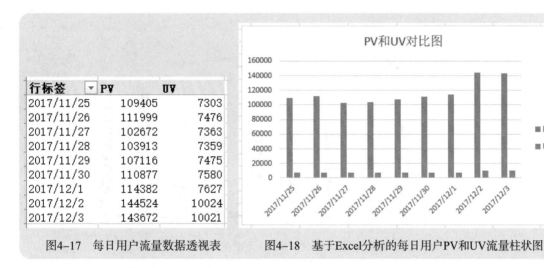

图4-17　每日用户流量数据透视表　　　图4-18　基于Excel分析的每日用户PV和UV流量柱状图

2. Python 实现

（1）统计每日 PV 和 UV 数量，并将 PV 和 UV 数量以及 PV/UV 数量保存为 DataFrame 对象，代码及运行结果如下：

```
In [29]: df_dateusercount = df.groupby('operatordate')['user_id'].nunique()
         df_dateoperatorcount = df.groupby('operatordate')['user_id'].count()
         df_datepvuv = pd.DataFrame(data=None, index=dates)
         df_datepvuv['uv'] = df_dateusercount.values
         df_datepvuv['pv'] = df_dateoperatorcount.values
         df_datepvuv['pv/uv'] = df_datepvuv['pv'] / df_datepvuv['uv']
         print(df_datepvuv)

                         uv        pv      pv/uv
         2017-11-25  141436   2070078  14.636146
         2017-11-26  143267   2124383  14.828139
         2017-11-27  142100   2012639  14.163540
         2017-11-28  142232   1975755  13.891072
         2017-11-29  144102   2047148  14.206243
         2017-11-30  146373   2087316  14.260253
         2017-12-01  148207   2167373  14.623958
         2017-12-02  194451   2762195  14.205095
         2017-12-03  193781   2742396  14.152038
```

（2）基于 pyecharts 绘制 PV 数量和 UV 数量的组合柱状图，代码如下：

```
In [30]: from pyecharts import options as opts
         from pyecharts.charts import Bar
         bar = (
             Bar(init_opts=opts.InitOpts(width='900px', height='400px'))
             .add_xaxis(xaxis_data=dates)
             .add_yaxis("每日在线用户数量", y_axis=df_datepvuv['uv'].tolist())
             .add_yaxis("每日用户操作数量", y_axis=df_datepvuv['pv'].tolist())
             .set_series_opts(label_opts=opts.LabelOpts(is_show=True))
             .set_global_opts(title_opts=opts.TitleOpts(title="每日在线用户与活跃用户柱状图"))
         )
         bar.render_notebook()
```

运行结果如图 4-19 所示。

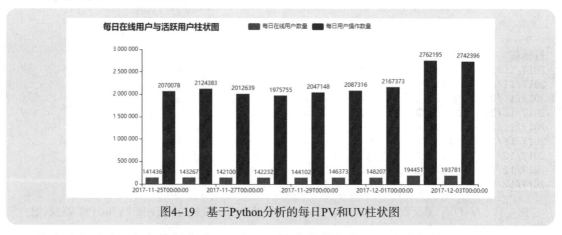

图4-19　基于Python分析的每日PV和UV柱状图

通过对比显示，在大数据集中 PV 和 UV 的变化特征与 Excel 分析结果是一致的，虽然数量级存在差别。

【案例4-5】绘制每时用户流量统计图表

除了绘制每日用户流量统计图表，还可以绘制每个时段内在线用户流量的组合柱状图，通过颗粒度更低的时间数据分析进一步确认用户活跃度。

1. Excel 实现

在 Excel 中通过单击"插入"选项卡中的"数据透视图"按钮创建数据分组透视，统计不同时间段内 PV 和 UV 数量。在创建数据透视表时在行选项中选择 operatorhour，在值选项中选择 user_id，并将值字段设置为"计数"，同时在值选项中再次选择 user_id，并将值字段设置为"非重复计数"，其中"计数"对应 PV，而"非重复计数"对应 UV，在列选项中选择 behavior_type。统计后数据透视表如图 4-20 所示。

绘制不同时段的 PV 和 UV 对比柱状图，如图 4-21 所示。图中很直观地显示出各个时段的用户流量情况，用户高峰期在晚上 9 点和 10 点，低谷期在凌晨的 1 点到 6 点。

图4-20　每小时用户流量数据透视表

图4-21　每小时用户流量柱状图

2. Python 实现

（1）基于 Pandas 库的 groupby 方法来实现分组统计，这里统计维度选择 operatorhour，用于统计每小时 PV 和 UV 数量，并将 PV 和 UV 数量以及 PV/UV 数量保存为 DataFrame 数据对象，代码及运行结果如下（限于篇幅，此处仅显示前 9 个小时的数据）：

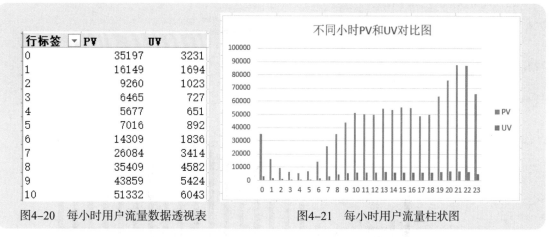

```
In [31]: df_hourusercount = df.groupby('operatorhour')['user_id'].nunique()
         df_houroperatorcount = df.groupby('operatorhour')['user_id'].count()
         df_hourpvuv = pd.DataFrame(data=None, index=df_hourusercount.index)
         df_hourpvuv['uv'] = df_hourusercount.values
         df_hourpvuv['pv'] = df_houroperatorcount.values
         df_hourpvuv['pv/uv'] = df_hourpvuv['pv'] / df_hourpvuv['uv']
         print(df_hourpvuv)

                        uv       pv      pv/uv
         operatorhour
         0            63713   678456   10.648627
         1            33484   314318    9.387110
         2            19813   173195    8.741483
         3            14068   116151    8.256397
         4            12697   100105    7.884146
         5            16873   128188    7.597226
         6            35728   271072    7.587103
         7            65968   494188    7.491329
         8            89155   681234    7.641007
```

221

（2）基于 pyecharts 库绘制 PV 数量和 UV 数量的组合柱状图，代码如下：

```
In [32]:   from pyecharts import options as opts
           from pyecharts.charts import Bar
           bar = (
               Bar()
               .add_xaxis(xaxis_data=df_hourusercount.index.tolist())
               .add_yaxis("每小时在线用户数量", y_axis=df_hourpvuv['uv'].tolist())
               .add_yaxis("每小时用户操作数量", y_axis=df_hourpvuv['pv'].tolist())
               .set_series_opts(label_opts=opts.LabelOpts(is_show=True))
               .set_global_opts(title_opts=opts.TitleOpts(title="每小时在线用户与活跃用户柱状图"))
           )
           bar.render_notebook()
```

运行结果如图 4-22 所示。

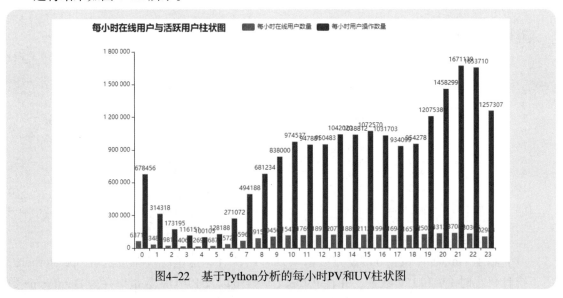

图4-22   基于Python分析的每小时PV和UV柱状图

【案例4-6】销量前十的商品销售数量对比

由于数据集中具有商品 id 和用户购买行为，因此可以实现分析周期内商品的销量情况。这里统计销量前十的商品销售数据进行分析对比及可视化展示。

1. Excel 实现

在 Excel 中通过单击"插入"选项卡的"数据透视图"按钮创建数据分组透视，统计销量前十的商品。在创建数据透视表时在行选项中选择 item_id，在值选项中选择 item_id，并将值字段设置为"计数"，在筛选选项中选择 behavior_type。通过设置筛选选项可以筛选出操作行为为 buy 的数据，统计后数据表如图 4-23 所示。

绘制销量前十的商品条形图，如图 4-24 所示。其中销量榜单第一名 id 为 3122135，共销售了 17 件，第 10 名 id 为 11517，销售了 7 件。这里受数据集大小限制，所以仅仅展示这方面的分析思路和可视化成果。

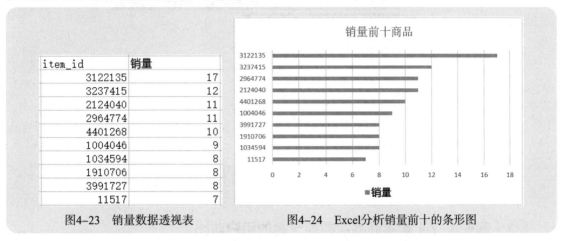

item_id	销量
3122135	17
3237415	12
2124040	11
2964774	11
4401268	10
1004046	9
1034594	8
1910706	8
3991727	8
11517	7

图4-23 销量数据透视表　　　　图4-24 Excel分析销量前十的条形图

2. Python 实现

统计销量前十的商品销售数量并绘制条形图，代码如下：

```
In [33]: df_top10item = df[df['behavior_type'] == 'buy']['item_id'].value_counts()[0:10]
         print(df_top10item)

         3122135    292
         3031354    161
         2560262    137
         2964774    135
         3964583    133
         1910706    133
         1415828    119
         1116492    115
         1034594    107
         740947     106
         Name: item_id, dtype: int64
```

```
In [34]: from pyecharts import options as opts
         from pyecharts.charts import Bar
         bar = (
             Bar()
             .add_xaxis(df_top10item.index.tolist())
             .add_yaxis('销售数量', df_top10item.values.tolist())
             # 将X轴与Y轴对调，变成条形图
             .reversal_axis()
             .set_series_opts(label_opts=opts.LabelOpts(is_show=True, position="right"))
             .set_global_opts(title_opts=opts.TitleOpts(title="销量前十名的商品"))
         )
         bar.render_notebook()
```

运行结果如图 4-25 所示。图表左侧为商品 id，从图表中可以看出，销量第一的商品 id 为 3122135，在分析周期内该商品销售数量为 292，第十名商品 id 为 740947，销量数量为 106。

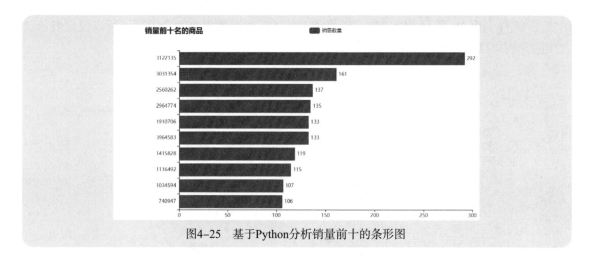

图4-25 基于Python分析销量前十的条形图

【案例4-7】购买商品次数前十名的用户对比

扫一扫,看视频

除了可以分析商品销售情况外,还可以对用户的购买能力进行分析。这里选择购买行为和用户 id 作为筛选条件,由此来获得购买商品次数前十的用户购买力榜单。

1. Excel 实现

在 Excel 中通过单击"插入"选项卡中的"数据透视图"按钮创建数据分组透视,统计购买商品次数前十的用户信息。在创建数据透视表时在行选项中选择 user_id,在值选项中选择 item_id,并将值字段设置为"计数",在筛选选项中选择 behavior_type。通过设置筛选选项可以筛选出操作行为为 buy 的数据,统计后数据表如图 4-26 所示。

绘制购买商品次数前十名的用户信息条形图,如图 4-27 所示。可以看到,第一名用户 id 为 107932,在该数据集中 9 天内共购买商品 72 次,第十名用户也达到了 30 次。

user_id	购买商品次数
107932	72
122504	69
128379	65
1008380	57
1003983	43
108865	36
128113	32
114948	31
1003901	31
1010288	30

图4-26 数据透视表

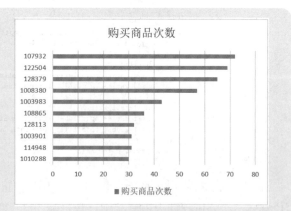

图4-27 基于Excel分析绘制购买商品次数前十名的用户条形图

2. Python 实现

统计购买商品次数前十名的用户信息并绘制条形图，代码如下：

```
In [35]: df_top10user = df[df['behavior_type'] == 'buy']['user_id'].value_counts()[0:10]
         print(df_top10user)

         702034    159
         337305     93
         490508     87
         234304     84
         107932     72
         754360     71
         834051     69
         122504     69
         9610       67
         549770     66
         Name: user_id, dtype: int64
```

```
In [36]: from pyecharts import options as opts
         from pyecharts.charts import Bar
         bar = (
             Bar(init_opts=opts.InitOpts(width='900px', height='400px'))
             .add_xaxis(df_top10user.index.tolist())
             .add_yaxis('购买次数', df_top10user.values.tolist())
             .reversal_axis()
             .set_series_opts(label_opts=opts.LabelOpts(is_show=True, position="right"))
             .set_global_opts(title_opts=opts.TitleOpts(title="购买商品次数前十的用户"))
         )
         bar.render_notebook()
```

图 4-28 所示为购买商品次数前十名的用户条形图。图表左侧为用户 id，从图表中可以看出，购买次数排名第一的用户在 9 天内达到了 159 次，购买次数排名第 10 的用户购买次数也达到了 66 次。前十名用户平均每天会在淘宝网上至少消费 7 次，这绝对属于淘宝的深度用户。

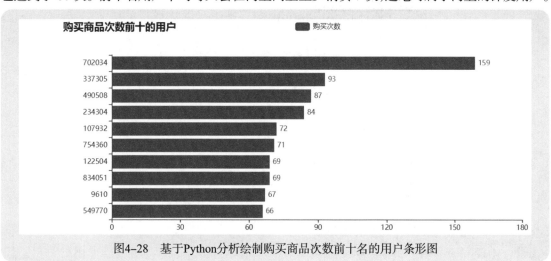

图4-28　基于Python分析绘制购买商品次数前十名的用户条形图

【案例4-8】根据RMF模型衡量客户类别

RMF 模型有三个指标，分别为最近一次消费时间间隔（recency）、消费频率（frequency）和消费金额（monetary）。在本案例数据集中没有消费金额属性，因此只能从两个维度，即消费时间间隔和消费频率进行评价，并进而划分用户类别。

扫一扫，看视频

根据 RMF 模型，可以将客户划分为四类客户，分别如下。

（1）重要价值客户：最近消费时间近，消费频次高。

（2）重要保持客户：最近消费时间远，消费频次高。

（3）重要发展客户：最近消费时间近，消费频次低。

（4）重要挽留客户：最近消费时间远，消费频次低。

本案例中用户行为数据采集周期共 9 天，时间跨度比较小，因此在进行 RMF 模型计算时可以采用全部数据。

首先计算各用户最近一次消费时间间隔和这 9 天中的消费频率，并将获取的数据存入DataFrame 中，代码及运行结果如下：

```
In [37]:  # 从数据集中获取所有购买行为中用户的最近一次消费间隔和消费频率
          df_userbuy = df[df['behavior_type'] == 'buy'].groupby('user_id')
          df_userrmf = pd.DataFrame(data=None,columns=['user_id','interval','frequency'])
          userrmflist = []
          for d in df_userbuy:
              tmp = list(d)[1]
              data = {}
              data['user_id'] = list(d)[0]
              if tmp.shape[0] == 1:
                  data['interval'] = 0
              else:
                  data['interval'] = (tmp.iloc[-1,5] - tmp.iloc[-2,5]).days
              data['frequency'] = tmp.shape[0]
              userrmflist.append(data)
          df_userrmf = pd.DataFrame(userrmflist)
          df_userrmf
```

	user_id	interval	frequency
0	27	6	2
1	43	1	6
2	63	2	3
3	77	0	2
4	90	0	1
...	...	...	...
134978	1017960	2	3
134979	1017965	0	1
134980	1017972	0	4
134981	1017997	6	2
134982	1018011	0	1

134983 rows × 3 columns

然后对 RMF 数据进行简单统计，代码及运行结果如下：

```
In [38]: df_userrmf.describe()
Out[38]:
```

	user_id	interval	frequency
count	1.349830e+05	134983.000000	134983.000000
mean	5.109369e+05	1.103250	2.997666
std	2.950335e+05	1.788626	2.906833
min	2.700000e+01	0.000000	1.000000
25%	2.549815e+05	0.000000	1.000000
50%	5.111140e+05	0.000000	2.000000
75%	7.668205e+05	2.000000	4.000000
max	1.018011e+06	8.000000	159.000000

从统计结果可以看出，最近一次消费时间间隔的数据平均值约为 1.1，几乎隔一天就要进行一次消费，而消费频率平均值约为 3，基本这 9 天中要消费 3 次。根据 RMF 模型，消费时间间隔越小越好，而消费频率越大越好。

根据获取的消费时间间隔和消费频率数据绘制散点图，代码如下：

```
In [39]: from pyecharts import options as opts
         from pyecharts.charts import Scatter
         scatter = (
             Scatter(init_opts=opts.InitOpts(width="650px", height="400px"))
             .add_xaxis(df_userrmf['interval'])
             .add_yaxis('消费频率', df_userrmf['frequency'],symbol_size=8)
             .set_global_opts(title_opts=opts.TitleOpts(title="消费时间间隔与消费频率"),
                             xaxis_opts=opts.AxisOpts(name='消费时间间隔',
                                             axislabel_opts=opts.LabelOpts(font_size=12)),
                             yaxis_opts=opts.AxisOpts(name='消费频率'))
             .set_series_opts(label_opts=opts.LabelOpts(is_show=False))
         )
         scatter.render_notebook()
```

运行结果如图 4-29 所示。

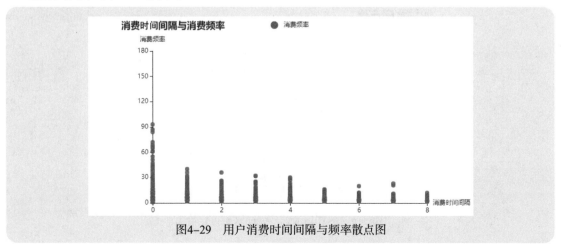

图4-29　用户消费时间间隔与频率散点图

从图中可以看出大部分用户的消费时间间隔在 3 天以内，且消费频率在 3 次以上。按照 RMF 模型进行客户划分，其中消费时间间隔以 3 天为划分依据，消费频率以 3 次为划分依据，将客户划分为四类，并分别统计各类用户数量绘制环形图，代码如下：

```
In [40]:    # 统计重要价值客户数量
            valuecustomer = df_userrmf[(df_userrmf['interval']<=3) & (df_userrmf['frequency']>3)].shape[0]
            # 统计重要保持客户数量
            keepcustomer = df_userrmf[(df_userrmf['interval']>3) & (df_userrmf['frequency']>3)].shape[0]
            # 统计重要发展客户数量
            growcustomer = df_userrmf[(df_userrmf['interval']<=3) & (df_userrmf['frequency']<=3)].shape[0]
            # 统计重要挽留客户数量
            staycustomer = df_userrmf[(df_userrmf['interval']>3) & (df_userrmf['frequency']<=3)].shape[0]
            print(valuecustomer)
            print(keepcustomer)
            print(growcustomer)
            print(staycustomer)

            33681
            3449
            85375
            12478
```

```
In [41]:    data = {'重要价值客户':valuecustomer,'重要保持客户':keepcustomer,
                    '重要发展客户':growcustomer,'重要挽留客户':staycustomer}
            from pyecharts import options as opts
            from pyecharts.charts import Pie
            pie = (
                Pie(init_opts=opts.InitOpts(width='500px',height='320px'))
                # 添加环形图的数据值
                .add("", [list(z) for z in zip(data.keys(), data.values())],
                        radius=[60,100])
                .set_global_opts(title_opts=opts.TitleOpts(title="四种客户占比"),
                        legend_opts=opts.LegendOpts(is_show=False))
                .set_series_opts(label_opts=opts.LabelOpts(formatter="{b}: {c}"))
            )
            pie.render_notebook()
```

运行结果如图 4-30 所示。

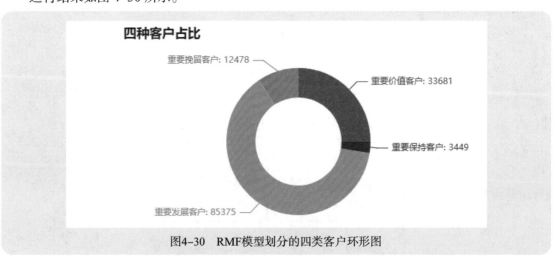

图4-30　RMF模型划分的四类客户环形图

从图中可以看出，重要价值客户达到了 33681 人，占比接近 25%；而重要发展客户则明显占比更多，达到 60% 以上。如果依据这 9 天的时间周期来看，说明电商平台仍然需要进一步采取相应有效的销售策略，将重要发展客户转化为重要价值用户。

4.4 小结

本章详细介绍了电商数据场景展示可视化的应用。案例数据集来源于淘宝电商平台，主要角度是用户行为特征分析。分析过程中首先制定了目标和策略，选用了 Excel 和 Python 两个工具进行对比分析。但考虑到分析工具对数据集大小的适用性问题，将原始数据集随机抽取了 100 万行记录后加载到 Excel 中使用，而在 Python 中则使用原始大数据集。案例中基于分析目标实现了 8 个方面的可视化应用，使用了包括柱状图、折线图、漏斗图、环形图、散点图等多种形式来展示分析成果，对场景目标特征进行了很好的诠释，完成了该类数据分析的可视化任务。

第 5 章

案例实战：房产数据可视化

　　房地产是我国国民经济中的重要支柱产业之一。近年来国家制定了"房住不炒"、增加多端供应等多项措施稳住房价，取得了明显成效。不过房产已经成为一种市场上公开的交易商品，具有价格波动明显、投资风险较大的金融属性，影响因素较多。

　　本章选择房产数据开展可视化应用，主要聚焦在二手房交易数据。二手房交易市场目前已经非常成熟，涌现了许多二手房交易中间商。在二手房交易中，二手房屋本身的属性如房屋所在区域、房屋修建时间、房屋面积、房屋布局等信息都会对房屋价格产生影响。本章案例通过爬取链家二手房网站获取数据集，并通过可视化对影响二手房价格走势的多种因素进行分析，使用了多种图形来呈现最终效果，整体的思维导图设计如下。

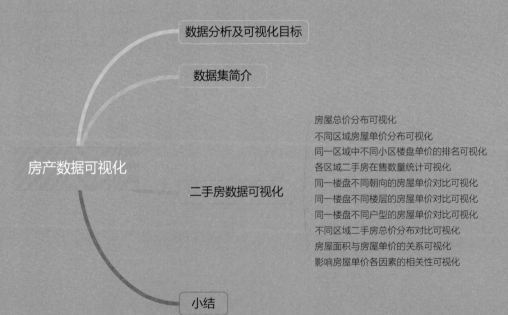

数据分析及可视化目标

数据集简介

房产数据可视化

二手房数据可视化

房屋总价分布可视化
不同区域房屋单价分布可视化
同一区域中不同小区楼盘单价的排名可视化
各区域二手房在售数量统计可视化
同一楼盘不同朝向的房屋单价对比可视化
同一楼盘不同楼层的房屋单价对比可视化
同一楼盘不同户型的房屋单价对比可视化
不同区域二手房总价分布对比可视化
房屋面积与房屋单价的关系可视化
影响房屋单价各因素的相关性可视化

小结

5.1 数据分析及可视化目标

本章案例选择了二手房交易数据进行数据分析和可视化应用。对二手房房源数据从不同角度进行分析，通过对房屋属性特征和房屋价格的关联分析，挖掘其中的数据相关性，确定影响二手房价格变化的关键因素。为此制定了如下的数据分析及可视化目标。

（1）统计房屋总价分布情况。

（2）统计不同区域房屋单价对比。

（3）统计同一区域中不同楼盘的单价对比。

（4）统计各区域在售二手房数量对比。

（5）统计同一楼盘中不同朝向的二手房单价对比。

（6）统计同一楼盘中不同楼层的二手房单价对比。

（7）统计同一楼盘中不同房型的二手房单价对比。

（8）统计不同区域二手房总价分布对比。

（9）对比房屋面积与房屋单价的关系。

（10）对影响房屋单价的各因素绘制热力图，展示其相关性。

需要特别说明的是，本章案例仅使用 Python 开展数据可视化分析，不再介绍 Excel 工具的使用。

5.2 数据集简介

本案例数据集需要通过网络爬虫的方式获取。网络爬虫是获取数据源的一种重要手段，在合理合法的前提下，爬虫可以帮助获取许多不同类型的数据。受限于本书主题，对于网络爬虫原理和过程无法详述，读者可以查阅网络资料或者购买《网络爬虫进化论 —— 从 Excel 爬虫到 Python 爬虫》（已由中国水利水电出版社出版，目前在京东、当当等各大电商平台有售）一书等多种方法来学习爬虫。

以天津地区二手房房源数据为目标，编写网络爬虫程序从链家房产网上（地址为 https://tj.lianjia.com/ershoufang/）进行数据爬取。数据集主要包括了小区名称（案例中命名为"楼盘名称"）、所在区域、面积（平方米）、户型、所在楼层、总楼高、朝向、总价（万元）、单价（元）等 9 个字段，共 3000 条记录。同时已经将爬取到的数据集托管到本书统一的存放网址，方便读者下载学习可视化应用。

5.3 二手房数据可视化

5.3.1 加载数据集

基于 Pandas 库来加载数据集，并将加载后的数据集保存为 DataFrame 数据对象，便于后续的分析处理。加载完成后可以查看前五行数据，代码及运行结果如下：

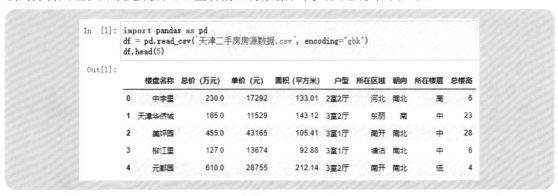

```
In [1]:  import pandas as pd
         df = pd.read_csv('天津二手房房源数据.csv', encoding="gbk")
         df.head(5)
```

Out[1]:

	楼盘名称	总价 (万元)	单价 (元)	面积 (平方米)	户型	所在区域	朝向	所在楼层	总楼高
0	中宇里	230.0	17292	133.01	2室2厅	河北	南北	高	6
1	天津华侨城	165.0	11529	143.12	3室2厅	东丽	南	中	23
2	美坪园	455.0	43165	105.41	3室1厅	南开	南北	中	28
3	柳江里	127.0	13674	92.88	3室1厅	塘沽	南北	中	6
4	元都园	610.0	28755	212.14	3室2厅	南开	南北	低	4

查看数据集发现有不少重复的房源信息，可能与网站信息管理有关。对于后续的分析而言，需要将重复信息清除，因此直接在 DataFrame 基础上使用 drop_duplicates 方法清除重复项，代码如下：

```
In [2]:  # 清除重复项
         df.drop_duplicates(inplace=True)
```

然后使用 DataFrame 对象的 info 方法查看数据集中各列信息，代码及运行结果如下：

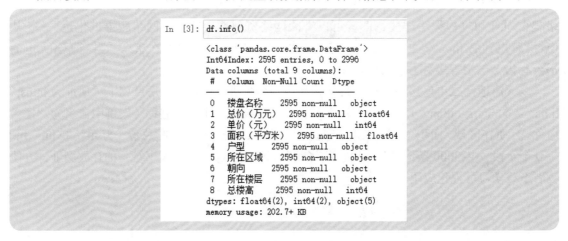

```
In [3]:  df.info()

<class 'pandas.core.frame.DataFrame'>
Int64Index: 2595 entries, 0 to 2996
Data columns (total 9 columns):
 #   Column      Non-Null Count   Dtype
 0   楼盘名称        2595 non-null    object
 1   总价（万元）      2595 non-null    float64
 2   单价（元）       2595 non-null    int64
 3   面积（平方米）     2595 non-null    float64
 4   户型          2595 non-null    object
 5   所在区域        2595 non-null    object
 6   朝向          2595 non-null    object
 7   所在楼层        2595 non-null    object
 8   总楼高         2595 non-null    int64
dtypes: float64(2), int64(2), object(5)
memory usage: 202.7+ KB
```

从输出结果可以看到，本数据集中共包含 2595 行数据，共有 9 列特征。

使用 DataFrame 对象的 describe 方法对数值型数据进行简单统计分析，代码及运行结果如下：

```
In [4]: df.describe()
Out[4]:
```

	总价（万元）	单价（元）	面积（平方米）	总楼高
count	2595.000000	2595.000000	2595.000000	2595.000000
mean	183.393742	23386.366089	82.315642	13.175723
std	117.854506	12552.836080	32.723607	9.543147
min	23.000000	3449.000000	10.510000	2.000000
25%	111.000000	15157.000000	58.120000	6.000000
50%	153.000000	20652.000000	82.850000	7.000000
75%	215.000000	28496.000000	97.000000	18.000000
max	1360.000000	121886.000000	301.030000	81.000000

从分析结果可以看到，房屋总价的平均价格为 183.39 万元，房屋总价变动范围为 23 万 ~ 1360 万元。房源面积最小为 10.51 平方米，最大为 301.03 平方米，不过 75% 的房源面积都在 100 平方米以内，表明二手房房源还是以中小面积户型为主。总楼层最高达到了 81 层，说明房源也有来自建筑高度至少 200 米的大厦，也从侧面反映出链家二手房信息的全面性。

5.3.2 二手房数据分析可视化

【案例5-1】房屋总价分布可视化

根据上一小节中 describe 方法统计的分析结果，数据集内所有房源的总价分布区间为 23 万 ~1360 万元，其中 25% 的价格为 110 万元，75% 的价格为 215 万元，表明房屋总价主要分布在 100 万 ~ 200 万元之间。因此，可以将房屋价格范围划分为 5 个区间，分别为 20 万 ~ 100 万元、100 万 ~ 150 万元、150 万 ~ 200 万元、
200 万 ~ 300 万元、300 万 ~ 1400 万元，然后分别统计各个区间内的房源数量，并绘制柱状图。

首先基于 Pandas 库的 cut 方法将房屋总价数据按照区间进行划分，并创建"所属区间（万元）"列，根据房屋总价数据划分到相应的区间范围，代码及运行结果如下：

```
In [5]:  # 创建"所属区间（万元）"列，并根据房屋总价划分相应区间
         df['所属区间（万元）'] = pd.cut(df['总价（万元）'],
                         bins = [20, 100, 150, 200, 300, 1400], right = True)
         df[['总价（万元）', '所属区间（万元）']]
```

Out[5]:

	总价（万元）	所属区间（万元）
0	230.0	(200, 300]
1	165.0	(150, 200]
2	455.0	(300, 1400]
3	127.0	(100, 150]
4	610.0	(300, 1400]
...	...	...
2981	299.0	(200, 300]
2982	157.0	(150, 200]
2983	398.0	(300, 1400]
2984	159.0	(150, 200]
2996	67.5	(20, 100]

2595 rows × 2 columns

接下来统计各个区间内房源的数量，并绘制成柱状图，代码如下：

```
In [6]:  # 统计各个区间中房屋数量
         df_pricebins = df.groupby('所属区间（万元）')['楼盘名称'].count()
         df_pricebins
```

```
Out[6]:  所属区间（万元）
         (20, 100]      499
         (100, 150]     771
         (150, 200]     574
         (200, 300]     452
         (300, 1400]    299
         Name: 楼盘名称, dtype: int64
```

```
In [7]:  from pyecharts import options as opts
         from pyecharts.charts import Bar
         bar = (
             Bar(init_opts=opts.InitOpts(width="650px", height="400px"))
             .add_xaxis([str(i) for i in df_pricebins.index.tolist()])
             .add_yaxis("房屋总价", df_pricebins.values.tolist(), bar_width = '50%')
             .set_global_opts(title_opts=opts.TitleOpts(title="房屋总价分布情况"),
                     xaxis_opts=opts.AxisOpts(axislabel_opts=opts.LabelOpts(font_size=14)),
                     legend_opts=opts.LegendOpts(textstyle_opts=opts.TextStyleOpts(font_size=14)))
         )
         bar.render_notebook()
```

代码运行结果如图 5-1 所示。

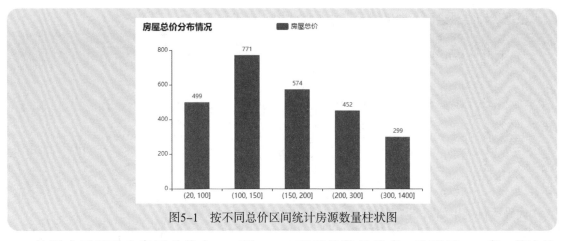

图5-1 按不同总价区间统计房源数量柱状图

从图中可以看出房屋总价在 100 万 ~ 150 万元的数量最多，达到了 771 套，其次为 150 万 ~ 200 万元区间，总计为 574 套。由于数据集总的有效房源为 2595 套，表明该数据集内天津地区二手房主力价格位于 100 万 ~ 200 万元这一区间。

【案例5-2】不同区域房屋单价分布可视化

天津地区按照行政区域划分，包括和平、河西、河东、塘沽、开发区等多个区县，在链家二手房网站上其区域划分与现行的行政区域稍微有些区别，数据集中更多考虑了自身数据区域划分的便利性。很显然，不同区域的房价是有所差别的，一般核心区域的房价都会比非核心区域高，通过分析不同区域的房屋单价，可以了解各区域的差距信息。

扫一扫，看视频

首先基于 DataFrame 对象的 groupby 方法进行分组统计，考虑房源所在区域进行分类，然后计算各区域的房屋单价均值，代码及运行结果如下：

```
In [8]: df_areaperprice = df.groupby('所在区域')['单价（元）'].mean()
        df_areaperprice
Out[8]: 所在区域
        东丽          15248.021978
        北辰          16550.370370
        南开          30534.450495
        和平          63231.967033
        塘沽          13754.745614
        宝坻           8748.625000
        开发区         19373.800000
        武清          15184.262136
        河东          22156.621849
        河北          22472.209524
        河西          33044.411765
        津南          13950.960317
        海河教育园区      16158.965517
        滨海新区        12077.142857
        红桥          24836.441176
        蓟州          11778.571429
        西青          20594.710784
        静海          11500.052632
        Name: 单价（元）, dtype: float64
```

根据统计结果绘制不同区域房屋单价柱状图，代码如下：

```
In [9]:  from pyecharts import options as opts
         from pyecharts.charts import Bar
         bar = (
             Bar(init_opts=opts.InitOpts(width="800px", height="400px"))
             .add_xaxis(df_areaperprice.index.tolist())
             .add_yaxis("房屋单价", df_areaperprice.values.tolist(),bar_width = '50%',
                     itemstyle_opts=opts.ItemStyleOpts(color="DarkCyan"))
             .set_global_opts(title_opts=opts.TitleOpts(title="各区域房屋单价柱状图"),
                     xaxis_opts=opts.AxisOpts(axislabel_opts=opts.LabelOpts(font_size=14, rotate='-90')),
                     legend_opts=opts.LegendOpts(textstyle_opts=opts.TextStyleOpts(font_size=14)))
             .set_series_opts(label_opts=opts.LabelOpts(is_show=False))
         )
         bar.render_notebook()
```

代码运行结果如图 5-2 所示。

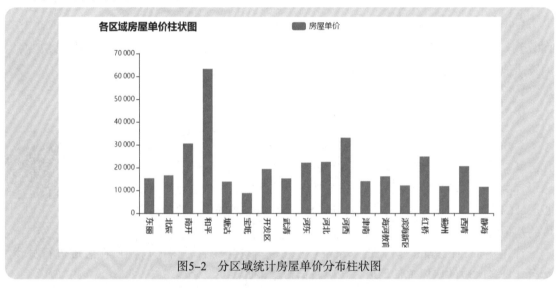

图5-2　分区域统计房屋单价分布柱状图

从图中可以看出天津市和平区的房屋单价明显高于天津市的其他区域，达到了 60000 元以上，要比排名第二的河西区贵了接近一倍，而宝坻和蓟州两个区由于远离市中心，其房屋单价最低，仅在 1 万元上下。

不过房屋单价柱状图只能看出各区域的平均单价情况，而有些区域内部范围较大，其单价差别也较大，数据分布并不均衡，此种情况可以通过箱形图进一步了解各区域内的单价变动情况，找出其中的异常值。

首先将数据按照区域转换为各区域房屋单价列表，代码如下：

```
In [10]:  # 将数据按照区域转换为各区域单价列表
          df_box = [df[df['所在区域'] == area]['单价（元）'].tolist() for area in df_areaperprice.index.tolist()]
```

然后将转换后的房屋单价数据以箱形图展示，代码如下：

```
In  [11]:  from pyecharts import options as opts
           from pyecharts.charts import Boxplot
           box = (
               Boxplot(init_opts=opts.InitOpts(width="800px", height="400px"))
               .add_xaxis(df_areaperprice.index.tolist())
               # 用prepare_data()将列表中的数据转换为[min, Q1, median (or Q2), Q3, max]
               .add_yaxis("房屋单价", Boxplot.prepare_data(df_box))
               .set_global_opts(title_opts=opts.TitleOpts(title="各区域房屋单价箱形图"),
                           xaxis_opts=opts.AxisOpts(axislabel_opts=opts.LabelOpts(font_size=14,rotate='-90')),
                           legend_opts=opts.LegendOpts(textstyle_opts=opts.TextStyleOpts(font_size=14)))
               .set_series_opts(label_opts=opts.LabelOpts(is_show=False))
           )
           box.render_notebook()
```

代码运行结果如图 5-3 所示。

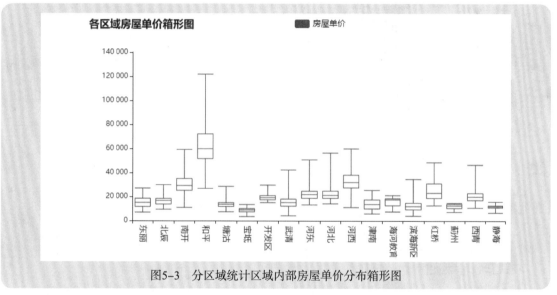

图5-3 分区域统计区域内部房屋单价分布箱形图

从图中可以看出各区域房屋均值以及最高价、最低价的分布范围。以和平区为例，单价均值为 58524，而最高价达到了 12 万元以上，最低价接近 3 万元，两者均偏离均值较多，说明即便是同一区域，由于房型、周边环境、交通便利等诸多因素的影响，也会造成较大的房价差异。

【案例5-3】同一区域中不同小区楼盘单价的排名可视化

在同一区域中，由于地理位置、周边环境和配套设施的不同，各小区楼盘的单价也不尽相同。通过分析同一区域中不同小区楼盘的单价排名情况，可以了解同一区域中各小区楼盘单价的差距，了解同一区域中哪些楼盘单价更高，以及了解各区内部不同楼盘的价值分布。

扫一扫，看视频

以和平区为例，统计和平区中各楼盘的单价排名榜单，统计榜单前十的楼盘名称和单价，并以条形图的形式进行展示。代码如下：

```
In [12]:  # 获取和平区中所有房屋信息
          df_heping = df[df['所在区域'] == '和平']
          # 获取和平区中所有楼盘的单价均值
          df_heping = df_heping.groupby('楼盘名称')['单价（元）'].mean()
          # 按照单价降序排序
          df_heping = df_heping.sort_values(ascending=False)
          df_heping
```

```
Out[12]:  楼盘名称
          万全道                121886.0
          信华南里              114865.0
          哈尔滨道              109420.0
          河北路                102627.0
          府上和平               92905.0
                              ...
          吴家窑二号路            37745.0
          环球金融中心津塔公寓       37327.0
          兴河里                36560.0
          南京路                36309.0
          天津大都会SMART        33837.0
          Name: 单价（元）, Length: 70, dtype: float64
```

```
In [18]:  from pyecharts import options as opts
          from pyecharts.charts import Bar
          bar = (
              Bar(init_opts=opts.InitOpts(width="800px", height="400px"))
              .add_xaxis(df_heping[-10:].index.tolist())
              .add_yaxis('楼盘单价', df_heping[-10:].values.tolist(),
                      itemstyle_opts=opts.ItemStyleOpts(color="palevioletred"))
              .reversal_axis()
              .set_series_opts(label_opts=opts.LabelOpts(is_show=True, position="right"))
              .set_global_opts(title_opts=opts.TitleOpts(title="单价前十的楼盘"))
          )
          bar.render_notebook()
```

代码运行结果如图 5-4 所示。

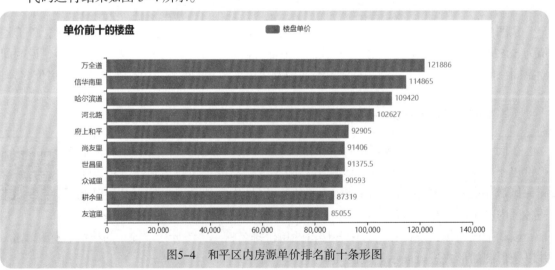

图5-4　和平区内房源单价排名前十条形图

从图中可以看出万全道的楼盘单价最高，分析其原因后，发现主要受益于学区房因素影响，而实际上和平区楼盘单价排名榜单前十的楼盘均为学区房，同时和平区又是天津市中心的核心区域，交通、医疗、教育、商场等多重有利因素叠加成就了其最贵区域名号。

【案例5-4】各区域二手房在售数量统计可视化

各区域中二手房在售数量可以体现房源所在区域的二手房交易活跃程度和供销情况。当某一区域中二手房在售数量明显多于其他区域时，表明该区域房源丰富、二手房市场较为活跃，不过由于各区经济发展不均衡，存量市场的各区域横向对比意义并不是很明显。

扫一扫,看视频

对数据集中各个区域房屋销售数量进行分组统计，并绘制成柱状图显示，代码如下：

```
In  [14]:  # 获取各区域房屋在售数量
           df_areanum = df.groupby('所在区域')['楼盘名称'].count()
           df_areanum

Out[14]:  所在区域
          东丽          182
          北辰          108
          南开          404
          和平           91
          塘沽          114
          宝坻           64
          开发区          15
          武清          206
          河东          238
          河北          210
          河西          357
          津南          126
          海河教育园区      29
          滨海新区        119
          红桥          102
          蓟州            7
          西青          204
          静海           19
          Name: 楼盘名称, dtype: int64
```

```
In  [15]:  from pyecharts import options as opts
           from pyecharts.charts import Bar
           bar = (
               Bar(init_opts=opts.InitOpts(width="800px", height="400px"))
               .add_xaxis(df_areanum.index.tolist())
               .add_yaxis('房屋在售数量', df_areanum.values.tolist())
               .set_global_opts(title_opts=opts.TitleOpts(title="各区域房屋在售数量"),
                           xaxis_opts=opts.AxisOpts(axislabel_opts=opts.LabelOpts(font_size=14,rotate='-90')),
                           legend_opts=opts.LegendOpts(textstyle_opts=opts.TextStyleOpts(font_size=14)))
               .set_series_opts(label_opts=opts.LabelOpts(is_show=False))
           )
           bar.render_notebook()
```

代码运行结果如图5-5所示。

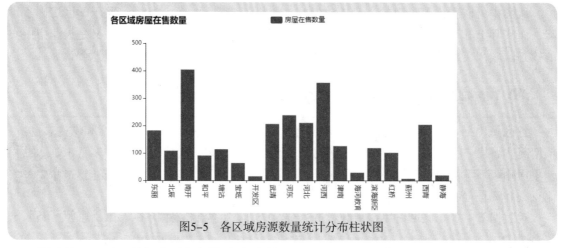

图5-5　各区域房源数量统计分布柱状图

从图中可以看出数据集分析周期内市内南开区和河西区在售二手房数量明显高于其他几个区域，开发区和蓟州区房源稀少。上述结果还可以通过饼图进行呈现，代码如下：

```
In [16]:  from pyecharts import options as opts
          from pyecharts.charts import Pie
          pie = (
              Pie(init_opts=opts.InitOpts(width="600px", height="500px"))
              .add("", [list(z) for z in zip(df_areanum.index.tolist(), df_areanum.values.tolist())],
                   radius=["40%", "75%"])
              .set_global_opts(title_opts=opts.TitleOpts(title="各区域房屋在售数量",pos_left="center"),
                      legend_opts=opts.LegendOpts(is_show=False))
              .set_series_opts(label_opts=opts.LabelOpts(formatter="{b}: {c}"))
          )
          pie.render_notebook()
```

代码运行结果如图 5-6 所示。

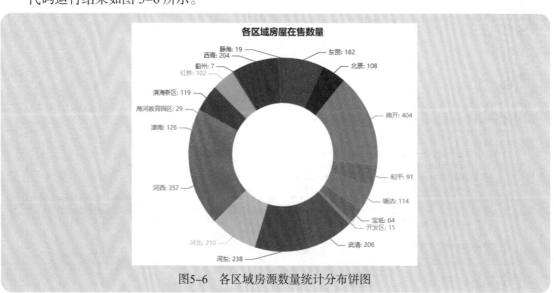

图5-6　各区域房源数量统计分布饼图

【案例5-5】同一楼盘不同朝向的房屋单价对比可视化

房屋单价会受到所在区域和周边环境影响，但同一楼盘中的房屋单价也不尽相同，房屋自身状况也会对房屋单价产生一定影响，如房屋的面积、朝向、房间数量等。下面分析同一楼盘中不同朝向的房屋单价情况，以了解朝向对房屋单价的影响。选取河西区新城小区这一楼盘中的在售二手房进行分析。从数据集中筛选出河西区新城小区在售二手房数据，代码及运行结果如下：

扫一扫，看视频

```
In [17]: # 获取河西区的新城小区在售二手房数据
         df_xcxq = df[(df['所在区域'] == '河西') & (df['楼盘名称'] == '新城小区')]
         df_xcxq
```

Out[17]:

	楼盘名称	总价 (万元)	单价 (元)	面积(平方米)	户型	所在区域	朝向	所在楼层	总楼高	所属区间 (万元)
13	新城小区	120.0	27248	44.04	1室1厅	河西	东北	中	8	(100, 150]
55	新城小区	116.0	28799	40.28	1室1厅	河西	南	高	7	(100, 150]
270	新城小区	120.0	29762	40.32	1室1厅	河西	南	中	8	(100, 150]
341	新城小区	185.0	32434	57.04	2室1厅	河西	南北	中	7	(150, 200]
483	新城小区	106.0	25835	41.03	1室1厅	河西	南	高	8	(100, 150]
516	新城小区	134.0	33251	40.30	1室1厅	河西	南	中	7	(100, 150]
555	新城小区	136.0	33747	40.30	1室1厅	河西	南	低	8	(100, 150]
703	新城小区	118.0	35088	33.63	1室1厅	河西	西	中	8	(100, 150]
714	新城小区	167.0	29350	56.90	2室1厅	河西	南北	中	8	(150, 200]
825	新城小区	170.0	29747	57.15	2室1厅	河西	南北	低	8	(150, 200]
1200	新城小区	169.0	27525	61.40	2室1厅	河西	南北	中	8	(150, 200]
1889	新城小区	120.0	29777	40.30	1室1厅	河西	南北	中	8	(100, 150]
1892	新城小区	178.0	29851	59.63	2室1厅	河西	南北	中	8	(150, 200]

该小区内目前在售房源有 13 套，可以以房屋朝向为维度进行分组汇总计算各朝向房屋的单价均值，并绘制柱状图，代码如下：

```
In [18]: df_dprice = df_xcxq.groupby('朝向')['单价 (元)'].mean()
         df_dprice = df_dprice.round(0)  #将小数点后保留0位
         df_dprice

Out[18]: 朝向
         东北    27248.0
         南      30279.0
         南北    29781.0
         西      35088.0
         Name: 单价 (元), dtype: float64
```

```
In [19]: from pyecharts import options as opts
         from pyecharts.charts import Bar
         bar = (
             Bar(init_opts=opts.InitOpts(width="500px", height="350px"))
             .add_xaxis(df_dprice.index.tolist())
             .add_yaxis('房屋单价均值', df_dprice.values.tolist(), bar_width = '50%')
             .set_global_opts(title_opts=opts.TitleOpts(title="不同朝向房屋单价比对"),
                             xaxis_opts=opts.AxisOpts(axislabel_opts=opts.LabelOpts(font_size=14)),
                             legend_opts=opts.LegendOpts(is_show=False))
             .set_series_opts(label_opts=opts.LabelOpts(is_show=True))
         )
         bar.render_notebook()
```

代码运行结果如图 5-7 所示。

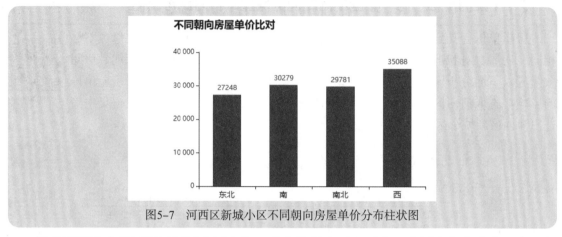

图5-7 河西区新城小区不同朝向房屋单价分布柱状图

从前面筛选出的河西区新城小区在售二手房数据中可以看出，房源中朝向为南和南北的居多，朝西和朝东北的分别仅有一例。天津属于北方地区，北方人对于房子的朝向是较为讲究的，多喜欢南北朝向的房子，因此这类房源居多。不过对于本例而言，由于朝西和朝东北的案例太少，横向不具备可比性，在此仅作为分析角度对比示例。

【案例5-6】同一楼盘不同楼层的房屋单价对比可视化

扫一扫，看视频

在影响房屋单价的各因素中，房屋所在楼层也是比较重要的影响因素之一。继续通过河西区新城小区这一楼盘中的在售二手房数据进行分析，查看不同楼层对房屋单价的影响。

数据集中房屋楼层给定了"高""中""低"三个级别，因此可以直接用于汇总计算，然后根据统计结果绘制柱状图，代码如下：

```
In [20]: df_lprice = df_xcxq.groupby('所在楼层')['单价（元）'].mean()
         df_lprice = df_lprice.round(0)   #将小数点后保留0位
         df_lprice

Out[20]: 所在楼层
         中     30476.0
         低     31747.0
         高     27317.0
         Name: 单价（元）, dtype: float64
```

```
In [21]: from pyecharts import options as opts
         from pyecharts.charts import Bar
         bar = (
             Bar(init_opts=opts.InitOpts(width="500px", height="350px"))
             .add_xaxis(df_lprice.index.tolist())
             .add_yaxis('房屋单价均值',df_lprice.values.tolist(),bar_width='50%')
             .set_global_opts(title_opts=opts.TitleOpts(title="不同所在楼层房屋单价比对"),
                             xaxis_opts=opts.AxisOpts(axislabel_opts=opts.LabelOpts(font_size=14)),
                             legend_opts=opts.LegendOpts(is_show=False))
             .set_series_opts(label_opts=opts.LabelOpts(is_show=True))
         )
         bar.render_notebook()
```

代码运行结果如图 5-8 所示。

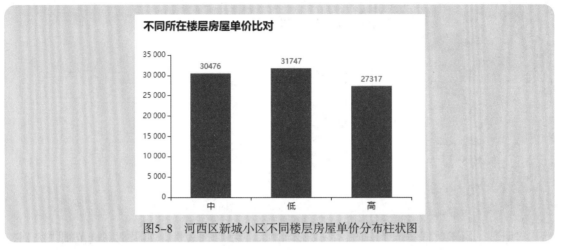

图5-8　河西区新城小区不同楼层房屋单价分布柱状图

从图中可以看出楼层对房屋单价的影响非常明显，中低楼层房屋单价明显高于高层单价，对于二手房而言顶层的单价会更低一些。

【案例5-7】同一楼盘不同户型的房屋单价对比可视化

在影响房屋单价的各因素中，户型也是比较重要的影响因素之一。继续通过河西区新城小区这一楼盘中的在售二手房数据进行分析，查看不同户型对房屋单价的影响。在将数据集进行筛选后，发现该小区户型仅包括 1 室 1 厅、2 室 1 厅两种户型，从房屋户型的角度出发汇总统计单价并绘制柱状图便于对比，代码如下：

扫一扫，看视频

```
In [22]:  df_rprice = df_xcxq.groupby('户型')['单价（元）'].mean()
          df_rprice = df_rprice.round(0)    #将小数点后保留0位
          df_rprice

Out[22]:  户型
          1室1厅    30438.0
          2室1厅    29781.0
          Name: 单价（元）, dtype: float64
```

```
In [23]:  from pyecharts import options as opts
          from pyecharts.charts import Bar
          bar = (
              Bar(init_opts=opts.InitOpts(width="400px", height="300px"))
              .add_xaxis(df_rprice.index.tolist())
              .add_yaxis('房屋单价均值',df_rprice.values.tolist(),bar_width = '50%')
              .set_global_opts(title_opts=opts.TitleOpts(title="不同户型房屋单价比对"),
                          xaxis_opts=opts.AxisOpts(axislabel_opts=opts.LabelOpts(font_size=14)),
                          legend_opts=opts.LegendOpts(is_show=False))
              .set_series_opts(label_opts=opts.LabelOpts(is_show=True))
          )
          bar.render_notebook()
```

代码运行结果如图 5-9 所示。

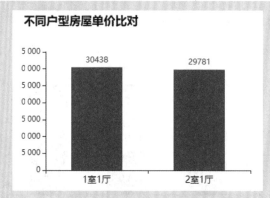

图5-9　河西区新城小区不同户型房源单价分布柱状图

很明显，由于数据集范围有限，图中显示的特征不具代表性。如果把筛选范围扩充到整个数据集，即对所有区域的户型进行汇总分析，由于户型的类型增多，得到的结果更具说服力。代码如下：

```
In [31]:  df_allrprice = df.groupby('户型')['单价（元）'].mean()
          df_allrprice = df_allrprice.round(0)   #将小数点后保留0位
          df_allrprice

Out[31]:  户型
          1室0厅    53494.0
          1室1厅    27105.0
          1室2厅    20872.0
          2室0厅    16004.0
          2室1厅    22992.0
          2室2厅    19511.0
          3室1厅    22267.0
          3室2厅    20554.0
          3室3厅    24698.0
          4室1厅    22901.0
          4室2厅    23710.0
          4室3厅    24024.0
          5室2厅    20757.0
          5室3厅    26168.0
          6室2厅    21412.0
          6室4厅    33606.0
          Name: 单价（元）, dtype: float64
```

```
In [25]:  from pyecharts import options as opts
          from pyecharts.charts import Bar
          bar = (
              Bar(init_opts=opts.InitOpts(width="800px", height="400px"))
              .add_xaxis(df_allrprice.index.tolist())
              .add_yaxis('房屋单价均值',df_allrprice.values.tolist(),bar_width = '50%',
                         itemstyle_opts=opts.ItemStyleOpts(color="green"))
              .set_global_opts(title_opts=opts.TitleOpts(title="不同户型房屋单价比对"),
                         xaxis_opts=opts.AxisOpts(axislabel_opts=opts.LabelOpts(font_size=14, rotate='-90')),
                         legend_opts=opts.LegendOpts(is_show=False))
              .set_series_opts(label_opts=opts.LabelOpts(is_show=False))
          )
          bar.render_notebook()
```

代码运行结果如图 5-10 所示。

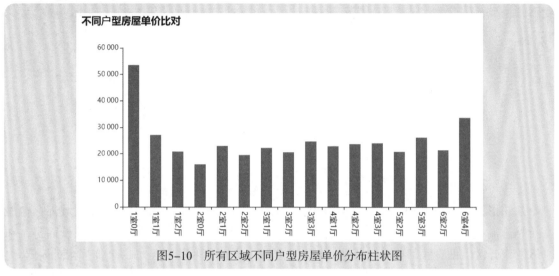

图5-10 所有区域不同户型房屋单价分布柱状图

从图中可以看出 1 室 0 厅户型的房屋单价最高，其原因在于这类房屋基本都是小面积的学区房，单价非常高。同时 6 室 4 厅大户型的房屋单价也较高，其类型多为别墅，属于房源中的稀缺资源。

【案例5-8】不同区域二手房总价分布对比可视化

案例 5-7 对不同户型的房屋单价进行了对比，不过对于购房者而言，许多时候更关心总价，因为总价也有可能是最终的成交价格。首先选择区域和总价两个条件对数据集进行筛选，然后绘制箱形图便于查看各个区域的总价分布状况，代码如下：

```
In [33]:   # 将数据按照区域转换为各区域房屋总价列表
           df_areaprice = df.groupby('所在区域')['总价（万元）'].mean()
           df_boxprice = [df[df['所在区域'] == area]['总价（万元）'].tolist() for area in df_areaprice.index.tolist()]

In [35]:   from pyecharts import options as opts
           from pyecharts.charts import Boxplot
           box = (
               Boxplot(init_opts=opts.InitOpts(width="800px", height="400px"))
               .add_xaxis(df_areaprice.index.tolist())
               # 用prepare_data()将列表中的数据转换为的[min, Q1, median (or Q2), Q3, max]
               .add_yaxis("房屋总价", Boxplot.prepare_data(df_boxprice))
               .set_global_opts(title_opts=opts.TitleOpts(title="各区域房屋总价箱形图"),
                       xaxis_opts=opts.AxisOpts(axislabel_opts=opts.LabelOpts(font_size=14, rotate='-90')),
                       legend_opts=opts.LegendOpts(textstyle_opts=opts.TextStyleOpts(font_size=14)))
               .set_series_opts(label_opts=opts.LabelOpts(is_show=False))
           )
           box.render_notebook()
```

代码运行结果如图 5-11 所示。

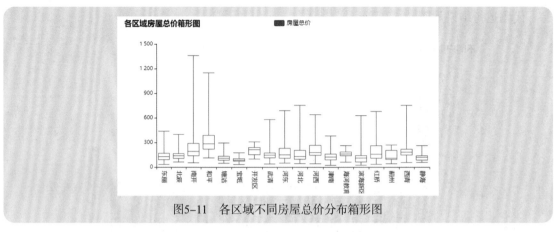

图5-11　各区域不同房屋总价分布箱形图

从箱形图中可以看到各区域房屋总价、最高价和最低价的分布情况。不少区域都存在最高价格远离平均总价的情况，可能和存在高端房源如别墅等有关。就房屋平均总价而言，和平区、南开区、西青区都要高出其他区域，宝坻区、蓟州区和静海区平均总价都相对偏低。

【案例5-9】房屋面积与房屋单价的关系可视化

房屋单价往往与房屋面积具有一定关系。下面通过分析数据集中的房屋单价和房屋面积属性，绘制两者分布的散点图来呈现关联特征，代码如下：

```python
In [36]: from pyecharts import options as opts
         from pyecharts.charts import Scatter
         scatter = (Scatter(init_opts=opts.InitOpts(width="800px", height="500px"))
                    .add_xaxis(df['面积（平方米）'])
                    .add_yaxis("", df['单价（元）'])
                    .set_global_opts(title_opts=opts.TitleOpts(title="面积与单价关系"),
                                     xaxis_opts=opts.AxisOpts(name='面积（平方米）',
                                         axislabel_opts=opts.LabelOpts(font_size=12)),
                                     yaxis_opts=opts.AxisOpts(name='单价（元）'))
                    .set_series_opts(label_opts=opts.LabelOpts(is_show=False))
                   )

         scatter.render_notebook()
```

扫一扫，看视频

代码运行结果如图 5-12 所示。

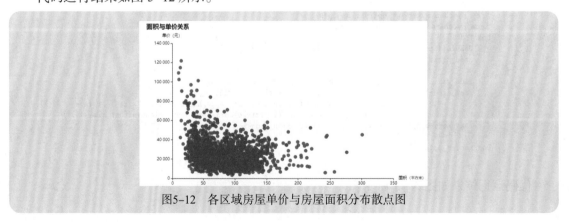

图5-12　各区域房屋单价与房屋面积分布散点图

从图中可以看出，数据集中的房源主体分布在左下角区域，即总面积在 50 ～ 150 平方米、单价在 10000 ～ 40000 元。整体表现为房屋面积越大，单价越低的趋势。左侧顶部有一些异常单价散点，单价高、面积小；右侧也有一些异常面积散点，面积大、单价中等。

【案例5-10】影响房屋单价各因素的相关性可视化

以上多个案例分析了影响房屋价格的多种因素。这里的价格主要考虑的是单价，单价受影响因素比较多，这里选取多个属性（面积、户型、所在区域、所在楼层、总楼高）来分析属性与单价之间的相关性。

扫一扫，看视频

首先筛选数据集中的房屋单价、面积、户型、所在区域、朝向、所在楼层、总楼高共 7 列数据：

```
In [37]:  # 选取数据中的相应列
          df_r = df[['单价（元）','面积（平方米）','户型','所在区域','朝向','所在楼层','总楼高']]
```

但这些因素中，只有面积和总楼高为数值数据，其他各因素均为分类数据，因此无法直接计算相关系数。需要对分类数据进行处理，将其转化为数值数据，才能进行相关系数的计算。这里选择使用 Pandas 的 get_dummies 方法，实现分类数据的独热编码。然后调用 DataFrame 数据对象的 corr 方法实现相关性计算，并绘制热力图，代码如下：

```
In [38]:  df_dummies = pd.get_dummies(df['朝向'])
          df_new = pd.concat([df_r[['单价（元）','面积（平方米）','总楼高']], df_dummies], axis=1)
          df_corr = df_new.corr()
          df_corr
```

Out[38]:

	单价（元）	面积（平方米）	总楼高	东	北	南	西
单价（元）	1.000000	-0.221826	-0.079816	0.156204	0.031305	-0.198950	0.110749
面积（平方米）	-0.221826	1.000000	0.194482	-0.160294	-0.097898	0.245930	-0.137535
总楼高	-0.079816	0.194482	1.000000	-0.006598	0.019619	-0.034826	0.055302
东	0.156204	-0.160294	-0.006598	1.000000	-0.054725	-0.716623	-0.074866
北	0.031305	-0.097898	0.019619	-0.054725	1.000000	-0.363030	-0.037926
南	-0.198950	0.245930	-0.034826	-0.716623	-0.363030	1.000000	-0.496643
西	0.110749	-0.137535	0.055302	-0.074866	-0.037926	-0.496643	1.000000

```
In [39]:  columns = df_corr.columns.tolist()
          data = []
          for index, row in df_corr.iterrows():
              for column in columns:
                  onedata = []
                  onedata.append(index)
                  onedata.append(column)
                  onedata.append(row[column])
                  data.append(onedata)
```

```
In [78]:  from pyecharts import options as opts
          from pyecharts.charts import HeatMap
          heatmap = (
              HeatMap(init_opts=opts.InitOpts(width='500px', height='500px'))
              .add_xaxis(df_corr.index.tolist())      # X轴显示文字
              .add_yaxis(
                  "",
                  df_corr.columns.tolist(),           # Y轴显示文字
                  data,                               # 热力图数据
                  label_opts=opts.LabelOpts(
                      is_show=True, position="inside"
                  ),
              )
              .set_global_opts(
                  title_opts=opts.TitleOpts(title='相关系数热力图'),
                  visualmap_opts=opts.VisualMapOpts(
                      max_=1,                         # 将图例上限修改为1
                      pos_left='right'),              # 将图例居中显示
              )
          )
          heatmap.render_notebook()
```

代码运行结果如图 5-13 所示。

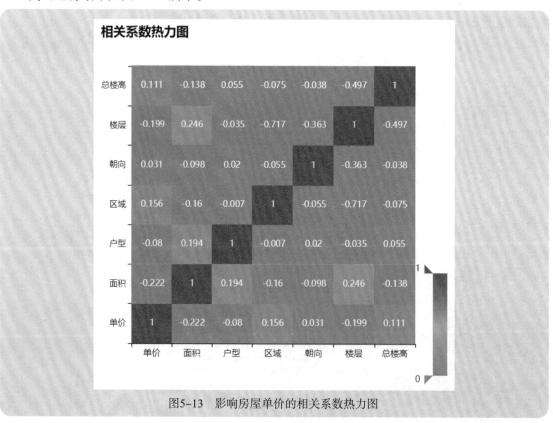

图5-13 影响房屋单价的相关系数热力图

在热力图中，深色代表两个因素相关性较高，浅色则代表相关性较低。从图中可以看出，单价与房屋所在区域相关性比其他各因素要强，而面积与单价则呈现一定的负相关性，即面积越大，单价越低，这也符合目前的房屋售价情况。

5.4 小结

本章基于爬取的链家天津地区二手房数据开展了可视化分析应用。从多个属性特征角度分析了房源分布、价格分布以及影响单价的多个因素，利用柱状图、散点图、箱形图、热力图等多种可视化图表直观地展示了价格及其影响因素的分布与关联关系。二手房数据集是很常见的一类商品数据集，本章中列举了多个分析角度和思路，以供读者参考。同时也建议读者尝试使用更多地区的二手房数据集，利用可视化手段来展示挖掘出的价值信息。

第 6 章

案例实战：疫情数据可视化

2020年1月，一场席卷海内外的新冠肺炎疫情暴发，2020年1月30日，世界卫生组织（WHO）宣布，将新冠肺炎疫情列为国际关注的突发公共卫生事件。如今距离疫情开始已经过去了两年多的时间，疫情形势依然很严峻。国内在党和政府的坚强领导下，以人民生命安全和健康为中心，采取了多种疫情防控措施，包括免费接种疫苗、免费救治新冠病人等，使得国内疫情很快得到了控制。同时中国还大力援助国外抗疫，与全世界人民一起对抗新冠病毒。

本章选择疫情数据开展可视化应用，一方面带领读者通过疫情数据的可视化分析进一步熟悉Python的可视化工具应用；另一方面通过国内外疫情数据变化对比激发我国国家富强、人民健康的自豪感。本章制定了如下的思维导图。

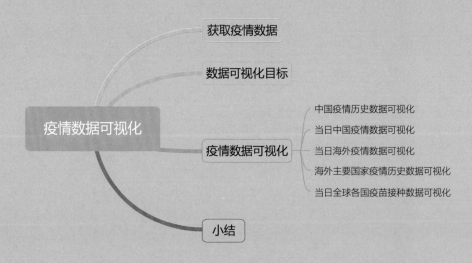

6.1 获取疫情数据

　　疫情数据资源非常多，读者可以从 Github 上下载到许多国内外免费的疫情相关数据，但疫情一直在实时变化，想要获得动态变化的疫情数据，则需要基于网络爬虫技术。国内使用较为广泛的数据主要有腾讯疫情数据和丁香园疫情数据，国外的则以美国约翰斯·霍普金斯大学发布的数据为准。

　　本案例选择的数据源为腾讯网提供的疫情数据，其网址为 https://news.qq.com/zt2020/page/feiyan.htm。读者可以在浏览器中打开该页面，顶部显示效果如图 6-1 所示。

图6-1 腾讯疫情数据

　　图 6-1 中显示了当天的疫情动态数据，包括国内疫情和海外疫情。国内疫情提供了当天的疫情变化和累计数据变化，如图中显示的现有确诊、累计确诊等；海外疫情则显示了累计确诊人数。通过爬取网页数据可以获取实时疫情数据，但仅仅获取实时数据无法展示疫情发展趋势，因此还需要获取疫情历史数据。这里列举了本案例中使用到的数据集来源对应的 API 网络地址，见表 6-1，读者可以在浏览器中打开查看获得数据。

表6-1 数据对应网址

序 号	网 址	数 据 说 明
1	https://api.inews.qq.com/newsqa/v1/query/inner/publish/modules/list?modules=chinaDayList, chinaDayAddList, nowConfirmStatis, provinceCompare	中国新冠肺炎疫情每日历史数据
2	https://view.inews.qq.com/g2/getOnsInfo?name=disease_h5	当日中国新冠肺炎疫情数据（新浪疫情数据接口）
3	https://api.inews.qq.com/newsqa/v1/query/pubished/daily/list?province=[省份名称]	中国某省份新冠肺炎疫情每日历史数据
4	https://api.inews.qq.com/newsqa/v1/automation/modules/list?modules=FAutoGlobalStatis, FAutoGlobalDailyList, FAutoCountryConfirmAdd	海外新冠疫肺炎情每日历史数据
5	https://view.inews.qq.com/g2/getOnsInfo?name=disease_foreign	当日海外新冠肺炎疫情数据
6	https://api.inews.qq.com/newsqa/v1/automation/foreign/daily/list? country=[国家名称]	海外某国家新冠肺炎疫情每日历史数据
7	https://api.inews.qq.com/newsqa/v1/automation/modules/list?modules=chinaVaccineTrendData	中国疫苗接种每日历史数据
8	https://api.inews.qq.com/newsqa/v1/automation/modules/list?modules=VaccineTrendData	海外各国疫苗接种每日历史数据
9	https://api.inews.qq.com/newsqa/v1/automation/modules/list?modules=VaccineSituationData	当日全球各国疫苗接种数据

本案例中所使用的数据全部从网上爬取，属于实时数据。因此在操作过程中首先要依据表6-1所列的网址，基于Python的requests库获取json格式的数据。这里简单介绍一下requests获取json数据的过程，供读者参考。

（1）在Python编译器（如Jupyter Notebook）中导入requests库和json库：

```
import requests
import json
```

（2）使用requests库的get请求方法传入目标网址，即可获得对应数据源的json格式数据：

```
Data_json = requests.get(url).text
```

（3）使用json库的json.loads方法将上述第二步获得的json数据转换为Python字典：

```
Data = json.loads(data_json)
```

（4）基于Python字典对目标数据的key和value进行抽取、分析和整理，获得分析数据列表。

6.2 数据可视化目标

主要目标包括：

（1）获取中国新冠肺炎疫情每日历史数据，展示中国确诊人数、死亡人数、治愈人数、境外输入病例人数、新增确诊人数等相关数据的变化趋势。

（2）获取当日中国新冠肺炎疫情数据和当日海外新冠肺炎疫情数据，对比展示中国与海外其他国家的确诊人数、死亡人数、治愈人数等各项数据，并通过饼图和鸡冠花图的形式实时展示疫情数据。

（3）获取中国各省份新冠肺炎疫情每日历史数据，展示各省份自身各项数据的变化趋势，横向比较各省份确诊人数、死亡人数、治愈人数等各项数据。

（4）获取海外各国新冠肺炎疫情每日历史数据，展示各国自身各项数据的变化趋势，横向比较各国确诊人数、死亡人数、治愈人数等各项数据。

（5）获取当日全球各国疫苗接种数据，横向比较各国疫苗接种情况数据。

6.3 疫情数据可视化

【案例6-1】中国疫情历史数据可视化

中国新冠肺炎疫情每日历史数据网址见表6-1中的第1行，数据统计范围仅包括最近两个月。依据上述requests库和json库获取数据的方法，可以直接获得60天内中国新冠肺炎疫情每日历史数据。

扫一扫，看视频

```
In [1]:  import requests
         import json
         import pandas as pd
         url = 'https://api.inews.qq.com/newsqa/v1/query/inner/publish/modules/list?modules=chinaDayList,\
         chinaDayAddList, nowConfirmStatis, provinceCompare'
         htmldata = requests.get(url)
         data_dayadd = json.loads(htmldata.text)['data']['chinaDayAddList']
         data_day = json.loads(htmldata.text)['data']['chinaDayList']
         # 查看疫情数据中包含哪些内容
         print(data_dayadd[0].keys())
         print(data_day[0].keys())

         dict_keys(['confirm', 'suspect', 'dead', 'heal', 'healRate', 'date', 'importedCase', 'infect', 'localinfectionadd',
         'Rate', 'y'])
         dict_keys(['nowConfirm', 'dead', 'deadRate', 'date', 'noInfect', 'localConfirm', 'noInfectH5', 'confirm', 'importe
         'local_acc_confirm', 'suspect', 'heal', 'nowSevere', 'healRate', 'y'])
```

chinaDayAddList每日疫情增加数据中部分数据项含义如下。

● confirm：新增确诊人数。

- heal：新增治愈人数。
- dead：新增死亡人数。
- importedCase：新增境外输入病例人数。
- suspect：新增疑似病例人数。
- date：日期。
- y：年份。

chinaDayList 每日疫情统计数据中部分数据项含义如下。

- confirm：总确诊人数。
- heal：总治愈人数。
- dead：总死亡人数。
- importedCase：总境外输入病例人数。
- nowConfirm：现有确诊人数。
- suspect：现有疑似病例人数。
- nowSevere：现有重症病人人数。
- healRate：治愈率。
- deadRate：死亡率。
- date：日期。
- y：年份。

可以看到 chinaDayAddList、chinaDayList 数据结构依然是字典形式，因此继续使用字典数据形式将关心的数据字段抽取出来，然后使用 Pandas 数据分析库保存为 DataFrame 对象，便于后续处理和可视化分析。对每日新增病例情况进行处理，代码如下：

```
In [2]:  # 获取同比上一天疫情增加数据
data_dayaddlist = []
for d in data_dayadd:
    data={}
    data['日期'] = str(d['y'])+'/'+d['date'][0:2]+'/'+d['date'][3:5]
    data['新增确诊'] = d['confirm']
    data['新增死亡'] = d['dead']
    data['新增治愈'] = d['heal']
    data['新增境外输入'] = d['importedCase']
    data['新增疑似病例'] = d['suspect']
    data_dayaddlist.append(data)
df_dayadd = pd.DataFrame(data_dayaddlist)
df_dayadd = df_dayadd.set_index(['日期'])
df_dayadd
```

Out[2]:

日期	新增确诊	新增死亡	新增治愈	新增境外输入	新增疑似病例
2022/03/27	2164	151	1925	56	6
2022/03/28	2022	168	1591	65	6
2022/03/29	2164	151	2578	64	2
2022/03/30	2666	135	2872	36	2
2022/03/31	2593	119	2536	40	2
2022/04/01	14288	120	5781	43	0
2022/04/02	8570	116	3907	51	0

下面为对近 60 天内每日疫情数据进行分析和整理，代码如下：

```
In [3]: # 获取每日疫情统计数据
        data_daylist = []
        for d in data_day:
            data={}
            data['日期'] = str(d['y'])+'/'+d['date'][0:2]+'/'+d['date'][3:5]
            data['总确诊人数'] = d['confirm']
            data['总死亡人数'] = d['dead']
            data['总治愈人数'] = d['heal']
            data['总境外输入人数'] = d['importedCase']
            data['现确诊人数'] = d['nowConfirm']
            data['现疑似病例'] = d['suspect']
            data['现重症人数'] = d['nowSevere']
            data['治愈率'] = d['healRate']+'%'
            data['死亡率'] = d['deadRate']+'%'
            data_daylist.append(data)
        df_day = pd.DataFrame(data_daylist)
        df_day = df_day.set_index(['日期'])
        df_day
```

Out[3]:

日期	总确诊人数	总死亡人数	总治愈人数	总境外输入人数	现确诊人数	现疑似病例	现重症人数	治愈率	死亡率
2022/03/28	453469	12911	170177	17370	270382	15	59	37.5%	2.8%
2022/03/29	455633	13062	172755	17434	269816	17	62	37.9%	2.9%
2022/03/30	458299	13197	175627	17470	269475	18	66	38.3%	2.9%
2022/03/31	460892	13316	178163	17510	269413	20	66	38.7%	2.9%
2022/04/01	475180	13436	183944	17553	277800	19	58	38.7%	2.8%
2022/04/02	483750	13552	187850	17604	282348	19	57	38.8%	2.8%
2022/04/03	485913	13663	190569	17643	281681	17	54	39.2%	2.8%
2022/04/04	487867	13753	192850	17705	281264	17	63	39.5%	2.8%
2022/04/05	490130	13840	196207	17737	280083	16	75	40.0%	2.8%

选择以折线图的形式展示近 60 天内中国新增确诊、新增境外输入和新增疑似病例的变化趋势，三个折线图基于 pyecharts 选项卡的方式进行展示，代码如下：

```
In [4]: from pyecharts import options as opts
        from pyecharts.charts import Line
        from pyecharts.charts import Tab
        cate = ['新增确诊', '新增境外输入', '新增疑似病例']
        tab = Tab()     # 创建选项卡
        for c in cate:
            line = (
                Line(init_opts=opts.InitOpts(width="800px", height="400px"))
                .add_xaxis(df_dayadd.index.tolist())
                .add_yaxis(c, df_dayadd[c].values.tolist())
                .set_series_opts(
                    areastyle_opts=opts.AreaStyleOpts(color="#10b6e3", opacity=0.5),  # 透明度
                    label_opts=opts.LabelOpts(is_show=True),  # 是否显示标签
                )
                .set_global_opts(title_opts=opts.TitleOpts(title=c+"人数"),
                                 xaxis_opts=opts.AxisOpts(axislabel_opts=opts.LabelOpts(font_size=12)),
                                 yaxis_opts=opts.AxisOpts(name='人数'))
            )
            tab.add(line, c)     #将折线图添加入选项卡中
        tab.render_notebook()
```

代码运行结果如图 6-2 所示。

单击选项卡可以显示切换"新增确诊""新增境外输入""新增疑似病例"等数据呈现的折线图样式。图 6-2 所示为"新增境外输入人数"数据变化的折线图。

图6-2 以选项卡的方式展示国内每日新增病例情况折线图

从图中可以看出新增确诊病例总数量整体在 100 例以内，境外输入病例一直都有，数量波动起伏较大，新增疑似病例基本控制较好，没有出现大幅增加的情况。

采用同样的数据处理过程去分析中国疫情统计数据总数的变化趋势，并实现可视化展示，读者可以参考上述案例亲自实践一番。

【案例6-2】当日中国疫情数据可视化

扫一扫,看视频

当日中国新冠肺炎疫情数据网址见表 6-1 中的第 2 行，使用 requests 库和 json 库实现数据获取后，就可以开始进行数据整理和分析了。提示：这里的数据源选取了新浪疫情数据接口，如果在接口地址后不加时间戳，默认就是当前时间。代码如下：

```
In [5]: import requests
        import json,time
        import pandas as pd

        #数据接口
        url = 'https://gwpre.sina.cn/interface/fymap2020_data.json'
        #获取数据并转换为字典
        data_dict = requests.get(url).json()
        #选取里面的data键作为分析目标
        d = data_dict['data']
        #查看data里包括的键名
        d.keys()
```

运行后获取的键名包括：

['times', 'mtime', 'cachetime', 'gntotal', 'deathtotal', 'sustotal', 'curetotal', 'econNum', 'heconNum', 'asymptomNum', 'jwsrNum', 'add_daily', 'jwsrTop', 'list', 'othertotal', 'otherlist', 'otherhistorylist', 'historylist', 'worldlist', 'caseClearCityInfo']。

其中的键名大部分可以知名见义，也可以在 Jupyter Notebook 中直接输入键名获取对应的数据，从数据本身来理解键名的含义。例如，gntotal 为国内的疫情数据，add_daily 为国内每日新增的疫情数据，list 为国内各省（自治区、直辖市）当前统计的疫情数据，historylist 为国内疫情历史数据。

```
In  [6]:  #查看list中包含的数据 -- 当前国内各省地区疫情数据
          d['list']

Out[6]: [{'name': '北京',
          'ename': 'beijing',
          'value': '3310',
          'conadd': '待公布',
          'hejian': '',
          'econNum': '594',
          'susNum': '0',
          'deathNum': '9',
          'asymptomNum': '469',
          'cureNum': '2707',
          'zerodays': '1',
          'jwsr': '含境外输入',
          'jwsrNum': '718',
```

通过查看 list 获取键名包括的数据，list 里还包括多个字典（item），每个 item 就是一个省（自治区、直辖市）的数据，每个 item 又包括多个 keys，其中 key 可以通过查看数据获取。例如，name 为省（自治区、直辖市）的名称，ename 为省（自治区、直辖市）的英文名，value 为当前累计确诊疫情数据，econNum 为现存确诊数据等。也可以访问新浪疫情网页对照理解，图 6-3 所示为北京市的疫情实时动态追踪网页。

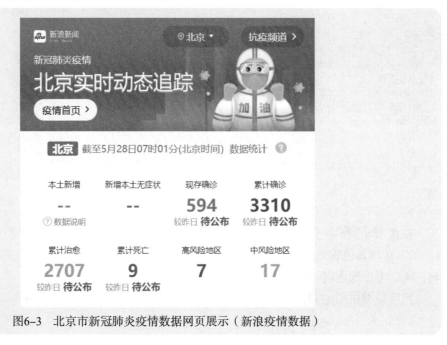

图6-3　北京市新冠肺炎疫情数据网页展示（新浪疫情数据）

接下来可以对国内各省（自治区、直辖市）的累计确诊病例数据进行可视化分析。首先需要在上述代码的基础上提取各省（自治区、直辖市）名称 name 和累计病例 value 的数据，然后即可绘制各类平面分布特征图，如鸡冠花图、饼图或矩形树图等。

例如，选择绘制鸡冠花图来呈现各省（自治区、直辖市）之间的数据差异。先准备好相应的数据，并进行排序处理，代码如下：

```
In [7]:  # 准备好绘图的数据，包括各省市名称、各省市累计确诊疫情数据
         province_names=[item['name'] for item in d['list']]
         province_values=[int(item['value']) for item in d['list']]
         # 将数据转换为列表加元组样式，便于后续绘制饼图
         data = [list(z) for z in zip(province_names,province_values)]
         # 对数据进行排序处理
         data.sort(key=lambda x:x[1])
         data
```

部分输出数据如下：

```
Out[7]:  [['西藏', 1],
          ['澳门', 83],
          ['宁夏', 122],
          ['青海', 147],
          ['贵州', 185],
          ['海南', 288],
          ['山西', 420],
          ['甘肃', 681],
          ['重庆', 711],
          ['新疆', 1008],
          ['安徽', 1065],
          ['江西', 1383],
          ['湖南', 1393],
          ['广西', 1622],
          ['辽宁', 1673],
          ['内蒙古', 1753],
          ['天津', 1958],
          ['河北', 2004],
          ['云南', 2143],
          ['江苏', 2230],
          ['四川', 2320],
          ['山东', 2735],
          ['黑龙江', 2983],
          ['浙江', 3136],
          ['河南', 3174],
          ['福建', 3220],
          ['陕西', 3283],
          ['北京', 3330],
          ['广东', 7289],
```

在统计过程中会发现台湾、香港地区的累计确诊人数（[' 香港 ', 332175], [' 台湾 ', 1640271]]与其他省（自治区、直辖市）的数据存在太大的差异，对后续的成图会有一定的影响，所以考虑绘图时不添加这两个地区的数据。

然后根据饼图的制作方式使用 pyecharts 开始编写代码，参考如下：

```
In [11]: from pyecharts import options as opts
         from pyecharts.charts import Pie
         # 创建饼图并设置画布大小
         pie=Pie(init_opts=opts.InitOpts(width='600px',height='600px'))
         # 为饼形图添加数据
         pie.add(
             series_name="地区",        # 序列名称
             data_pair=data[:-2],        # 数据
             radius=["12%","200%"],     #内外半径大小
             center=["50%","90%"],      # 中心位置
             rosetype='area',           # 鸡冠花图
             color='auto'               # 颜色自动渐变
         )
         pie.set_global_opts(
         # 不显示图例
             legend_opts=opts.LegendOpts(is_show=False),
         # 视觉映射
             visualmap_opts=opts.VisualMapOpts(is_show=False,
             min_=100,       # 设置色标最小值
             max_=10000,    # 设置色标最大值
         )
         )
         pie.set_series_opts(
             label_opts=opts.LabelOpts(position='inside',  # 标签显示位置
             rotate=45,
             font_size=11) # 字体大小
         )
         # 渲染显示
         pie.render_notebook()
```

运行代码后效果如图 6-4 所示。

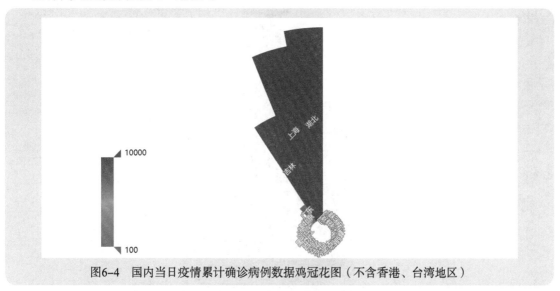

图6-4 国内当日疫情累计确诊病例数据鸡冠花图（不含香港、台湾地区）

如果考虑图形的显示差异更明显，可以选择更少一些的数据绘图，如将上述数据中累计确诊病例大于 5000 的省（自治区、直辖市）都去除后再进行绘制，代码参考如下：

```
In [12]:    from pyecharts import options as opts
            from pyecharts.charts import Pie
            # 创建饼图并设置画布大小
            pie=Pie(init_opts=opts.InitOpts(width='600px',height='600px'))
            # 为饼形图添加数据
            pie.add(
                  series_name="地区",      # 序列名称
                  data_pair=data[:-5],      # 数据
                  radius=["12%","200%"],   #内外半径大小
                  center=["50%","70%"],  # 中心位置
                  rosetype='area',       # 鸡冠花图
                  color='auto'           # 颜色自动渐变
            )
            pie.set_global_opts(
            # 不显示图例
                  legend_opts=opts.LegendOpts(is_show=False),
            # 视觉映射
                  visualmap_opts=opts.VisualMapOpts(is_show=False,
                  min_=100,    # 设置色标最小值
                  max_=3000,  # 设置色标最大值
            )
            )
            pie.set_series_opts(
                  label_opts=opts.LabelOpts(position='inside',  # 标签显示位置
                  rotate=45,
                   font_size=11) # 字体大小
            )
            # 渲染显示
            pie.render_notebook()
```

运行代码后，效果较图 6-4 有明显改观，如图 6-5 所示。

图6-5　国内当日疫情累计确诊病例数据鸡冠花图（选择部分数据）

下面继续选择疫情数据来绘制矩形树图。这里首先准备好数据，代码如下：

```
In [16]:  # 准备好绘图的数据，包括各省市名称、各省市累计治愈病例数据
          province_names=[item['name'] for item in d['list']]
          province_values=[int(item['cureNum']) for item in d['list']]

          # 将数据转换为列表加字典样式，便于后续绘制矩形树图
          tree=[]
          for value,name in zip(province_values,province_names):
              dic={}
              dic['value']=int(value)
              dic['name']=str(name)+'\n'+str(value)
              tree.append(dic)
          tree

Out[16]:  [{'value': 2750, 'name': '北京\n2750'},
           {'value': 63886, 'name': '湖北\n63886'},
           {'value': 7215, 'name': '广东\n7215'},
           {'value': 3105, 'name': '浙江\n3105'},
           {'value': 3027, 'name': '河南\n3027'},
           {'value': 1386, 'name': '湖南\n1386'},
           {'value': 700, 'name': '重庆\n700'},
```

然后即可使用 pyecharts 库绘制矩形树图，代码如下：

```
In [20]:  #导入 TreeMap 模块
          from pyecharts.charts import TreeMap

          #准备绘图
          t = TreeMap()
          t.add(
                  series_name="",
                  data=tree,
                  width='100%',height='100%',pos_top="25px"
                  )
          t.set_global_opts(title_opts=opts.TitleOpts(title="各省(自治区、直辖市)累计治愈病例数据可视化"))
          # 渲染显示
          t.render_notebook()
```

执行后显示效果如图 6-6 所示。

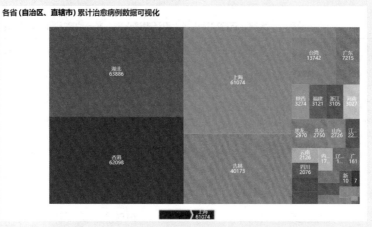

图6-6　国内当日疫情累计治愈病例数据矩形树图

【案例6-3】当日海外疫情数据可视化

对于当日海外疫情数据，其数据源网址见表 6-1 中的第 5 行和第 6 行。同样基于 requests 库和 json 库获得海外各个国家的当日疫情数据，数据项包括 "新增确

诊人数""累计确诊人数""累计治愈人数"和"累计死亡人数",共获取 161 个海外国家和地区的疫情数据,代码及运行结果如下:

In [13]:

```
import requests
import json
import pandas as pd
url1 = 'https://view.inews.qq.com/g2/getOnsInfo?name=disease_foreign'
url2 = 'https://api.inews.qq.com/newsqa/v1/automation/foreign/daily/list?country='
htmldata1 = requests.get(url1)
data_foreign = json.loads(json.loads(htmldata1.text)['data'])['foreignList']
data_foreigntodaylist = []
for f in data_foreign:
    data = {}
    data['国家'] = f['name']
    data['大洲'] = f['continent']
    # 获取累计确诊人数、累计治愈人数、累计死亡人数
    htmldata2 = requests.get(url2 + f['name'])
    data_foreignnowconfirm = json.loads(htmldata2.text)['data']
    data['新增确诊人数'] = data_foreignnowconfirm[-1]['confirm_add']
    data['累计确诊人数'] = data_foreignnowconfirm[-1]['confirm']
    data['累计治愈人数'] = data_foreignnowconfirm[-1]['heal']
    data['累计死亡人数'] = data_foreignnowconfirm[-1]['dead']
    data_foreigntodaylist.append(data)
df_foreigntoday = pd.DataFrame(data_foreigntodaylist)
df_foreigntoday
```

Out[13]:

	国家	大洲	新增确诊人数	累计确诊人数	累计治愈人数	累计死亡人数
0	美国	北美洲	3051	39668541	30826478	654696
1	西班牙	欧洲	0	4831809	4258193	84000
2	哥伦比亚	南美洲	1954	4905258	4615354	124811
3	法国	欧洲	13630	6827146	415111	114506
4	秘鲁	南美洲	7448	2149591	1720665	198263
...	...	...	...	...	...	...
156	索马里	非洲	92	17302	7695	963
157	几内亚比绍	非洲	21	5766	4027	117
158	伯利兹	北美洲	0	16012	13543	356
159	东帝汶	亚洲	0	16402	10039	62
160	巴布亚新几内亚	大洋洲	0	17838	17384	192

161 rows × 6 columns

然后通过柱状图的方式展示新增确诊人数 Top 10 的国家，代码如下：

```
In [14]:  from pyecharts import options as opts
          from pyecharts.charts import Bar
          bar = (
              Bar(init_opts=opts.InitOpts(width="700px", height="350px"))
              .add_xaxis(df_foreigntoday.sort_values(by=['新增确诊人数'],ascending=False).iloc[0:10,0].tolist())
              .add_yaxis('新增确诊人数',
                        df_foreigntoday.sort_values(by=['新增确诊人数'],ascending=False).iloc[0:10,2].tolist(),
                        bar_width = '50%')
              .set_global_opts(title_opts=opts.TitleOpts(title="新增确诊人数Top 10"),
                        xaxis_opts=opts.AxisOpts(axislabel_opts=opts.LabelOpts(font_size=12)),
                        legend_opts=opts.LegendOpts(is_show=False))
              .set_series_opts(label_opts=opts.LabelOpts(is_show=True))
          )
          bar.render_notebook()
```

代码运行结果如图 6-7 所示。

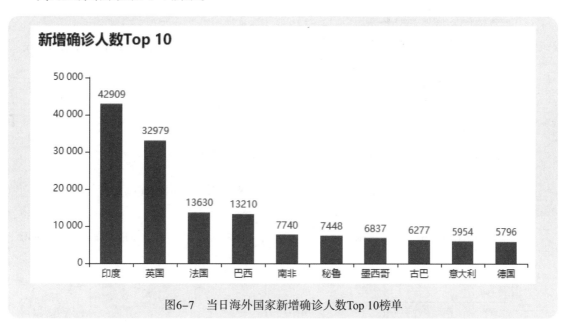

图6-7　当日海外国家新增确诊人数Top 10榜单

从图中可以看出当日印度和英国新增确诊人数最多，都超过了 30000 人。为了更好地反映全世界疫情的情况，可以基于 pyecharts 来绘制世界地图。为了在地图中显示中文的国家和地区的名称，需要先设定各国家和地区中英文名称对照字典。部分代码如下：

```
In  [16]:  # 世界地图原本国家名称为英文，为了与数据中中文国家名称对应，设置对应数据
           name_map = {
                  'Singapore Rep.': '新加坡',
                  'Dominican Rep.': '多米尼加',
                  'Palestine': '巴勒斯坦',
                  'Bahamas':'巴哈马',
                  'Timor-Leste': '东帝汶',
                  'Afghanistan': '阿富汗',
                  'Guinea-Bissau': '几内亚比绍',
                  'Côte d'Ivoire': '科特迪瓦',
                  'Siachen Glacier': '锡亚琴冰川',
                  'Br. Indian Ocean Ter.': '英属印度洋领土',
                  'Angola': '安哥拉',
                  'Albania': '阿尔巴尼亚',
                  'United Arab Emirates': '阿联酋',
                  'Argentina': '阿根廷',
```

以世界地图的方式展示海外各国和地区的新增确诊人数，代码如下：

```
In  [17]:  from pyecharts import options as opts
           from pyecharts.charts import Map
           mapchart = (
                  Map(init_opts=opts.InitOpts(width="700px", height="400px"))
                  .add("新增确诊人数", [list(z) for z in zip(df_foreigntoday['国家'].tolist(), df_foreigntoday['新增确诊人数'].tolist())],
                       "world", is_map_symbol_show=False, name_map=name_map)
                  .set_series_opts(label_opts=opts.LabelOpts(is_show=False))
                  .set_global_opts(
                       title_opts=opts.TitleOpts(title="海外新增确诊人数"),
                       visualmap_opts=opts.VisualMapOpts(range_text=["High", "Low"],
                                                        min_=df_foreigntoday['新增确诊人数'].min(),
                                                        max_=df_foreigntoday['新增确诊人数'].max()),
                       legend_opts=opts.LegendOpts(is_show=False)
                  )
           )
           mapchart.render_notebook()
```

接下来以洲进行分类统计疫情数据，并绘制饼图进行对比显示，代码如下：

```
In  [18]:  # 分类统计各大洲的疫情数据
           df_continent = df_foreigntoday.groupby(['大洲'])[['新增确诊人数','累计确诊人数','累计治愈人数','累计死亡人数']].sum()
           df_continent
```

Out[18]:

大洲	新增确诊人数	累计确诊人数	累计治愈人数	累计死亡人数
亚洲	73861	69579548	58504537	1023722
其他	0	712	699	13
北美洲	19130	47254391	36430568	983315
南美洲	27203	36829534	32291247	1128369
大洋洲	1411	73970	44412	1220
欧洲	63616	55226499	32081882	1170483
非洲	15984	7173834	5596603	185406

```
In [19]:  from pyecharts import options as opts
          from pyecharts.charts import Pie
          from pyecharts.charts import Grid
          pie1 = (
              Pie(init_opts=opts.InitOpts(width='300px',height='200px'))
              .add("", [list(z) for z in zip(df_continent.index.tolist(), df_continent['新增确诊人数'].tolist())],
                  center=[200,150],radius=[40,80])
              .set_global_opts(title_opts=opts.TitleOpts(title="新增确诊人数",pos_left="145",pos_top='10'),
                      legend_opts=opts.LegendOpts(is_show=False))
              .set_series_opts(label_opts=opts.LabelOpts(formatter="{b}: {c}"))
          )
          pie2 = (
              Pie(init_opts=opts.InitOpts(width='300px',height='200px'))
              .add("", [list(z) for z in zip(df_continent.index.tolist(), df_continent['累计确诊人数'].tolist())],
                  center=[600,150],radius=[40,80])
              .set_global_opts(title_opts=opts.TitleOpts(title="累计确诊人数",pos_left="540",pos_top='10'),
                      legend_opts=opts.LegendOpts(is_show=False))
              .set_series_opts(label_opts=opts.LabelOpts(formatter="{b}: {c}"))
          )
          pie3 = (
              Pie(init_opts=opts.InitOpts(width='300px',height='200px'))
              .add("", [list(z) for z in zip(df_continent.index.tolist(), df_continent['累计治愈人数'].tolist())],
                  center=[200,410],radius=[40,80])
              .set_global_opts(title_opts=opts.TitleOpts(title="累计治愈人数",pos_left="145",pos_top='270'),
                      legend_opts=opts.LegendOpts(is_show=False))
              .set_series_opts(label_opts=opts.LabelOpts(formatter="{b}: {c}"))
          )
          pie4 = (
              Pie(init_opts=opts.InitOpts(width='300px',height='200px'))
              .add("", [list(z) for z in zip(df_continent.index.tolist(), df_continent['累计死亡人数'].tolist())],
                  center=[600,410],radius=[40,80])
              .set_global_opts(title_opts=opts.TitleOpts(title="累计死亡人数",pos_left="540",pos_top='270'),
                      legend_opts=opts.LegendOpts(is_show=False))
              .set_series_opts(label_opts=opts.LabelOpts(formatter="{b}: {c}"))
          )
          grid = (Grid(init_opts=opts.InitOpts(width='800px',height='550px'))
                  .add(pie1,
                      grid_opts=opts.GridOpts())
                  .add(pie2,
                      grid_opts=opts.GridOpts())
                  .add(pie3,
                      grid_index=2,
                      grid_opts=opts.GridOpts())
                  .add(pie4,
                      grid_index=3,
                      grid_opts=opts.GridOpts())
                  )
          grid.render_notebook()
```

运行结果如图 6-8 所示。

从图中可以看出，在累计死亡人数中，欧洲占比最大，而在新增确诊人数、累计确诊人数和累计治愈人数中，亚洲占比最大。

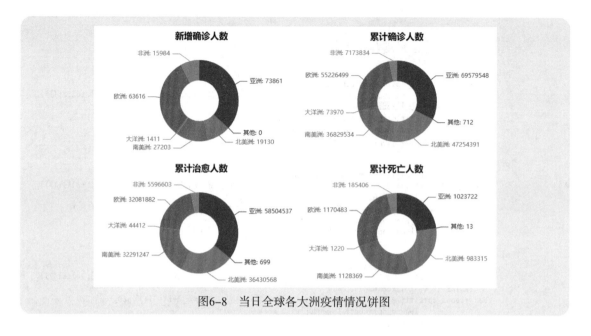

图6-8　当日全球各大洲疫情情况饼图

【案例6-4】海外主要国家疫情历史数据可视化

扫一扫,看视频

对于海外国家疫情历史数据,其数据源见表 6-1 中的第 4 行。数据项主要包括"新增确诊人数""累计确诊人数""累计治愈人数""累计死亡人数"等。本案例以美国、法国、巴西为例,获取这些国家从 2020 年 1 月 28—2021 年 8 月 30 日的相关疫情数据,并进行可视化。

首先获取美国、法国、巴西疫情数据,并分别保存为相应 DataFrame 对象,代码如下:

```
In [29]: import requests
         import json
         import pandas as pd
         urllist = ['https://api.inews.qq.com/newsqa/v1/automation/foreign/daily/list?country=美国',
                    'https://api.inews.qq.com/newsqa/v1/automation/foreign/daily/list?country=法国',
                    'https://api.inews.qq.com/newsqa/v1/automation/foreign/daily/list?country=巴西']
         data_alllist = []
         for url in urllist:
             htmldata = requests.get(url)
             data_f = json.loads(htmldata.text)['data']
             data_flist = []
             for d in data_f:
                 data={}
                 data['日期'] = str(d['y'])+'/'+d['date'][0:2]+'/'+d['date'][3:5]
                 data['新增确诊人数'] = d['confirm_add']
                 data['累计确诊人数'] = d['confirm']
                 data['累计治愈人数'] = d['heal']
                 data['累计死亡人数'] = d['dead']
                 data_flist.append(data)
             data_alllist.append(data_flist)
         df_usa = pd.DataFrame(data_alllist[0])
         df_french = pd.DataFrame(data_alllist[1])
         df_brazil = pd.DataFrame(data_alllist[2])
```

其中巴西疫情数据开始日期为 2020 年 2 月 26 日，晚于美国和法国的疫情数据开始日期，为了便于数据分析，将 3 个国家的数据开始日期统一为 2020 年 3 月 1 日，这样 3 个国家的疫情数据均为 548 天，同时设定"日期"列为索引列，代码如下：

```
In [30]: # 设定日期为索引列
from datetime import datetime
df_usa['日期'] = pd.to_datetime(df_usa['日期'])
df_usa = df_usa.set_index(['日期'])
df_usa = df_usa[(df_usa.index >= datetime(2020,3,1)) & (df_usa.index <= datetime(2021,8,30))]
df_french['日期'] = pd.to_datetime(df_french['日期'])
df_french = df_french.set_index(['日期'])
df_french = df_french[(df_french.index >= datetime(2020,3,1)) & (df_french.index <= datetime(2021,8,30))]
df_brazil['日期'] = pd.to_datetime(df_brazil['日期'])
df_brazil = df_brazil.set_index(['日期'])
df_brazil = df_brazil[(df_brazil.index >= datetime(2020,3,1)) & (df_brazil.index <= datetime(2021,8,30))]
```

以巴西疫情历史数据为例，代码及运行结果如下：

```
In [31]: df_brazil
Out[31]:
```

日期	新增确诊人数	累计确诊人数	累计治愈人数	累计死亡人数
2020-03-01	1	2	0	0
2020-03-02	0	2	0	0
2020-03-03	0	2	0	0
2020-03-04	0	2	0	0
2020-03-05	1	3	0	0
...	...	...	...	...
2021-08-26	30671	20645537	17771228	576645
2021-08-27	31024	20676561	17771228	577565
2021-08-28	27345	20703906	17771228	578326
2021-08-29	24699	20728605	17771228	579010
2021-08-30	13210	20741815	17771228	579308

548 rows × 4 columns

以折线图加时间轴的方式展示美国、法国、巴西疫情数据中新增确诊人数的变化趋势。其中时间轴按月的方式展示三个国家的每月新增确诊人数变化情况，时间跨度共18 个月，每个月显示该月内的疫情变化折线图，可以播放时间轴动态查看各个月份的疫情变化情况，代码如下：

```
In [34]:  from pyecharts import options as opts
          from pyecharts.charts import Line
          from pyecharts.charts import Timeline
          from dateutil.relativedelta import relativedelta
          tl = Timeline()
          datestart = datetime(2020,3,1)    #起始日期
          # 共18个月
          for i in range(1,19):
              # 获取当前日期的年月
              datemonth = str(datestart.year) + "/" + str(datestart.month)
              # 计算下一个月的起始日期
              datestart = datestart + relativedelta(months=1)
              # 筛选出当前年月的数据
              df_usamonth = df_usa[datemonth]
              df_frenchmonth = df_french[datemonth]
              df_brazilmonth = df_brazil[datemonth]
              line = (
                  Line()
                  .add_xaxis(xaxis_data=[i.strftime("%Y-%m-%d") for i in df_usamonth.index.tolist()])
                  .add_yaxis("美国", y_axis=df_usamonth['新增确诊人数'].tolist(),color='red',is_symbol_show=False)
                  .add_yaxis("法国",y_axis=df_frenchmonth['新增确诊人数'].tolist(),color='green',is_symbol_show=False)
                  .add_yaxis("巴西",y_axis=df_brazilmonth['新增确诊人数'].tolist(),color='blue',is_symbol_show=False)
                  .set_global_opts(
                      title_opts=opts.TitleOpts(title="美国、法国、巴西新增确诊人数变化趋势"),
                      legend_opts=opts.LegendOpts(is_show=True))
              )
              tl.add(line, datemonth)
          tl.render_notebook()
```

代码运行结果如图 6-9 所示。

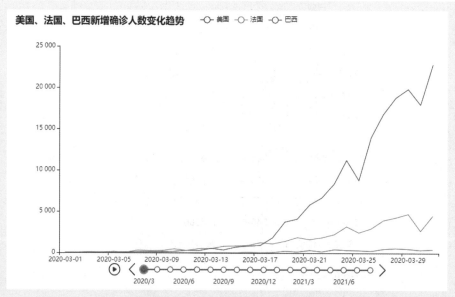

图6-9 美国、法国、巴西疫情历史数据变动情况

图 6-9 中的最下方为时间轴，列出了从 2020 年 3 月—2021 年 8 月的所有月份，每个月份有一个按钮，同时在时间轴左侧有一个播放按钮，单击播放按钮会自动播放时间轴中各节点的图表。读者可以尝试相同的操作过程和方式来实现其他国家的疫情历史数据可视化，尤其是以动态播放的形式显示，非常直观。

【案例6-5】当日全球各国疫苗接种数据可视化

当日全球各国新冠疫苗接种数据源参见表6-1中的第9行，数据中包含累计接种数量、每百人接种数量和接种疫苗类型。继续基于 requests 和 json 库来实现数据的获取，并基于 Pandas 库实现数据的 DataFrame 对象存储。共获得 208 个国家和地区的疫苗接种数据，代码及运行结果如下：

```
In [50]: import requests
         import json
         import pandas as pd
         url = 'https://api.inews.qq.com/newsqa/v1/automation/modules/list?modules=VaccineSituationData'
         htmldata = requests.get(url)
         data_globalvaccine = json.loads(htmldata.text)['data']['VaccineSituationData']
         df_globalvaccine = pd.DataFrame(data_globalvaccine)
         df_globalvaccine
```

```
Out[50]:
```

	country	date	vaccinations	total_vaccinations	total_vaccinations_per_hundred
0	中国	2021-11-14	国药/北京,国药/武汉,科兴生物,康希诺	2389568000	166.02
1	印度	2021-11-14	Covaxin,牛津/阿斯利康,卫星-V	1122889436	80.59
2	美国	2021-11-14	强生,莫德纳,辉瑞/BioNTech	440559613	130.99
3	巴西	2021-11-14	强生,牛津/阿斯利康,辉瑞/BioNTech,科兴生物	296865258	138.73
4	印度尼西亚	2021-11-14	莫德纳,牛津/阿斯利康,辉瑞/BioNTech,国药/北京,科兴生物	214445104	77.60
...	...	...	...	...	...
209	Montserrat	2021-10-08	牛津/阿斯利康	2911	58.44
210	Niue	2021-08-09	牛津/阿斯利康	2406	35.00
211	Tokelau	2021-10-12	辉瑞/BioNTech	1936	141.52
212	布隆迪	2021-11-10	国药/北京	1085	0.01
213	Pitcairn	2021-09-07	牛津/阿斯利康	94	200.00

214 rows × 5 columns

以柱状图加选项卡的方式分别展示累计接种数量和每百人接种数量前五的国家和地区，代码如下：

```
In [51]: from pyecharts import options as opts
         from pyecharts.charts import Bar
         from pyecharts.charts import Tab
         cate = ['累计接种', '每百人接种数量']
         title = ['total_vaccinations', 'total_vaccinations_per_hundred']
         tab = Tab()    # 创建选项卡
         for i in range(0, 2):
             bar = (
                 Bar(init_opts=opts.InitOpts(width="800px", height="350px"))
                 .add_xaxis(df_globalvaccine.sort_values(by=[title[i]], ascending=False).iloc[0:5,0].tolist())
                 .add_yaxis(cate[i],
                            df_globalvaccine.sort_values(by=[title[i]], ascending=False).iloc[0:5,3+i].tolist(),
                            bar_width = '50%')
                 .set_global_opts(title_opts=opts.TitleOpts(title=cate[i] + "Top5"),
                             xaxis_opts=opts.AxisOpts(axislabel_opts=opts.LabelOpts(font_size=14)),
                             legend_opts=opts.LegendOpts(is_show=False))
                 .set_series_opts(label_opts=opts.LabelOpts(is_show=False))
             )
             tab.add(bar, cate[i])    #将折线图添加入选项卡中
         tab.render_notebook()
```

代码运行结果如图 6-10 所示。

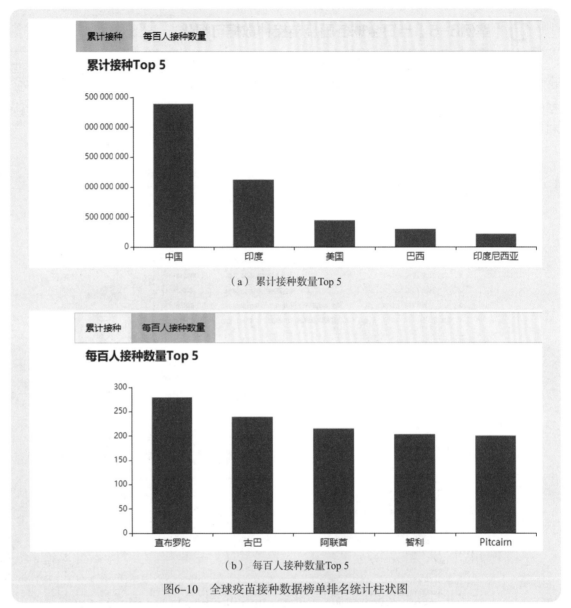

（a）累计接种数量Top 5

（b）每百人接种数量Top 5

图6-10　全球疫苗接种数据榜单排名统计柱状图

　　从图中可以看出，由于中国人口基数大且疫苗接种非常积极，所以累计接种数量位于第一。而每百人接种数量排名靠前的均为较小的国家和地区，人口数量少，便于集中接种。

　　疫苗数据集中还包括了疫苗种类数据，方便进行疫苗类型的统计和可视化，代码及运行结果如下：

```
In  [52]:  # 统计疫苗种类
           vaccinationslist = []
           for d in data_globalvaccine:
               vaccinations = d['vaccinations'].split(',')
               for v in vaccinations:
                   if v not in vaccinationslist:
                       vaccinationslist.append(v)
           vaccinationslist
```

```
Out[52]:  ['国药/北京',
           '国药/武汉',
           '科兴生物',
           '康希诺',
           'Covaxin',
           '牛津/阿斯利康',
           '卫星-V',
           '强生',
           '莫德纳',
           '辉瑞/BioNTech',
           'CanSino',
           'EpiVacCorona',
           'COVIranBarekat',
           'Soberana02',
           'ZF2001',
           'Abdala',
           'QazVac',
           'SputnikLight']
```

然后统计接种每种疫苗的国家和地区的数量，并以饼图进行可视化展示，代码如下：

```
In  [53]:  # 统计每种疫苗的数量
           vaccinationscounts = {}
           # 初始化每种疫苗的数量为0
           for v in vaccinationslist:
               vaccinationscounts[v] = 0
           # 统计每种疫苗的数量
           for d in data_globalvaccine:
               vaccinations = d['vaccinations'].split(',')
               for v in vaccinations:
                   if v in vaccinationslist:
                       vaccinationscounts[v] = vaccinationscounts[v]+1
           vaccinationscounts
```

```
Out[53]:  {'国药/北京': 79,
           '国药/武汉': 3,
           '科兴生物': 44,
           '康希诺': 1,
           'Covaxin': 9,
           '牛津/阿斯利康': 174,
           '卫星-V': 58,
           '强生': 68,
           '莫德纳': 73,
           '辉瑞/BioNTech': 138,
           'CanSino': 6,
           'EpiVacCorona': 1,
           'COVIranBarekat': 1,
           'Soberana02': 2,
           'ZF2001': 1,
           'Abdala': 2,
           'QazVac': 1,
           'SputnikLight': 3}
```

```
In [54]: from pyecharts import options as opts
         from pyecharts.charts import Pie
         pie = (
             Pie(init_opts=opts.InitOpts(width='500px',height='400px'))
             .add("", [list(z) for z in zip(vaccinationscounts.keys(), vaccinationscounts.values())],
                 radius=[60,100])
             .set_global_opts(title_opts=opts.TitleOpts(title="各种疫苗占比"),
                     legend_opts=opts.LegendOpts(is_show=False))
             .set_series_opts(label_opts=opts.LabelOpts(formatter="{b}: {c}"))
         )
         pie.render_notebook()
```

代码运行结果如图 6-11 所示。

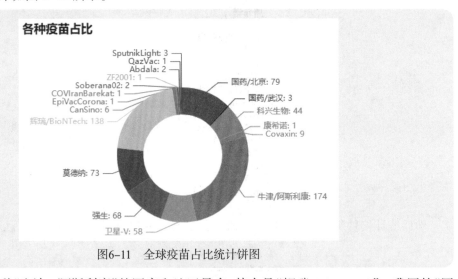

图6-11　全球疫苗占比统计饼图

结果显示接种"牛津 / 阿斯利康"的国家和地区最多,其次是"辉瑞 /BioNTech"。我国的"国药 / 北京""国药 / 武汉""科兴生物"和"康希诺"也在许多国家内进行了接种应用,其中接种国药(含北京和武汉)疫苗的国家和地区达到了 82 个、接种科兴生物疫苗的国家和地区则达到了 44 个。这也突出了我国在疫情防控中取得的成果在全世界也发挥了极大的作用,为全球人民的健康贡献了重要的力量。

6.4　小结

新冠肺炎疫情对中国,甚至对世界都造成了重大的影响,而各国在应对疫情中所采取的措施各不相同。通过分析中国疫情数据的变化趋势,可以进一步了解中国在疫情防控工作中所采取的积极措施的重要性。对比海外疫情进展情况,更有利地突出了中国在这方面所作出的努力和贡献。在本章中采用了柱状图、饼图、动态时间轴、折线图等多种类型来呈现数据的特征,展现了疫情数据的变化情况。

第 7 章

更多的 Python 可视化

　　Python可视化库非常多，在基础部分已经详细介绍了matplotlib、seaborn基础可视化库以及非常全面的pyecharts交互可视化库。随着Python社区生态的发展以及各个业务场景的需求，更多的可视化库在不断地涌现。本章就将截至目前相对较为知名、有特色的第三方库列举介绍，包括交互信息可视化库Bokeh、三维可视化库PyVista、机器学习可视化库Streamlit以及生物信息可视化库Dash.Bio，供读者参考使用。本章思维导图如下。

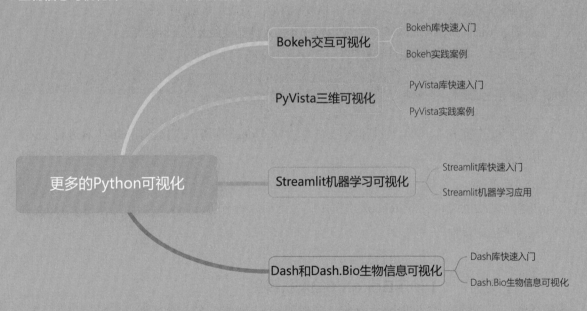

- Bokeh交互可视化
  - Bokeh库快速入门
  - Bokeh实践案例

- PyVista三维可视化
  - PyVista库快速入门
  - PyVista实践案例

更多的Python可视化

- Streamlit机器学习可视化
  - Streamlit库快速入门
  - Streamlit机器学习应用

- Dash和Dash.Bio生物信息可视化
  - Dash库快速入门
  - Dash.Bio生物信息可视化

7.1　Bokeh交互可视化

Bokeh 是由非盈利开源科学计算社区 NumFocus 资助研发的一个 Python 第三方库，支持在现代化 Web 浏览器中完美地呈现可视化图件。

Bokeh 有着优雅、简洁、新颖的图形化风格，同时提供大型数据集的高性能交互功能。Bokeh 可以快速创建交互式的图表、仪表盘和数据应用。该库真正做到了主动交互性，可以在图形区提供数据选择、参数调整等交互可视化效果。有关该库的使用方法在其官网的官方文档中描述得非常详细，而且提供了 Notebook 文件供直接运行以获取结果，读者在学习该库时就能很快上手，并依据自己的需求来展示数据。

根据 Bokeh 官网介绍，Bokeh 为图形可视化提供了三个级别的接口。

- 图表（charts）：高级接口，用于快速简单地建立复杂的统计图表。通过标准的可视化方式呈现信息，这些方式包括箱形图、柱状图、面积图、热力图以及其他图形。
- 绘图（plotting）：中级接口，以构建各种视觉符号为核心，可以综合视觉显示元素（点、线、圆以及其他元素）和工具（悬停、缩放、保存、重置）来创建可视化。
- 模块（models）：低级接口，为应用程序开发人员提供最大的灵活性。

下面通过一些案例的实践带领读者一起学习 Bokeh 可视化的应用。

7.1.1　Bokeh 库快速入门

首先需要安装 Bokeh 库。与其他第三方库一样，Bokeh 库可以直接使用 pip 工具进行安装，基本语法如下：

```
pip install bokeh
```

安装成功后就可以在 Notebook 中使用了。下面以绘制折线图为例，简述基于 plotting 接口实现可视化的过程。

【案例7-1】使用Bokeh库绘制折线图

新建一个 Notebook 文件，命名为 n7-1.ipynb，然后输入如下代码。

```
In [1]:  from bokeh.plotting import figure,show

In [2]:  #准备数据
         x_data = [1, 2, 3, 4, 5]
         y_data = [10, 20, 30, 25, 15]

In [3]:  #基于figure方法创建一个图件p，包括图标题、坐标轴标题
         p = figure(title="折线图示例", x_axis_label='x', y_axis_label='y')

In [4]:  #调用图件对象p的绘图函数line渲染创建折线图，同时设置线形特征
         p.line(x_data, y_data, legend_label='number', line_width=2)

Out[4]:  GlyphRenderer(id = '1038', ...)

In [5]:  #基于show方法显示绘制的折线图，此时会跳转至html页面
         show(p)
```

当执行 show 方法后，程序会自动跳转至浏览器打开的 html 页面，Bokeh 绘制的折线图已经渲染显示到网页中，如图 7-1 所示。

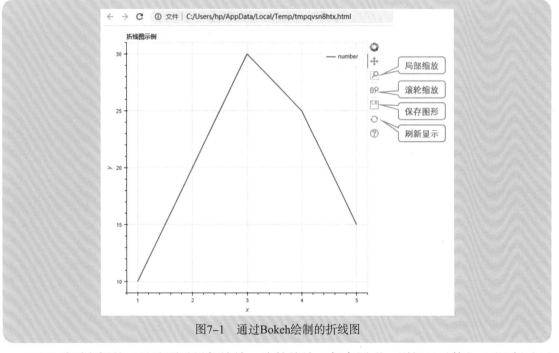

图7-1　通过Bokeh绘制的折线图

可以看到右侧的工具选项（局部缩放、滚轮缩放、保存图形、刷新显示等），可以帮助用户实现与图表的互动，如查看图形的缩放效果和保存操作。

通过对折线图绘制过程的描述可以看出 Bokeh 可视化的基本过程。

（1）导入 Bokeh 库。

（2）准备好数据系列。

（3）调用 Bokeh 库的 figure 方法创建画布。

（4）在画布对象上调用绘图函数渲染绘制图形。

（5）调用Bokeh库的show方法跳转至浏览器端显示，也可以直接使用save方法保存图形。

接下来可能会考虑图形显示的优化，如画布的大小、图的背景颜色、折线颜色、坐标轴显示等。下面继续以折线图为例，增加一些优化显示的代码，如在创建画布对象 p 时设置宽和高属性，代码如下：

```
p = figure(title=" 折线图示例 ",              # 设置标题
        x_axis_label='x',
        y_axis_label='y',
        height=300,width=600 )               # 设置图形的宽度和高度
# 设置线的颜色：
p.line(x_data, y_data, legend_label='number', line_width=2,
     color='red'                            # 设置颜色 color 属性
     )
# 设置坐标轴：
# 设置 x 轴属性
p.xaxis.axis_line_width = 3                  #x 轴线宽度
p.xaxis.axis_line_color = "red"             #x 轴显示颜色


# 设置 y 轴属性
p.yaxis.major_label_text_color = "orange"   # 设置主刻度颜色
p.yaxis.major_label_orientation = "vertical"  # 设置主刻度排列方式
```

修改完整的代码块参考如下：

```
In [1]:  from bokeh.plotting import figure, show

In [2]:  #准备数据
         x_data = [1, 2, 3, 4, 5]
         y_data = [10, 20, 30, 25, 15]

In [3]:  #基于figure方法创建一个图件p对象
         p = figure(title="折线图示例",              #设置标题
                 x_axis_label='x',
                 y_axis_label='y',
                 height=300,width=600 )             #设置图形的宽度和高度
         #设置x轴属性
         p.xaxis.axis_line_width = 3                #x轴线宽度
         p.xaxis.axis_line_color = "red"           #x轴显示颜色

         # 设置y轴属性
         p.yaxis.major_label_text_color = "orange"   #设置主刻度颜色
         p.yaxis.major_label_orientation = "vertical"  #设置主刻度排列方式

In [4]:  #调用图件对象p的绘图函数line渲染创建折线图，同时设置线形特征
         p.line(x_data, y_data, legend_label='number', line_width=2,
             color='red' )                #设置颜色color属性

Out[4]:  GlyphRenderer(id = '1038', ...)

In [5]:  #基于show方法显示绘制的折线图，此时会跳转至html页面
         show(p)
```

代码运行结果如图 7-2 所示。

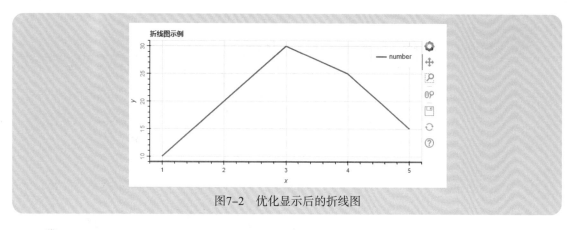

图7-2　优化显示后的折线图

 【案例7-2】使用Bokeh库绘制柱状图

Bokeh 可绘制的图表类型很多，基本使用方法都是调用画布对象的绘图函数。例如，想绘制柱状图，可以使用画布对象的 vbar 方法；想绘制散点图，可以使用画布对象的 scatter 方法。同时在输出图形显示方面，也可以直接显示在 Jupyter Notebook 中。

扫一扫，看视频

下面以绘制柱状图为例，介绍输出显示设置和柱状图的绘制方法。

新建一个 Notebook 文件，命名为 n7-2.ipynb，然后输入如下代码：

代码运行结果如图 7-3 所示。

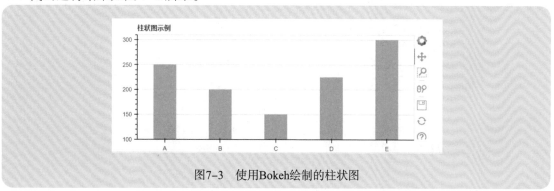

图7-3　使用Bokeh绘制的柱状图

【案例7-3】使用Bokeh库绘制组合图

扫一扫,看视频

使用 Bokeh 在一个画布中绘制组合图时,包括两种情形:一种是共用坐标轴,如一个图里既有柱状图又有折线图,只需要继续使用同一画布对象即可;另外一种是多图布局,需要引入 Bokeh 库的 layout 模块,layout 模块中提供了几种布局方式。

● 设置行列布局:将画布对象行列布局(row 和 column),然后将图形放置在固定的行列位置形成组合图。

● 设置网格布局:将画布划分为网格(gridplot),然后设定图形布局到某网格位置区域。

● 设置选项卡布局:设置选项卡,当单击某选项卡时显示当前图形。

下面以给定的散点图数据为例,说明这两种情况的实现方法。

首先实现共用坐标轴组合绘图。新建一个 Notebook 文件,命名为 n7-3.ipynb,然后输入如下代码。

```
#1. 导入相关库和函数
from bokeh.layouts import column, row
from bokeh.models import Panel
from bokeh.models.widgets import Tabs
from bokeh.io import output_notebook

#2. 准备图形数据
category=list('ABCDE')
data=[250,200,150,225,300]

#3. 基于 figure 方法创建一个图件画布 p 对象
p = figure(x_range=bar_category, plot_height=250, title=" 柱状图示例 ")
# 调用 vbar 方法绘制柱状图
p.vbar(x=bar_category, top=bar_data, width=0.4,color='orange')
# 调用 line 方法绘制折线图
p.line(x=bar_category, y=bar_data, width=2,color='blue')
# 设置细节
p.xgrid.grid_line_color = None
p.y_range.start = 100
# 显示图件
show(p)
```

代码运行结果如图 7-4 所示。

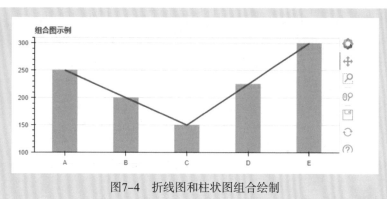

图7-4　折线图和柱状图组合绘制

接下来实现选项卡布局方式。继续在上面代码中的第三部分进行修改，参考如下：

```
# 在第一个选项卡中单独创建画布，调用 vbar 方法绘制柱状图
p1 = figure(x_range=category, plot_height=250, title=" 选项卡组合图示例 ")
p1.vbar(x=category, top=data, width=0.4,color='orange')
p1.xgrid.grid_line_color = None
p1.y_range.start = 100
tab1 = Panel(child=p1, title=" 柱状图 ")

# 在第二个选项卡中单独创建画布，调用 line 方法绘制折线图
p2 = figure(x_range=category, plot_height=250, title=" 选项卡组合图示例 ")
p2.line(x=category, y=data, width=2,color='blue')
tab2 = Panel(child=p2, title=" 折线图 ")

# 将两个选项卡添加到选项卡 Tabs 方法中，然后绘制 tab 对象
tab = Tabs(tabs=[tab1,tab2])
show(tab)
```

代码运行结果如图 7-5 所示。

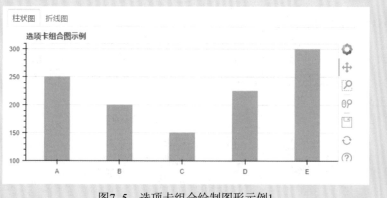

图7-5　选项卡组合绘制图形示例1

在图7-5中单击"柱状图"选项卡时会显示柱状图，单击"折线图"选项卡时则显示折线图，如此来实现多图的布局。

如果要实现行列布局，可以直接在上述代码中生成p1和p2对象后不使用tab选项卡而使用column或row方式，其中column是垂直排列，row是水平排列，代码如下：

```python
# 创建画布 p1，调用 vbar 方法绘制柱状图
p1 = figure(x_range=category, plot_height=250, title=" 柱状图示例 ")
p1.vbar(x=category, top=data, width=0.4,color='orange')
p1.xgrid.grid_line_color = None
p1.y_range.start = 100

# 创建画布 p2，调用 line 方法绘制折线图
p2 = figure(x_range=category, plot_height=250, title=" 折线图示例 ")
p2.line(x=category, y=data, width=2,color='blue')

# 将两个画布对象添加到 row 方法中，然后绘制 layout 对象
layout = row(p1,p2)
show(layout)
```

执行代码后将两个图横向排列，得到的结果如图7-6所示。

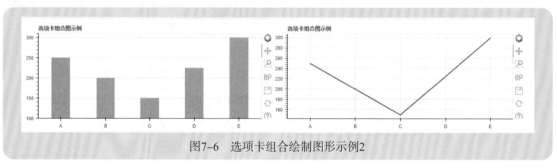

图7-6　选项卡组合绘制图形示例2

7.1.2　Bokeh 实践案例

使用 Bokeh 库可以绘制常规的多类型图件，还可以实现交互可视化。这里的交互可视化是指对绘制的图形的参数进行实时调整，然后图形随之改变，由此达到需求的最理想效果。

1. 创建 Bokeh 应用服务

如同运行 Python 程序一样，可以在 shell 终端窗口使用 bokeh server 命令执行编写好的可视化 Python 文件创建一个本地服务，并将运行结果显示到浏览器中，基本语法如下：

```
bokeh server --show myapp.py
```

代码中的 -- show 为显示输出；myapp.py 为自定义的可视化代码文件。

2. 编写交互性 Python 代码文件

既然具有交互性，就需要在画布上绘制如按钮、滑动条、单选框等 UI 组件，然后获取 UI 组件相应的值，并与图形联动。基本结构如下：

#1. 导入必要的库函数和模块，curdoc 为 current document 的缩写

from bokeh.io import curdoc

#2. 创建图形和组件

#3. 编写回调函数

#4. 将图形和 UI 组件显示布局，返回 layout

#5. 将显示局部添加到 curdoc

curdoc().add_root(layout)

然后将代码保存为 Python 文件，如命名为 myapp.py。回到命令行终端窗口执行 bokeh server --show myapp.py 命令，就可以将绘制的图形结果显示到浏览器中。

 【案例7-4】使用Bokeh库绘制交互可视化图

以绘制散点图为例，绘制一个滑动条用于控制 y 轴的值。随着 y 轴值的变化，图形散点分布区域也在发生变化，基于此来形成交互效果。代码如下：

扫一扫,看视频

```
#1. 导入相关库和函数
from bokeh.io import curdoc
from bokeh.layouts import column
from bokeh.plotting import figure
from bokeh.models import ColumnDataSource,Slider
import numpy as np

#2. 准备绘制散点图，其 x 轴为固定的分类标签，y 轴各类对应的值为随机生成
# 设定 y 轴最大初始值为 10
N=10
# 将绘图数据封装为 ColumnDataSource 格式，命名为 source
source= ColumnDataSource({'x':[1,2,3,4,5],'y':np.random.randint(5,N,5) })
# 绘制散点图，形状为方块
p1 = figure(width=600,height=300)
p1.square(x='x',y='y',source=source,size=15,color='red')

# 绘制一个滑动条组件
slider = Slider(start=10,end=100,value=N,step=10,title=" 设置 N 值 ")
#3. 编写回调函数，主要控制条形图的绘图数据 N 的变化
```

```
def callback(attr,old,new):
    # 获取滑动条对应位置的值
    N = slider.value
    # 更新绘图数据
    source.data = {'x':[1,2,3,4,5],'y':np.random.randint(5,N,5)}

# 添加 slider 的 on_change 函数
slider.on_change('value',callback)

#4. 对滑动条 UI 和图形垂直布局，滑动条在上，条形图 p1 在下
layout = column(slider,p1)

#5. 将滑动条和条形图布局添加到 curdoc
curdoc().add_root(layout)
```

将上述代码保存为 myapp.py 文件，然后使用 bokeh server 命令来启动该绘图应用。代码运行结果如图 7-7 所示。

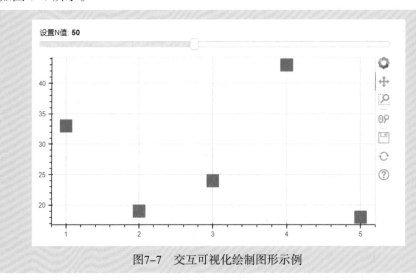

图7-7　交互可视化绘制图形示例

在图 7-7 中，当滑动滑动条时 N 值会发生变化，同时散点图红方块的位置也会即时变化，由此形成交互可视化效果。

当回到 Windows 命令行窗口查看终端时，其运行日志记录如下：

C:\Users\hp>bokeh server −−show myapp.py

2021−06−10 11:10:41,572 Starting Bokeh server version 2.3.2 (running on Tornado 6.0.4)

2021−06−10 11:10:41,574 User authentication hooks NOT provided (default user enabled)

2021-06-10 11:10:41,577 Bokeh app running at: http://localhost:5006/myapp
2021-06-10 11:10:41,577 Starting Bokeh server with process id: 23696
2021-06-10 11:10:42,031 WebSocket connection opened
2021-06-10 11:10:42,031 ServerConnection created

从日志中可以看到 Bokeh 服务实际内置了 Tornado 框架的 Web 服务，当使用 bokeh server 命令时就启动了 Tornado Web 服务，默认服务器为本机，端口号为 5006，进程号为 23696。这也是 Bokeh 绘制的图形主要显示在浏览器中的原因，需要通过浏览器对数据进行渲染然后显示出来。

通过前面几个 Bokeh 实践案例，相信读者已经初步掌握了 Bokeh 运行的过程和绘图可视化的步骤。对比 matplotlib、seaborn 和 pyecharts 库，Bokeh 的主要特色在于交互控制可视化，不过其交互控制的实现路线不是很容易，感兴趣的读者可以详细阅读 Bokeh 的官网文档，以便更全面地掌握 Bokeh 可视化库。

7.2　PyVista三维可视化

数据可视化部分的需求非常多，除了普通的平面图形外，许多情况下还需要绘制一些三维图形，通过三维图形来展示研究成果或产品等。由于三维可视化带来的全方位信息展示，效果和冲击力、表现力都相当优秀，其需求也是越来越多。基于 Python 接口的三维可视化库包括 PyVista、Glumpy、itkwidgets、mayavi 等，这些库各有特色。在此仅对 PyVista 进行介绍，其余库读者可以参考学习。

PyVista 是可视化工具包（VTK）的 Python 接口模块，它采用不同的方法通过 NumPy 和直接阵列访问 VTK 接口。该软件包提供了一个 Pythonic 的表现良好的界面，实现了 VTK 强大的可视化后端，由此促进空间数据集的快速原型设计、分析和可视化集成。

7.2.1　PyVista 库快速入门

首先要完成该库的安装，可以直接使用 pip 工具，基本语法如下：

```
pip install pyvista
```

可以在安装时加入阿里云镜像资源，速度相对要快一些，即更改上述命令为

```
pip install pyvista -i https://mirrors.aliyun.com/pypi/simple
```

该库的参考文档地址为

```
https://docs.pyvista.org/index.html
```

读者可以在浏览器中输入上述地址，进入其官方的文档页面。从菜单中选择指南、示例、接口参考等进行深入学习。这里仅仅做入门介绍。

【案例7-5】使用PyVista库绘制三维散点图

首先基于 NumPy 生成随机的三维数组，然后基于 PyVista 生成数据对象，设置显示参数后即可生成一个三维效果的散点图。代码参考如下：

扫一扫,看视频

```python
# 导入相关库
import numpy as np
import pyvista

# 准备散点数据
point_cloud = np.random.random((100, 3))
pdata = pyvista.PolyData(point_cloud)
pdata['orig_sphere'] = np.arange(100)

# 绘制三维散点图
sphere = pyvista.Sphere(radius=0.02, phi_resolution=10, theta_resolution=10)
pc = pdata.glyph(scale=False, geom=sphere)
pc.plot(cmap='Reds')
```

执行上述代码后生成效果如图 7-8 所示。

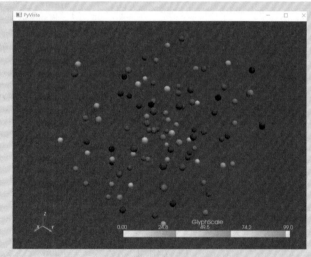

图7-8 使用PyVista库绘制三维散点图示例

【案例7-6】使用PyVista库绘制三维样条图

首先基于 NumPy 生成一个点在三维空间中的位置数组，然后基于 PyVista 生成样条对象，设置显示参数后即可生成一个三维效果的样条图。代码参考如下：

扫一扫,看视频

```
# 导入相关库
import numpy as np
import pyvista

# 模拟生成点的三维空间位置
theta = np.linspace(-10 * np.pi, 10 * np.pi, 100)
z = np.linspace(-2, 2, 100)
r = z**2 + 1
x = r * np.sin(theta)
y = r * np.cos(theta)
points = np.column_stack((x, y, z))

# 构建样条对象并绘制图形
spline = pyvista.Spline(points, 500).tube(radius=0.1)
spline.plot(scalars='arc_length', show_scalar_bar=False)
```

执行上述代码后生成效果如图 7-9 所示。

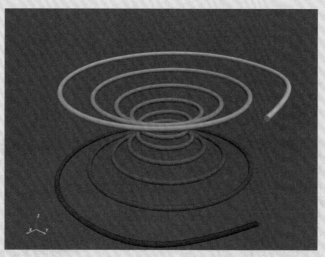

图7-9 使用PyVista库绘制三维样条图示例

7.2.2 PyVista 实践案例

 【案例7-7】使用PyVista库绘制三维地形图

可以对某个区域的柏林噪声进行采样,以生成随机地形,这也是 Minecraft 这

扫一扫,看视频

种视频游戏创造地形的方法。本案例介绍使用 PyVista 库创建三维随机地形的基本过程。

（1）在导入 PyVista 库后创建随机柏林噪声数据，基本代码如下：

```
freq = (1, 1, 1)
noise = pv.perlin_noise(1, freq, (0, 0, 0))
grid = pv.sample_function(noise, [0, 3.0, -0, 1.0, 0, 1.0], dim=(120, 40, 40))
out = grid.threshold(0.02)
```

可以修改上述语句中的 freq 参数，这是设置频率的位置。降低频率会使洞穴变得更大、更广阔，而在任何方向上，更高的频率都会使洞穴看起来更像脉冲的形状。也可以修改 threshold 参数，以便增加或减少封闭地形的百分比。

（2）在 out 对象上调用 plot 方法进行绘制，代码如下：

```
mn, mx = [out['scalars'].min(), out['scalars'].max()]
clim = (mn, mx * 1.8)

out.plot(
    cmap='gist_earth_r',
    background='white',
    show_scalar_bar=True,
    lighting=True,
    clim=clim,
    show_edges=False,
)
```

代码运行后效果如图 7-10 所示。

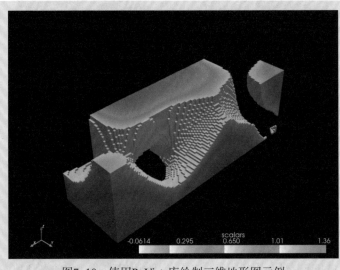

图7-10　使用PyVista库绘制三维地形图示例

7.3 Streamlit机器学习可视化

因为在机器学习领域有许多不同的算法，如线性回归、逻辑回归、SVM、随机森林、KNN、朴素贝叶斯、深度学习等，所以许多读者在开展这方面的研究和应用时经常需要不断尝试各种参数以便获得最佳分类或预测效果，调参时需要回到代码中来修改参数，然后执行代码重新输出结果，虽然结果可能会不断变优，但过程是很烦琐的。Streamlit 是第一个专门针对机器学习和数据科学的应用开发框架，它是开发自定义机器学习工具最快的方法，可以帮助机器学习工程师快速开发用户交互工具。其宗旨很明确，就是要让用户只需要通过编写简单的 Python 代码，就可以完成构建应用的需求。它支持"所见即所得"的热更新，而且不需要写一行 HTTP 请求代码及前端代码，只需要一个 Python IDE 和一个浏览器，就能快速看到自己构建的应用。Streamlit 的上手特别简单，并且支持诸如 TensorFlow、Keras、PyTorch、Pandas 等主流的机器学习和深度学习框架。

与其他第三方库一样，安装 Streamlit 非常简单，直接使用 pip 工具即可，基本语法如下：

```
pip install streamlit
```

然后在命令行终端窗口输入 streamlit hello，就可以启动一个 app 服务，此时会使用默认浏览器打开一个标签页，载入官方案例，如图 7-11 所示。

图7-11 进入Sreamlit官方示例命令窗口

上述 Streamlit 本身是一个应用框架，hello 为 app 应用的名称，当执行 streamlit app 命令时就会创建一个本地 Web 服务器，端口号默认为 8501。此时打开浏览器输入 localhost:8501

后默认会进入 hello 这个应用的首页，也就是 Streamlit 框架的官方示例页面，如图 7-12 所示。

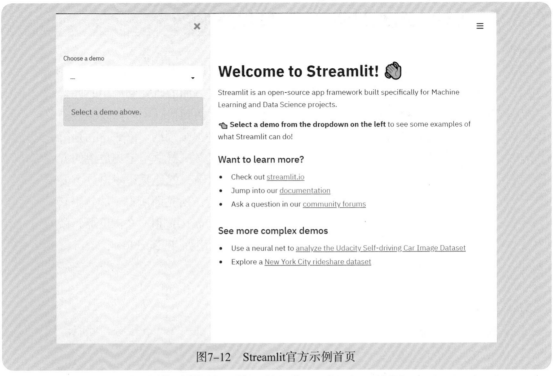

图7-12　Streamlit官方示例首页

可以在图 7-12 左侧选择一个 demo 示例，查看相应的可视化效果。

如果想创建自己的 app 应用服务，如机器学习项目，只需要在 Python 相关编译器中导入 Streamlit 库，根据项目需求写好相关代码并保存为 Python 文件，回到命令行终端窗口中直接输入 streamlit run [filename] 命令运行代码文件，即可启动服务，也就是进入热更新状态查看可视化效果。

7.3.1　Streamlit 库快速入门

Streamlit 库有许多类和函数，读者可以选用 PyCharm 或者 Jupyter Notebook 来编写自己的代码文件，不过在 Jupyter Notebook 中保存文件时默认为 ipynb 类型，如果想保存为 Python 文件，还需要使用其菜单中的 download 选项。

在正式进入入门案例之前，先介绍 Streamlit 一些常用的模块和控件写法。

```
import streamlit as st        -- 导入 Streamlit 库，设定别名为 st
st.text(msg)                  -- 文本控件，msg 为字符串，即文本控件显示的文本
st.markdown(msg)              -- markdown 控件，使用 markdown 语法来显示标题、文本等内容
st.write(data)                -- 最常用的函数 write，用于在页面上输出显示 data，这里的
```

	data 可以是文本，也可以是 DataFrame
st.json(data)	—— 在网页中输出 json 格式内容，data 为 Python 数据字典
st.dataframe(df)	—— 在网页中显示 DataFrame，与 st.write(df) 相同
st.line_chart(df)	—— 基于 DataFrame 数据绘制折线图
st.button(name)	—— 设置按钮组件，name 为按钮名称
st.selectbox(title,choices)	—— 设置选择框组件，title 为选项标题，choices 为选项元组
st.slider(title,start,end,step)	—— 设置滑动条组件，title 为标题，start 和 end 分别是开始和结束值，step 为步长
st.sidebar()	—— 增加边框区域组件
st.checkbox(title)	—— 设置选择框组件

 ### 【案例7-8】基于Streamlit库绘制网页UI组件

与其他可视化库不太一样，Streamlit 可以自己绘制 UI 组件，如按钮、复选框、滑动条、输入框等。本案例将通过编写代码基于 Streamlit 库实现 UI 组件的绘制，并且加入响应函数。

扫一扫,看视频

这里选用 PyCharm 作为 Python 开发工具。如果读者之前没有使用过 PyCharm 开发工具，可以搜索相关文档了解，其安装和使用过程非常简单。也可以参阅笔者所著《网络爬虫进化论——从 Excel 爬虫到 Python 爬虫》一书中的相关章节。打开 PyCharm 软件，新建一个目录，命名为 st_demo，然后创建一个 Python 文件，命名为 app0.py，在其中输入如下代码。

```python
import streamlit as st
import pandas as pd
import time

# 绘制按钮
st.subheader(" 按钮 ")
if st.button(' 你好 '):
    st.write(' 按钮文本为你好，欢迎使用 Streamlit')
# 绘制复选框
st.subheader(" 复选框 ")
agree = st.checkbox(' 同意 ')
if agree:
    st.write(' 太好了 ! 我同意 ')
# 绘制单选框
st.subheader(" 单选框 ")
choice = st.radio(
    " 你最喜欢去的城市是哪个? ",
```

```
(' 北京 ', ' 伦敦 ', ' 纽约 '))
if choice == ' 北京 ':
 st.write(' 你选择了北京 .')
else:
 st.write(" 你选择了别的城市 .")
# 绘制选择框
st.subheader(" 选择框 ")
option = st.selectbox(
 'How would you like to be contacted?',
 ('Email', 'Home phone', 'Mobile phone'))
st.write('You selected:', option)
# 绘制多选框
st.subheader(" 多选框 ")
options = st.multiselect(
 'What are your favorite colors',
('Green', 'Yellow', 'Red', 'Blue'),'Yellow')
st.write('You selected:', options)
# 绘制滑动条
st.subheader(" 滑动条 ")
age = st.slider(' 你现在多少岁 ', 0, 130, 25)
st.write(" 我今年刚好 ", age, ' 岁 ')
# 绘制数值输入框
st.subheader(" 数值输入框 ")
number = st.number_input(' 请输入一个数字 ')
st.write(' 当前你输入的数字为：', number)
# 绘制加载数据组件
uploaded_file = st.file_uploader(" 上传一个 Excel 文件 ", type="xlsx")
if uploaded_file is not None:
    data = pd.read_excel(uploaded_file)
    st.write(data)
# 绘制进度条
my_bar = st.progress(0)
for percent_complete in range(100):
    time.sleep(0.1)
    my_bar.progress(percent_complete + 1)
```

保存代码文件后，在 PyCharm 终端窗口中使用命令 streamlit run app0.py 来启动第一个服务，如图 7-13 所示。

图7-13　输入命令启动服务

　　运行后系统会打开浏览器直接进入该服务的首页，网页显示效果部分截图如图 7-14 和图 7-15 所示。

图7-14　使用Streamlit绘制UI组件示例截图1

图7-15　使用Streamlit绘制UI组件示例截图2

读者可以下载本案例代码文件后直接启动 Streamlit 服务，在浏览器中体验这些 UI 组件的响应效果，为后面的案例学习奠定一些基础。

【案例7-9】基于Streamlit库读取Uber数据集并实现可视化

扫一扫,看视频

打开 PyCharm 软件，在前面创建的目录 st_demo 中创建一个 Python 文件，命名为 app1.py，在其中输入如下代码。

```python
import streamlit as st
import pandas as pd
import numpy as np

# 设置标题
st.title('Uber pickups in NYC')
# 设置日期列名和数据地址 URL
DATE_COLUMN = 'date/time'
DATA_URL = ('https://s3-us-west-2.amazonaws.com/streamlit-demo-data/uber-raw-data-sep14.csv.gz')

# 使用装饰器函数 cache，将 load_data 处理过程存入缓存以便加快响应速度
@st.cache
def load_data(nrows):
    data = pd.read_csv(DATA_URL, nrows=nrows)
    lowercase = lambda x: str(x).lower()
    data.rename(lowercase, axis='columns', inplace=True)
    data[DATE_COLUMN] = pd.to_datetime(data[DATE_COLUMN])
    return data

# 设置加载数据状态及标题
data_load_state = st.text('Loading data...')
data = load_data(10000)
data_load_state.text("Done! (using st.cache)")

# 增加一个 checkbox 选择框
if st.checkbox('Show raw data'):
    st.subheader('Raw data')
    st.write(data)
```

```
# 读取数据然后绘制成直方图
st.subheader('Number of pickups by hour')
hist_values = np.histogram(data[DATE_COLUMN].dt.hour, bins=24, range=(0,24))[0]
st.bar_chart(hist_values)
```

保存代码后，回到 PyCharm 终端窗口中输入命令 streamlit run app1.py 启动该应用服务。在浏览器中的显示效果如图 7-16 所示。

图7-16 基于Streamlit显示Uber数据集案例

从图中可以看出，使用 Streamlit 创建的 app 应用能够很直观地进行数据可视化。Streamlit 图库底层基于 matplotlib 库搭建，一些常见的图表如折线图、条形图、关系图等，均可以直接传递数据生成图表，同时也可以调用 Bokeh、Plotly、Altair 等多种可视化库的绘图方法来实现数据的可视化。

7.3.2　Streamlit 机器学习应用

通过上面的案例介绍，相信读者已经清楚了 Streamlit 的基本使用方法。Streamlit 库目前主要是用于机器学习可视化，下面我们以案例实践来说明 Streamlit 在实际场景中的应用。

 【案例7-10】基于Streamlit库构建数据集降维可视化应用

本案例基于 Streamlit 构建一个数据降维可视化应用，这里设置两种降维算法：PCA 主成分分析和 LDA 线性判别分析，数据集选用 sklearn 包自带的鸢尾花数据集和 MNIST 手写数字数据集。

扫一扫，看视频

打开 PyCharm 软件，在前面创建的 st_demo 目录中创建一个 Python 文件，命名为 app2.py，在其中输入如下代码。

```
#encoding=utf-8
# 导入相关库
import streamlit as st
from sklearn.datasets import load_iris,load_digits
from sklearn.decomposition import PCA
from sklearn.discriminant_analysis import LinearDiscriminantAnalysis
import pandas as pd
from matplotlib import pyplot as plt


# 定义加载数据函数
def load_data(datasets):
    if datasets=='iris':
        return load_iris().data,load_iris().target
    elif datasets=='digits':
        return load_digits().data, load_digits().target


# 定义处理数据函数，其中 algo 为降维算法选择
def process_data(algo,X,y):
    if algo=='pca':
        return PCA(n_components=2).fit(X).transform(X)
    elif algo=='LDA':
        lda = LinearDiscriminantAnalysis(n_components=2)
        return lda.fit(X, y).transform(X)
```

```
# 界面布局显示
st.markdown('#streamlit 库示例 ')
st.markdown('------')
# 创建一个边框
sidebar = st.sidebar
# 在边框区域内添加下拉选择框选择算法
alo_method = sidebar.selectbox(" 可视化降维算法 ",('PCA','LDA'))
# 添加下拉选择框选择数据
datasets = sidebar.selectbox(" 数据集 ",('iris','digits'))
# 添加两个按钮
s1= sidebar.button(' 执行处理 ')
s2 = sidebar.button(' 可视化图 ')


# 基于选择的 datasets 返回数据
data,label = load_data(datasets)
# 单击第一个按钮时执行代码
if s1:
    st.dataframe(data)
    res = process_data(alo_method,data,label)
    st.markdown('---')
    st.markdown('##{} 数据集 {} 算法处理结果数据 '.format(datasets,alo_method))
st.dataframe(res)


# 单击第二个按钮时执行代码
if s2:
    res = process_data(alo_method, data, label)
    st.markdown('---')
    st.markdown('##{} 算法对 {} 数据集降维处理效果可视化 '.format(alo_method,datasets))
        df = pd.DataFrame(data=res, columns=list('xy'))
        # 调用 matplotlib 绘制散点图
    fig, ax = plt.subplots()
    ax.scatter(df.x.values, df.y.values, s=0.8,color='red')
    st.pyplot(fig)
```

保存代码后在 PyCharm 终端窗口执行 streamlit run app2.py 命令，结果会显示在浏览器中，默认第一个算法为 PCA，数据集为 iris，单击"执行处理"按钮，原始数据和处理结果数据都显示在界面右侧，如图 7-17 所示。

图7-17 选择数据集基于降维算法处理结果

单击"可视化图"按钮,将会在右侧数据显示区域对降维后的二维结果进行可视化,当前选择的图形为散点图,如图 7-18 所示。

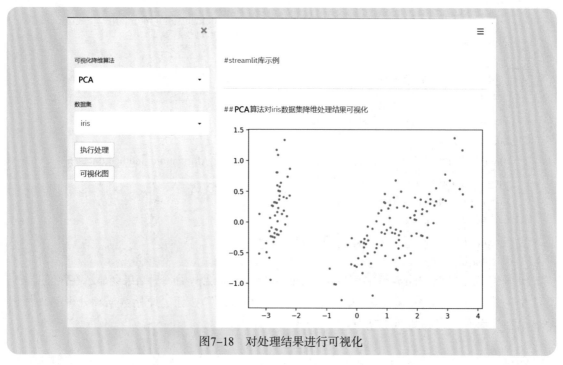

图7-18 对处理结果进行可视化

【案例7-11】基于Streamlit库构建分类预测可视化应用

本案例基于 Streamlit 构建一个红酒数据集的分类可视化应用，这里设置两种分类算法：SVM 支持向量机和 MLP 多层感知机，数据集选用 sklearn 包自带的红酒数据集。

这两种机器学习算法的基础原理本书不详述，读者可以查阅相关文献获悉结果。同时案例中将使用 sklearn 机器学习库，SVM 和 MLP 两种算法都可以从 sklearn 包中直接调用。具体的算法应用过程也非常标准化，包括数据集的拆分（训练集和测试集）、特征值的标准化处理、建立算法模型、在训练集上训练模型、在测试集上进行模型验证和预测、预测精度分析报告。

打开 PyCharm 软件，在前面创建的 st_demo 目录中创建一个 Python 文件，命名为 app3.py，在其中输入如下代码。

```
#encoding=utf-8
'''
    Streamlit 构建机器学习算法实现
'''
#1. 导入相关库
import streamlit as st
from sklearn.datasets import load_wine
from sklearn.svm import SVC
from sklearn.preprocessing import MinMaxScaler
from sklearn.metrics import classification_report
from sklearn.model_selection import train_test_split
from sklearn.neural_network import MLPClassifier
import pandas as pd


#2. 导入红酒数据集
wine= load_wine()
data = wine.data
target = wine.target
df = pd.DataFrame(data=data,columns=wine.feature_names)
#3. 对红酒数据集进行标准化处理
train_data,test_data,train_label,test_label = train_test_split(data,target,random_state=5,test_size=0.2)
stdScale = MinMaxScaler().fit(train_data)  #生成规则（建模）
train_data_std = stdScale.transform(train_data)  #对训练集进行标准化
test_data_std = stdScale.transform(test_data)  #用训练集训练的模型对测试集标准化
```

```
#4. 在主窗口中设置布局
st.title(" 基于 Streamlit 构建红酒数据集分类预测可视化案例 ")
st.markdown('---')
st.write("wine 原始数据为：")
st.write(df)


#5. 绘制左侧边框 UI
sidebar = st.sidebar
sidebar.title(" 算法参数选择区 ")
sidebar.markdown("---")
sidebar.write(" 红酒数据集分类算法选择 ")
algo = sidebar.selectbox(" 分类算法 ",('SVM','MLP'))
# 当选择算法为 SVM 时执行以下代码块
if algo == 'SVM':
    sidebar.write(" 设置 SVM 参数 ")
    c = sidebar.slider('1. 惩罚系数 C',0,20,1)
    kernel = sidebar.selectbox('2. 核函数 ',('linear','poly','rbf'))
    btn1 = sidebar.button("SVM 建模预测 ")
    if btn1:
        # 使用 SVC 分类算法在训练集上建模
        model = SVC(kernel=kernel,C=c).fit(train_data_std,train_label)
        # 对测试集数据进行预测
        predict_result = model.predict(test_data_std)
        data = [(i, j) for i, j in zip(test_label, predict_result)]
        st.write(" 预测结果对比：")
        df = pd.DataFrame(data,columns=['test_label','predict_label'])
        st.write(df.head())
        st.write(" 分类精度报告分析：")
        st.write(classification_report(test_label,predict_result,target_names=wine.target_names))

# 当选择算法为 MLP 时执行以下代码块
if algo == 'MLP':
    sidebar.write(" 设置多层感知器网络参数 ")
    epoch = sidebar.number_input(" 迭代次数 ",5,100,20,5)
    hidden_layers1 = sidebar.number_input(" 选择隐层结构：第一层神经元个数 ",5,100,20,5)
    hidden_layers2 = sidebar.number_input(" 选择隐层结构：第二层神经元个数 ",5,100,20,5)
```

```
btn2 = sidebar.button("MLP 建模预测 ")
if btn2:
    # 使用 MLP 算法进行分类建模
    mlp = MLPClassifier(solver='sgd',activation='relu',max_iter=epoch,
                hidden_layer_sizes=(hidden_layers1,hidden_layers2))
    model = mlp.fit(train_data_std,train_label)
    # 在测试集上开展分类预测
    predict_result = model.predict(test_data_std)
    data = [(i, j) for i, j in zip(test_label, predict_result)]
    st.write(" 预测结果对比：")
    df = pd.DataFrame(data, columns=['test_label', 'predict_label'])
    st.write(df.head())
    st.write(" 分类精度报告分析：")
    st.write(classification_report(test_label, predict_result, target_names=wine.target_names))
```

保存代码后在 PyCharm 终端窗口执行 streamlit run app3.py 命令，结果显示在浏览器中，默认第一个算法为 SVM，选择惩罚系数和核函数参数后，单击"SVM 建模预测"按钮，原始数据和分类结果、精度分析数据都显示在界面右侧，如图 7-19 和图 7-20 所示。

图7-19　基于Streamlit创建的机器学习案例SVM算法参数选择

在 SVM 算法中还可以选择"核函数"为其他类型，然后进行建模预测查看预测结果。SVM 算法对红酒分类任务的精度还不错，召回率、f1 评分等均在 95% 左右。接下来可以从左侧的"分类算法"下拉列表中选择 MLP 多层感知机，并设置相应的参数，如图 7-21 所示。

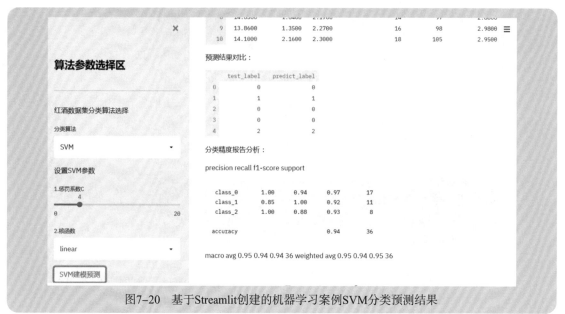

图7-20　基于Streamlit创建的机器学习案例SVM分类预测结果

图7-21　基于Streamlit创建的机器学习案例MLP分类预测效果

从MLP的预测结果和分类精度来看，其比SVM算法要差一些，不过还可以通过调整迭代次数、网络结构等参数来进一步提升精度，包括修改源代码中的一些神经网络相关的参数以便得到更好的结果。

7.4 Dash 和Dash.Bio生物信息可视化

Dash 是一款构建 Web 应用程序的 Python 数据可视化库，它基于 Python Web 框架 Flask 以及 JavaScript 绘图库 Plotly.js 和用于构建用户界面的 JavaScript 库 React.js。Dash 可以利用 Python 来创建 UI 组件，即时响应完成数据分析和可视化。与 Streamlit、Bokeh、pyecharts 一样，Dash 应用最终也渲染显示到浏览器网页上，通过网页来展示相关组件和分析结果。

Dash.Bio 则是 Dash 在生物信息学方面推出的一个可视化应用模块，可以用于交互性地绘制分子结构、细胞、基因组等生物数据图表。本节就将从 Dash 库快速入门开始，简要介绍 Dash.Bio 生物信息可视化库。

安装该库非常简单，直接使用 pip 工具即可，基本语法如下：

```
Pip install dash
Pip install dash_bio
```

7.4.1 Dash 简介

Dash 应用程序由两部分组成，第一部分是布局（Layout），该部分描述了应用程序的设计样式，用于展示数据以及引导用户使用；第二部分包括回调函数等描述了应用程序的交互性。在布局部分，需要引入 dash_core_components 和 dash_html_components 两个库，前者将创建交互性 UI 组件，如图形、下拉列表或滑动条，后者则用于访问 HTML 标记。

下面通过一个案例来快速入门 Dash。读者也可以访问官网查看相关案例，这里为了便于说明操作过程，继续使用 sklearn 库提供的示例数据。

 【案例7-12】Dash库快速入门

选用 sklearn 库中提供的鸢尾花数据集作为入门案例中的数据。在 PyCharm 软件中新创建一个目录 dash_demo，然后新创建一个文件，命名为 app1.py，开始按步骤编写代码。

（1）导入相关库和模块：

```
import dash
import dash_core_components as dcc
import dash_html_components as dhc
from sklearn.datasets import load_iris
import pandas as pd
import plotly.express as px
```

（2）创建一个 Dash 应用，设定外链接 css 样式：

```
external_stylesheets = ['https://codepen.io/chriddyp/pen/bWLwgP.css']
app = dash.Dash(__name__, external_stylesheets=external_stylesheets)
```

（3）导入鸢尾花数据集：

```
df = pd.DataFrame(data=load_iris().data,columns=load_iris().feature_names)
df['target']=load_iris().target
```

（4）设计可视化布局：

```
app.layout = dhc.Div(children=[
    dhc.H1(children='Dash 入门案例 '),

    dhc.Div(children='''
       Dash: 绘制一个鸢尾花数据集交汇图 .
    '''),

    dcc.Graph(
       id='example-iris',
       figure=px.scatter(data_frame=df,x='sepal length (cm)',y='sepal width (cm)',color='target')
    )
])
```

在这一步里调用了 dash_html_components 库的 Div 绘制方法，在 HTML 页面中绘制一个 Div 区域，里面包括 H1 一级标题、Div 区块和 Graph 图件区域三个元素。其中 Graph 图件区域设定其 id 名和 Figure 对象。使用 plotly express 库的高级封装绘图函数绘制一个 scatter 散点图，并给定 DataFrame 数据源、x 轴数据和 y 轴数据，同时增加 color 颜色指示。

（5）启动应用：

```
if __name__ == '__main__':
    app.run_server(port=3000)
```

启动后会在 PyCharm 运行终端显示出如下内容。

```
Dash is running on http://127.0.0.1:3000/

 * Serving Flask app "dash_demo" (lazy loading)
 * Environment: production
   WARNING: This is a development server. Do not use it in a production deployment.
   Use a production WSGI server instead.
 * Debug mode: off
 * Running on http://127.0.0.1:3000/ (Press CTRL+C to quit)
```

提示当前 Dash 应用可以通过上述的 IP 地址访问，打开浏览器输入 127.0.0.1:3000，进入可视化网页，效果如图 7-22 所示。

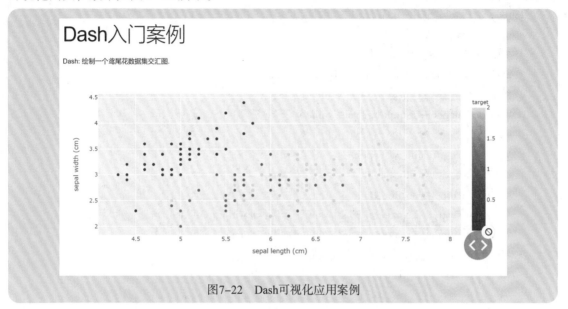

图7-22　Dash可视化应用案例

接下来可以尝试加入交互性效果，设计一个下拉选择框，选项为 scatter 和 histogram，即选择 scatter 时绘制散点图，选择 histogram 时绘制直方图。修改第（4）步的代码，具体如下：

```
#设置一个颜色字典
colors = dict(background = '#fff', text = '#333')


#进行布局设置
app.layout = dhc.Div(style = dict(backgroundColor = colors['background']),
          children=[
    dhc.H1(children='Dash 入门案例 '),
    dhc.Div(children=dhc.Div([
        dhc.Label(' 选择图形 '),
        dhc.Div([
                #增加一个下拉选择框显示，id 为 figType，options 为下拉选择框选项
            dcc.Dropdown(id='figType',
                options=[{'label': i, 'value': i} for i in ['scatter', 'histogram']])
        ])
    ])),
    # 添加一个图形区域，id 为 plot
    dcc.Graph(style = dict(backgroundColor = colors['background']),id='plot')
])
```

```
# 对 callback 函数进行设置，将数据返回对应 id 的 Graph
@app.callback(
    # 输出图形 plot，类型为 figure
    dash.dependencies.Output('plot', 'figure'),
    # 输入选项为 figType，类型为 value
    [dash.dependencies.Input('figType','value')]
)
def update_scatter(value_figType):
    # 当图表类型为 scatter 时执行以下代码
    if value_figType=='scatter':
        fig = px.scatter(df, x="petal length (cm)", y="petal width (cm)", color="target",
        color_continuous_scale=px.colors.sequential.Rainbow)
    # 当图表类型为直方图时执行以下代码
    elif value_figType=='histogram':
        fig = dict(data=[{'x':df["petal length (cm)"],'y':df["petal width (cm)"],'type':'histogram'}],
                layout=dict(plot_bgcolor=colors['background']))
    return fig
```

通过 callback 函数将选项与图形输出绑定。运行代码后就可以选择绘图，如选择 scatter 时绘制散点图（图 7-23）。

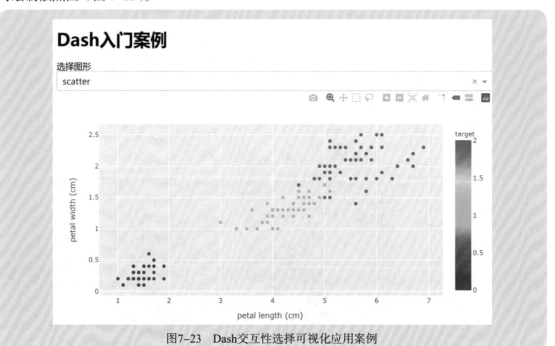

图7-23　Dash交互性选择可视化应用案例

7.4.2 Dash.Bio 生物信息可视化

Dash.Bio 属于 Dash 库的一个子模块，专门用于生物数据方面的可视化。

生物信息数据种类很多，包括基因图谱、核酸序列、蛋白质序列、分子结构等多种类型，虽然也有许多相关的可视化工具，不过结合 Python 编程来实现生物数据分析及可视化，Dash.Bio 是较好的选择之一。由于涉及生物信息基础知识，限于本书主题，在此仅列举 Dash.Bio 库在分子结构等方面的可视化应用。

 【案例7-13】使用Dash.Bio库绘制RNA分子结构图

打开 PyCharm 软件，在之前创建的目录 dash_demo 中新建一个 Python 文件，命名为 app2.py，然后开始编写如下代码。

扫一扫,看视频

```python
#1. 导入相关库
import dash
import dash_bio as dashbio
import dash_core_components as dcc
import dash_html_components as html
from dash.exceptions import PreventUpdate


#2. 创建 app 应用
external_stylesheets = ['https://codepen.io/chriddyp/pen/bWLwgP.css']

app = dash.Dash(__name__, external_stylesheets=external_stylesheets)


#3. 准备 RNA 分子序列数据
sequences = {
    'PDB_01019': {
        'sequence': 'AUGGGCCCGGGCCCAAUGGGCCCGGGCCCA',
        'structure': '.((((((()))))).((((((())))))'
    },
    'PDB_00598': {
        'sequence': 'GGAGAUGACgucATCTcc',
        'structure': '((((((((()))))))))'
    }
}
```

```
#4. 设计布局
app.layout = html.Div([
    dashbio.FornaContainer(
        id='forna'
    ),
    html.Hr(),
    html.P('Select the sequences to display below.'),
    dcc.Dropdown(
        id='forna-sequence-display',
        options=[
            {'label': name, 'value': name} for name in sequences.keys()
        ],
        multi=True,
        value=['PDB_01019']
    )
])


#5. 编写回调函数绑定下拉选项与图形
@app.callback(
    dash.dependencies.Output('forna', 'sequences'),
    [dash.dependencies.Input('forna-sequence-display', 'value')]
)
def show_selected_sequences(value):
    if value is None:
        raise PreventUpdate
    return [
        sequences[selected_sequence]
        for selected_sequence in value
    ]


#6. 启动应用服务
if __name__ == '__main__':
    app.run_server(debug=True)
```

运行程序后在浏览器中的显示效果如图 7-24 所示。

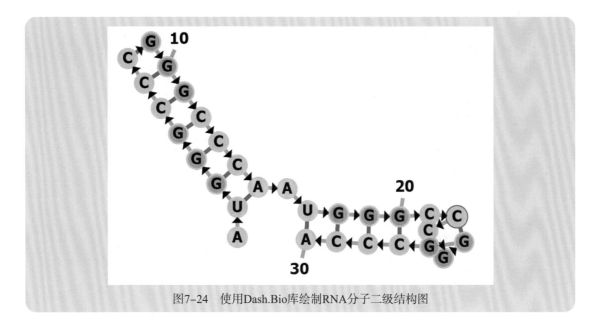

图7-24 使用Dash.Bio库绘制RNA分子二级结构图

【案例7-14】使用Dash.Bio库实现分子结构三维可视化

打开 PyCharm 软件，在之前创建的目录 dash_demo 中新建一个 Python 文件，命名为 app3.py，然后开始编写如下代码。

扫一扫,看视频

```
import json
import six.moves.urllib.request as urlreq
from six import PY3

import dash
import dash_bio as dashbio
import dash_html_components as html


external_stylesheets = ['https://codepen.io/chriddyp/pen/bWLwgP.css']


app = dash.Dash(__name__, external_stylesheets=external_stylesheets)


model_data = urlreq.urlopen(
    'https://raw.githubusercontent.com/plotly/dash-bio-docs-files/master/' +
    'mol3d/model_data.js'
).read()
```

```
styles_data = urlreq.urlopen(
    'https://raw.githubusercontent.com/plotly/dash-bio-docs-files/master/' +
    'mol3d/styles_data.js'
).read()

if PY3:
    model_data = model_data.decode('utf-8')
    styles_data = styles_data.decode('utf-8')

model_data = json.loads(model_data)
styles_data = json.loads(styles_data)

app.layout = html.Div([
    dashbio.Molecule3dViewer(
        id='my-dashbio-molecule3d',
        styles=styles_data,
        modelData=model_data
    ),
    "Selection data",
    html.Hr(),
    html.Div(id='molecule3d-output')
])


@app.callback(
    dash.dependencies.Output('molecule3d-output', 'children'),
    [dash.dependencies.Input('my-dashbio-molecule3d', 'selectedAtomIds')]
)
def show_selected_atoms(atom_ids):
    if atom_ids is None or len(atom_ids) == 0:
        return 'No atom has been selected. Click somewhere on the molecular \
        structure to select an atom.'
    return [html.Div([
        html.Div('Element: {}'.format(model_data['atoms'][atm]['element'])),
        html.Div('Chain: {}'.format(model_data['atoms'][atm]['chain'])),
        html.Div('Residue name: {}'.format(model_data['atoms'][atm]['residue_name'])),
        html.Br()
```

```
    ]) for atm in atom_ids]



if __name__ == '__main__':
    app.run_server(debug=True)
```

保存代码后运行程序，此时在浏览器中的显示效果如图 7-25 所示。

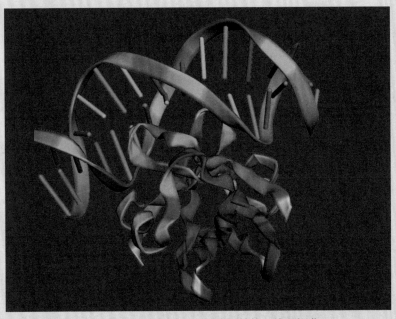

图7-25 使用Dash.Bio实现分子结构三维可视化

7.5 小结

    Python 中包含的可视化库非常多，而且还在不断地增加。每个库都有自己的特色和应用场景，本章仅列举了 4 个相对知名和有特色的可视化库，其中 Bokeh 库的特色在于交互可视化、PyVista 库的特色在于三维可视化、Streamlit 则侧重于机器学习过程中的可视化应用、Dash.Bio 的特色则在于生物信息可视化。读者可以根据业务需要选择更合适的可视化工具，包括本书前几章介绍的基础可视化库和 pyecharts 库。可视化是基于数据分析展示需要，更重要的是理解数据、掌握数据分析角度，然后使用熟悉的可视化库来展示和表达结果。

后　记

时间飞逝，两年前与编辑一起讨论如何立意选题的那几个下午还历历在目。为了更好地宣传或宣扬人工智能时代的入门编程语言——Python，决定选择以数据应用为主线、以 Excel 与 Python 对比的方式进入正题。数据应用主题词包括数据爬取、数据处理分析和数据可视化三个方面，我们也讨论了将这三个主题词广泛展开，采用以深受大众喜欢的 Excel 工具为背景、引导大众使用 Python 工具的方式，形成一个系列的学习 Python 应用的书籍。两年期间我们不断研讨、创新和总结，同时受惠于不断的教学和项目研究经验的积累，本书慢慢完善成文。

两年过程中《网络爬虫进化论——从 Excel 爬虫到 Python 爬虫》《数据荒岛求生——从 Excel 数据分析到 Python 数据分析》都已经相继出版上市，也得到了广大读者的认可和喜爱。如今数据可视化部分也已经成型，耗时确实较长，一方面我们不断地在思考从哪些角度来阐述，以便更好地抵达读者。可视化涉及许多美学方面的知识，目前市面上也有不少 Python 可视化方面的书籍，角度各异，其实最终目的都是用更好的画面或图像来呈现数据的分布特征，然而这个"好"或"美"的定义无法严格去确定。最终我们还是决定服务于读者，从如何实现数据可视化的角度去探讨可视化技术，因此继续选用了通过 Excel 和 Python 对比的思路来组织整个内容。另一方面我们也看到，近些年可视化编程技术不断更新迭代，更多的企业都选用了大屏可视化来展现其业务，大的屏幕显示区域容纳了更多的数据信息，每个单元格内都不断呈现出数据之美。

受限于主题和书籍形式的传播方式，我们也决定还是先立足于每个单元格。"一屋不扫，何以扫天下？"先踏实掌握单元格内的基础技术，再尝试往外探寻。在服务于读者的同时，我们自身也进步了许多，我想这也是许多著书人共同的感受吧。更为精确的表述应该是与读者一起分享知识，如果读者通过我们的书学到了技术并创造了实际的价值，那更是我们的期盼和自豪。

如果您恰好看到这部分后记内容，衷心感谢您的容忍和耐心，也希望您能对本书或者这个系列的书籍提出意见或建议，可以根据本书前言中所述的方式与我联系。

曹鉴华